バイオサイエンス化学
―生命から学ぶ化学の基礎―

新井孝夫・大森大二郎・立屋敷哲・丹羽治樹 著

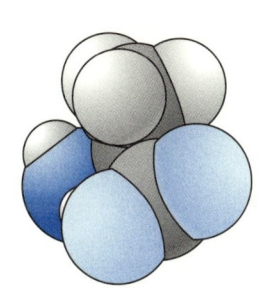

東京化学同人

序

　バイオサイエンスを学ぶうえで，化学の基礎をきちんと身につけることはきわめて重要である．本書は，その目的に応える教科書として企画された．

　本書のねらいは，書名を「バイオサイエンスのための化学」ではなく，「バイオサイエンス化学——生命から学ぶ化学の基礎」としたことに象徴されている．

　その第一は，バイオサイエンスに必要な化学の基礎を，生命現象を通して学べるようにしたことである．しかも，従来の教科書に記載されている大学教育に必要な内容が基本的にカバーできるように配慮した．第二は，各章のはじめに学習目標を疑問として提示して，それについて考えるなかで化学の基礎および生命と化学のかかわりを学べるようにしたことである．第三は，従来の「大学教養課程」の教科書によくみられる「抽象から具体」，「原理から現象」への展開に代わる新しい試みをしていることである．このような教科書は学生が高校化学を十分に理解していることを前提としており，学生の化学に対する基礎知識が多様化している現実にあわないからである．第四は，大学入学までに学生が習得した化学の基礎知識が多様であることを考慮して，さまざまな工夫をしたことである．すなわち，本文では基本的な考え方の記述を重視し，式の誘導や理論的に高度なことは「発展学習」にまとめている．また，基礎事項を詳しく説明するための「解説」欄や，化学に対する興味をかきたてるために関連するバイオサイエンスの話を紹介する「話題」欄を設けるなどの工夫をした．さらに，章末には基礎的内容を確認するための基本問題を設けた．予備知識として必要なことも多いので，学習前に目を通していただきたい．第五は，多様な場で教育経験のある著者たちが自由に意見を交換しあい，共同で執筆したことである．すなわち，新井は医学部で10年，理工学部で12年の教育経験をもち，大森と立屋敷は，それぞれ医学部と栄養学部で20年以上の経験をもっている，また，丹羽は理学部と工学系学部で20年以上の経験がある．なお，本書は，通年の講義を想定して，各章を2〜3回の講義で終えるように，分量と章立てを配慮してある．

　バイオサイエンスを学ぶ学生向けの化学の教科書をつくりたいという企画を，東京化学同人編集部の山田豊氏からもちかけられ，このような教科書の必要性を強く感じていたのですぐにお引き受けすることにした．「これまでに例のない本をつくる」という先のみえない作業のなか，率直に互いの考えを伝えあい，この新しいタイプの化学の教科書をつくりあげることができた．最後に，多大のご面倒をおかけした山田氏にあらためて深く感謝したい．

2003年2月

著者を代表して

新　井　孝　夫

目　次

第1章　化学と生命 …………………………………… 1
1・1　生命現象にはどのような化学の基礎が関係するのか …… 1
　1・1・1　生命の化学組成 …………… 1
　1・1・2　生命における化学物質の状態 …… 2
　1・1・3　生命における化学エネルギーと化学反応 …… 4
1・2　バイオサイエンスにとって化学は重要である …… 5
　1・2・1　バイオサイエンス研究における光と放射線の貢献 …… 5
　1・2・2　生命と化学物質のかかわりの問題 …… 6
1・3　どのように化学の基礎を学ぶのか …… 8

第2章　生命を構成する元素 …………………………… 10
2・1　生命は元素から構成されている ……… 10
　2・1・1　生命と元素 ………………… 10
　2・1・2　元素と原子 ………………… 12
　2・1・3　元素の周期律 ……………… 12
2・2　原子は陽子, 中性子, 電子から構成される …… 13
　2・2・1　電子と陽子 ………………… 14
　2・2・2　原子の構造と中性子 ……… 14
　2・2・3　原子の質量数, 原子番号と同位体 …… 15
2・3　元素の周期性は原子の電子殻で説明できる …… 17
　2・3・1　ボーアのモデル …………… 17
　2・3・2　多電子系原子の電子殻モデル：コッセルの考え …… 19
　2・3・3　電子配置と価電子 ………… 20
　2・3・4　元素のイオン化エネルギーと電子親和力の周期性 …… 21
　2・3・5　修正同心円モデル：電子殻と軌道との関係（副殻構造）…… 23
2・4　電子配置を軌道で表す ………………… 24
　2・4・1　電子スピン ………………… 24
　2・4・2　電子のつまり方の順序 …… 25
基本問題 ………………………………………… 27

第3章　生体分子の化学結合と分子間相互作用 ………… 28
3・1　DNAは化学結合と分子間相互作用で形成されている …… 28
3・2　化学結合の形成はオクテット則にしたがう …… 29
　3・2・1　イオン結合 ………………… 29
　3・2・2　共有結合 …………………… 30
3・3　分子の形成を電子の軌道から考える …… 33
　3・3・1　s軌道とp軌道 ……………… 33
　3・3・2　共有結合と分子の安定性 …… 34
　3・3・3　σ結合とπ結合 …………… 36
　3・3・4　結合の方向性 ……………… 37
3・4　分子間相互作用にはさまざまな種類がある …… 38
　3・4・1　電気陰性度と結合の極性 …… 39
　3・4・2　分子間相互作用 …………… 40
基本問題 ………………………………………… 42

第4章 生命の物質 —— 炭素化合物 ·················43

- 4・1 有機化合物は重要な生体成分である ···43
- 4・2 有機化合物は共有結合で結ばれた分子である ······44
- 4・3 生体分子を構造式で表記する ··········45
  - 4・3・1 "情報伝達デバイス"としての構造式······45
  - 4・3・2 原子の原子価と共有結合の数：貴ガスの電子配置とオクテット則···46
  - 4・3・3 生体成分の性質と機能をになう官能基······49
- 4・4 タンパク質はアミノ酸からつくられる······51
  - 4・4・1 アミノ酸················51
  - 4・4・2 ペプチドとタンパク質···············54
- 4・5 糖質は生体の主要なエネルギー源である···58
  - 4・5・1 単 糖··················58
  - 4・5・2 グリコシドの形成と二糖類·········59
  - 4・5・3 多 糖··················61
  - 4・5・4 アミノ糖···············61
- 4・6 脂質にはさまざまなものがある········62
  - 4・6・1 単純脂質···············62
  - 4・6・2 複合脂質···············63
  - 4・6・3 その他の脂質···········66
- 4・7 核酸は遺伝情報をになう····················66
- 4・8 その他にも重要な生体分子がある·····68
- 4・9 有機化合物の結合は炭素の混成軌道を使う·····68
  - 4・9・1 sp^3混成軌道のつくり方と形，σ結合，極性σ結合······71
  - 4・9・2 sp^2混成軌道のつくり方と形，π結合，極性π結合·······73
  - 4・9・3 sp混成軌道のつくり方と形···76
- 4・10 有機化合物には異性体がある··········78
  - 4・10・1 構造異性体··············78
  - 4・10・2 立体異性体：静的立体化学···78
- 4・11 生命は有機化合物の存在様式である···80
- 基本問題·······································81

第5章 生体分子の溶解とその溶液··········82

- 5・1 細胞は液体状態である·····················82
  - 5・1・1 血漿と血液·············82
  - 5・1・2 細胞膜··················84
- 5・2 水は生命にとって不可欠な分子である······86
  - 5・2・1 水分子の不思議な性質·············86
  - 5・2・2 溶媒としての水の性質·············87
- 5・3 溶液の性質にとって溶質の濃度は重要である······88
  - 5・3・1 溶解度と溶解度積·············88
  - 5・3・2 溶液中の溶質分子の数と濃度の表記······89
  - 5・3・3 溶質分子の数と溶液の蒸気圧降下，凝固点降下，沸点上昇，浸透圧···90
- 5・4 気体の性質は希薄溶液のモデルになる······91
  - 5・4・1 理想気体···············91
  - 5・4・2 実在気体···············92
- 5・5 溶液の性質は生命現象を理解する鍵となる······92
  - 5・5・1 細胞内液の凝固と浸透圧·············92
  - 5・5・2 溶液中のタンパク質の形·············94
- 基本問題·······································96

第6章 生体液の性質 —— 酸・塩基と緩衝液···97

- 6・1 体液・細胞内液のpHは一定に保たれている······97
- 6・2 酸と塩基は水素イオンのやりとりで定義できる······98
  - 6・2・1 酸・塩基の定義·············98
  - 6・2・2 酸・塩基と共役酸・共役塩基······99
  - 6・2・3 水素イオン濃度と水溶液のpH····100
- 6・3 平衡を考えるには平衡定数が重要である······100
  - 6・3・1 化学平衡と平衡定数···············101

6・3・2 酸・塩基の強さと酸解離平衡……102
6・4 酸・塩基，塩の水溶液の
　　　　pHを計算で求める……103
　6・4・1 強酸・強塩基の水溶液のpH……103
　6・4・2 弱酸・弱塩基の解離反応と
　　　　その水溶液のpH……104
　6・4・3 塩の水溶液のpH……105
6・5 緩衝作用はなぜ起こる……105
　6・5・1 緩衝液……105
　6・5・2 緩衝液のpHと
　　　　ヘンダーソン-ハッセルバルヒの式…106
6・6 緩衝作用は生体にとって
　　　　重要な役割を果たしている……110
　6・6・1 血液と緩衝作用……110
　6・6・2 pHとタンパク質：等電点………110
6・7 錯形成反応は広義の
　　　　酸・塩基反応である……111
　6・7・1 錯体とは……111
　6・7・2 ルイスによる酸・塩基の
　　　　定義──酸・塩基反応の拡張……113
　6・7・3 錯形成反応と安定度定数………113
　6・7・4 キレートとキレート効果………113
基本問題……115

第7章　ATPと化学エネルギー……116

7・1 生命の営みとはATPを
　　　　合成し消費することである……116
7・2 化学反応はエネルギーの
　　　　出入りをともなう……118
　7・2・1 化学反応と熱の出入り……118
　7・2・2 自然に起こる変化と
　　　　エントロピーの増加……121
　7・2・3 化学反応の進行と
　　　　自由エネルギー変化……124
7・3 生命における反応の進行方向は
　　　　自由エネルギー変化で記述される……125
　7・3・1 生命におけるATPの役割………125
　7・3・2 生命における化学反応の進行と
　　　　自由エネルギー変化……126
　7・3・3 ATP分解のさまざまな利用………128
基本問題……130

第8章　生体反応とその速度……131

8・1 タンパク質はいろいろな
　　　　生体反応に関与している……131
8・2 反応速度は反応次数で表される………132
　8・2・1 反応速度……132
　8・2・2 一次反応の速度……133
　8・2・3 二次反応の速度……134
　8・2・4 結合反応速度と解離反応速度……136
8・3 活性化エネルギーは
　　　　反応速度を大きく左右する……138
　8・3・1 活性化エネルギー……138
　8・3・2 触媒……140
8・4 タンパク質の反応速度を考える………141
　8・4・1 失活反応と抗原抗体結合反応……141
　8・4・2 酵素反応と
　　　　ミカエリス-メンテンの式……142
　8・4・3 触媒反応と結合……145
基本問題……145

第9章　生体エネルギーと酸化還元反応……146

9・1 生命は金属を必要とする……146
9・2 電池は酸化還元反応の
　　　　エネルギー変換装置である……147
　9・2・1 酸化と還元……147
　9・2・2 ボルタの電池とダニエル電池……148
　9・2・3 起電力と電極電位……150
9・3 電位差はネルンストの式で決まる……151
　9・3・1 濃淡電池……151

 9・3・2　ネルンストの式⋯⋯⋯⋯⋯⋯153
 9・3・3　酸化還元電位と自由エネルギー⋯157
9・4　生体における電子伝達は
   酸化還元電位と関係する⋯⋯157
 9・4・1　生命における酸素の利用と
    エネルギーの獲得⋯⋯158

 9・4・2　生命における酸化還元と
    金属イオンの利用⋯⋯159
 9・4・3　金属イオンと酸素の毒性の消去⋯162
基本問題⋯⋯⋯⋯⋯⋯⋯⋯⋯⋯⋯⋯⋯⋯164

第10章　生命研究に有用な光と放射線⋯⋯⋯⋯⋯⋯⋯⋯⋯⋯⋯⋯⋯⋯⋯⋯⋯⋯⋯⋯⋯⋯⋯165

10・1　光と放射線はバイオサイエンスの
   発展に大きく貢献した⋯⋯165
10・2　さまざまな光の性質がバイオ
   サイエンスに利用されている⋯⋯167
 10・2・1　吸光度と溶液濃度⋯⋯⋯⋯⋯168
 10・2・2　蛍光，化学発光，生物発光⋯⋯170
10・3　バイオサイエンスの研究に
   有用な放射線は危険性も高い⋯⋯173

 10・3・1　放射性物質と放射性壊変⋯⋯⋯174
 10・3・2　放射線の取扱いと
    安全性の考え方⋯⋯177
10・4　環境問題において放射線の
   安全性の考え方は重要である⋯⋯180
基本問題⋯⋯⋯⋯⋯⋯⋯⋯⋯⋯⋯⋯⋯⋯182

発展学習⋯⋯⋯⋯⋯⋯⋯⋯⋯⋯⋯⋯⋯⋯⋯⋯⋯⋯⋯⋯⋯⋯⋯⋯⋯⋯⋯⋯⋯⋯⋯⋯⋯⋯⋯⋯⋯183

1.　ボーアの理論（前期量子論）⋯⋯⋯⋯⋯183
2.　ゾンマーフェルドのモデル⋯⋯⋯⋯⋯184
3.　波動関数⋯⋯⋯⋯⋯⋯⋯⋯⋯⋯⋯⋯184
4.　分子軌道法と
  結合性軌道・反結合性軌道⋯⋯186
5.　動的立体化学⋯⋯⋯⋯⋯⋯⋯⋯⋯⋯188

6.　分子運動と理想気体の状態方程式⋯⋯⋯190
7.　強塩基と弱酸，強酸と弱塩基が
  中和して生じた塩の水溶液のpH⋯⋯191
8.　アレニウスの式⋯⋯⋯⋯⋯⋯⋯⋯⋯192
9.　酸化還元過程の熱力学⋯⋯⋯⋯⋯⋯⋯193
10.　ラジカル⋯⋯⋯⋯⋯⋯⋯⋯⋯⋯⋯⋯194

付録　元素の電子配置⋯⋯⋯⋯⋯⋯⋯⋯⋯⋯⋯⋯⋯⋯⋯⋯⋯⋯⋯⋯⋯⋯⋯⋯⋯⋯⋯⋯⋯⋯195
基本問題の解答⋯⋯⋯⋯⋯⋯⋯⋯⋯⋯⋯⋯⋯⋯⋯⋯⋯⋯⋯⋯⋯⋯⋯⋯⋯⋯⋯⋯⋯⋯⋯⋯⋯197
索　　引⋯⋯⋯⋯⋯⋯⋯⋯⋯⋯⋯⋯⋯⋯⋯⋯⋯⋯⋯⋯⋯⋯⋯⋯⋯⋯⋯⋯⋯⋯⋯⋯⋯⋯⋯199

話　題

1. RNAが語る生命誕生の歴史——RNAワールド……………………3
2. メセルソン-スタールの実験……………………16
3. 分子間相互作用のデパート——抗原と抗体の結合……………………30
4. モルヒネの鎮痛作用……………………55
5. 情報伝達タンパク質のスイッチ on/off……………………57
6. 血液型決定の由来……………………64
7. 細胞膜における水の出入りを調節するアクアポリン……………………85
8. バイオサイエンス分野のすぐれた緩衝液——グッドの緩衝液……………………108
9. ATP，GTPの非水解性アナローグ……………………129
10. 触媒抗体……………………144
11. ワインと活性酸素……………………164
12. オワンクラゲの生物発光と緑色蛍光タンパク質（GFP）……………………172

解　説

電子スピン……………………25
電子の粒子性と波動性……………………34
雨水のpHはいくつだろうか？……………………100
酸・共役塩基の濃度，酸とその塩の濃度……………………107
緩衝液の強さと緩衝指数……………………109
HSABの考え方……………………114
熱力学における系……………………118
内部エネルギー……………………119
体積変化のする仕事……………………120
エントロピーの概念と無秩序さ……………………123
ラングミュアの吸着等温式……………………137
ネルンストの式と細胞の膜電位……………………155
ネルンストの式とpHメーター……………………156
可逆電池……………………157
酸素分子の電子状態……………………163

1 化学と生命

化学とは自然がどのようなもの（化学物質）からできており，どのような変化をするのかを系統的に知ることをめざす学問である．生命は化学物質からできており，生命現象から重要な化学の基礎を学ぶことができる．本章では，「**生命現象にはどのような化学の基礎が存在するのか？**」，「**これらの化学の基礎をどのように学ぶのか？**」という2点を疑問として，化学と生命とのかかわりについて述べる．

1・1 生命現象にはどのような化学の基礎が関係するのか
1・1・1 生命の化学組成

現在の地球上には，多様な生命が存在している．細菌のように 10^{-6} m 程度の大きさのものもあれば，海に棲む大型ほ乳類のように 10 m を超えるものも存在する．大きさに相違があっても，細胞がこれらの生命の基本単位となっていることには変わりがない．表1・1に，ある

表 1・1 細菌の化学組成

化学物質	質量百分率(%)
水	70
タンパク質，核酸，多糖など	26
無機イオン	1
単糖[†]	1
アミノ酸[†]	0.4
ヌクレオチド[†]	0.4
脂肪酸[†]	1
他の低分子	0.2

[†] 前の段階にある物質（前駆物質）も含む．

種の細菌を構成する化学物質を示した．大型ほ乳類の細胞も他の生命の細胞も，この細菌と同様に，水と核酸，タンパク質，脂質，糖質のような有機化合物と金属イオン，リン酸イオンなどの低分子イオンから構成されている．

生命を構成する化学物質は，どのようにして生成したのだろうか．現在の地球上では，これ

らの有機化合物は生命によりつくり出されるが，原始地球では，当時の大気中の成分を材料として化学反応により生成したという考えが有力である．原始地球の大気について，50年ほどまえには，主要な成分は水 H_2O，メタン CH_4，アンモニア NH_3 であったと推定されていた[*1]．図1·1に，当時推定されていた原始地球の大気成分からの有機化合物の生成を再現した実験を示す．ミラーは，この実験により，原始地球における高温と高頻度で起こる放電（雷）という環境のもとで，大気中の分子の反応により有機化合物が形成する可能性を示した．有機化合物の生成には，このような特殊な大気組成と環境が必要である．

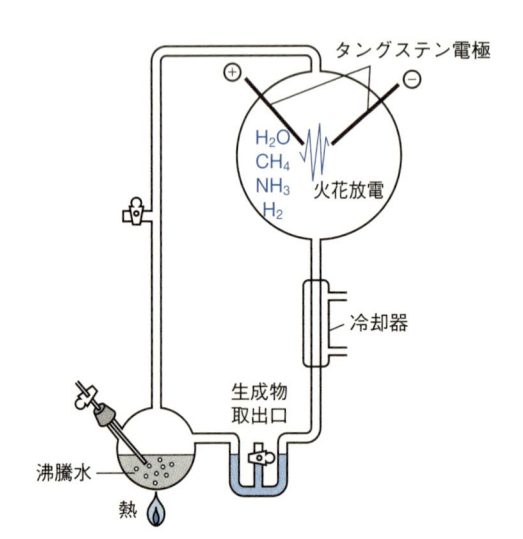

図1·1 原始地球における有機化合物の生成．

大気の温度が低下して，水分子が気体状態から液体状態になると，有機化合物を豊富に含む海水が形成され，ここが舞台となって生命誕生のドラマが展開されたと推定される．生命誕生に関する物語を話題1で取上げた．深海の熱水噴出部で誕生した原始生命は，RNA が遺伝子と酵素の二役を演じていたという仮説である．

生命から学ぶ化学の基礎の第一は，**化学物質の組成と生成** である．

1·1·2 生命における化学物質の状態

球状，円盤状，棒状，星状など，生命体の形はきわめて多様である．もう一度表1·1をみて，水が生命の最も多い化学成分であることを確認しよう．このことは，生命においては，有機化合物やイオンは水に溶けた状態（水溶液）で存在していることを示唆する．ゴム風船の形はいろいろでも，どの風船もゴムの中にヘリウムガスなどの気体がつまったものである．同じように，多様な形をした生命体も，水溶液の状態である細胞が体皮によって包まれたものとみなすことができる．生命が基本的には水溶液の状態にあることは，有機化合物やイオンを豊富に含んだ海に生命の起源があることと関係している．また，水のもつきわめて不思議な性質

[*1] 現在では，原始地球の大気はそれほど還元的ではなく，CO，N_2，H_2O であったという説が有力となっている．

（表1・2）も，生命を生み出した大きな要因である．

表 1・2 水の性質と特徴

性質	特徴
高い沸点，融点	常温で液体として存在（分子量の似ているメタン，アンモニア，硫化水素は気体として存在）
高い比熱	水は暖めにくく，冷めにくい（水のほとんどない他の惑星に比べて，地球の温度変化はきわめて小さい）
強い相互作用	いろいろな性質をもった化学物質をよく溶かす

話題 1

RNA が語る生命誕生の歴史 —— RNA ワールド

生命において，DNA のもつ遺伝情報は RNA への転写を経て，タンパク質に翻訳される．この最終産物であるタンパク質が，酵素作用をはじめ生命現象に重要な反応に関与している．すなわち，現存する生命においては，主役は DNA とタンパク質で，RNA は脇役である．これに対し，かつて生命の主役は RNA で，RNA が現在の DNA とタンパク質の役割を兼ねていたという仮説が提唱されている．この RNA のみからなる生命の時代は **RNA ワールド** とよばれ，RNA は遺伝情報と酵素活性の両者を担う万能の役割をはたしていた．やがて，遺伝情報の担い手は，化学的により安定な DNA にとって変わられ，酵素としての役割は，より多様な構造をとりうるタンパク質に変わられたのである（図1参照）．

RNA を切断する酵素（RNA アーゼ）は熱にきわめて安定で，ほとんどのタンパク質が変性する高圧釜処理（120 ℃ の熱水蒸気中，20分）後でも，酵素活性は保持されている．この酵素の安定性のため RNA は切断されやすく，遺伝子組換え技術においては，RNA を DNA に変換して扱われている．原始生命体は深海の熱水噴出部で誕生したといわれているので，この時代には RNA はきわめて重要な役割を演じていて，RNA アーゼの熱安定性はこの時代の名残をとどめているという考えも生まれた．最近，タンパク質のように酵素活性を示す RNA（リボザイム）が見いだされ，原始生命体の酵素は RNA であったと推測されている．すなわち，熱に安定なタンパク質が酵素であった時代のまえに，RNA 自身が酵素であった時代つまり RNA ワールドが提唱されたのである．このように，生体物質の化学的性質を抜きにしては，生命を語ることはできない．

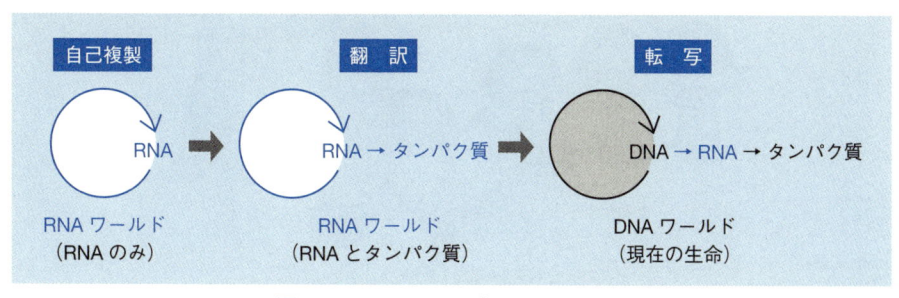

図 1 RNA ワールドと DNA ワールド．

自己複製： RNA（RNA ワールド，RNA のみ）
翻訳： RNA → タンパク質（RNA ワールド，RNA とタンパク質）
転写： DNA → RNA → タンパク質（DNA ワールド，現在の生命）

1. 化学と生命

現在，多くの種類の細胞が液体窒素の容器の中で凍結保存され，バイオサイエンスの発展を支えている．図1・2に，ある細胞の凍結方法による保存の可否を示した．細胞に加える溶液と凍結の条件を間違えると，細胞内の液の体積が凍結のさいに急に増加するために細胞は死んでしまう．グリセロールやジメチルスルホキシド（DMSO）が存在すると，体積の急な増加が抑えられるのである．このことは，生命が溶液の状態であることを，あらためて認識させてくれる．

生命から学ぶ化学の基礎の第二は，**水溶液の性質** である．

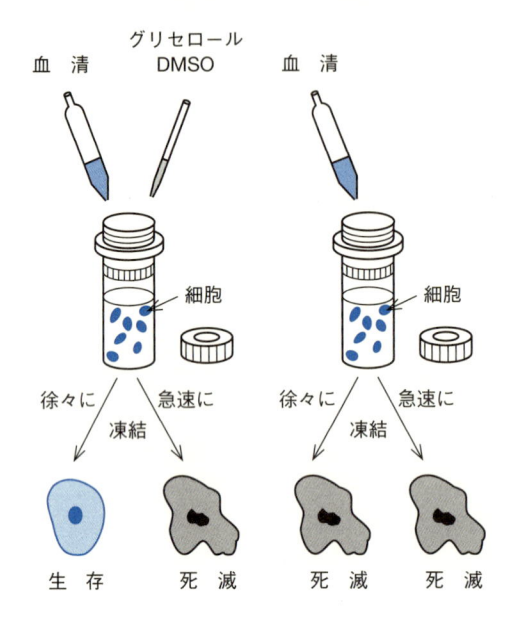

図1・2 細胞の凍結保存.

1・1・3 生命における化学エネルギーと化学反応

いろいろな生命が多様な生活様式を営んでおり，それらの栄養源もまたさまざまである．植物は，太陽エネルギーを利用する光合成により，自己の生命活動に必要なエネルギーをつくり出している．動物は，そのエネルギーを植物や他の動物を食糧として摂取することにより得ている．この生命活動に必要なエネルギーは，図1・3に示したATPという分子として蓄えられ，

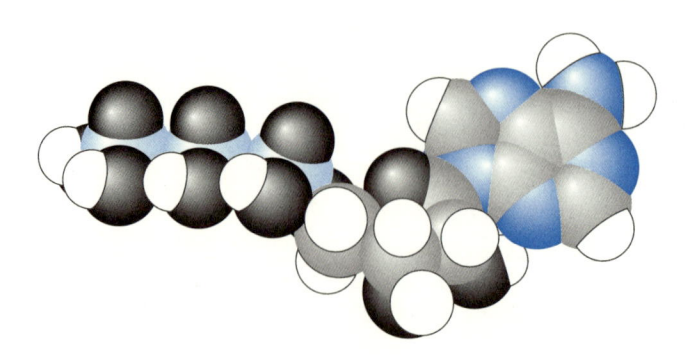

図1・3 生命のエネルギーをになうATP分子．黒は酸素，灰色は炭素，青は窒素，みず色はリン，白は水素の原子を示している．

生命活動に重要な多くの化学反応に利用されている．すなわち，生命はATPの化学エネルギーを利用している．したがって，第10章で述べるホタルルシフェリン–ルシフェラーゼの反応を利用してATPが検出されれば，そこに生きている生命の存在の有無を知ることができる．

生命から学ぶ化学の基礎の第三は，化学エネルギーと化学反応 である．

1・2 バイオサイエンスにとって化学は重要である

細胞内のいろいろな生命現象にかかわる遺伝子，生体分子のはたらきを知ることは，バイオサイエンスの重要な課題とされてきた．これらの研究において，化学的方法は大変有用であった．また生命と環境の問題も，今後のバイオサイエンスの課題として重要視されている．この問題は生命と周囲に存在する化学物質とのかかわりとしてとらえることができる．

1・2・1 バイオサイエンス研究における光と放射線の貢献

バイオサイエンスの発展は，光と放射線の利用を抜きにして語ることはできない．光は，細胞の顕微鏡観察に利用された．現在では，コンピュータを大いに利用した共焦点レーザー蛍光顕微鏡などが盛んに使われ，生化学や分子生物学とともに，細胞の分子レベルでの研究を支えている（図1・4）．また，光は，微量成分の分析や生体分子の化学的性質の研究にも大変有用である．

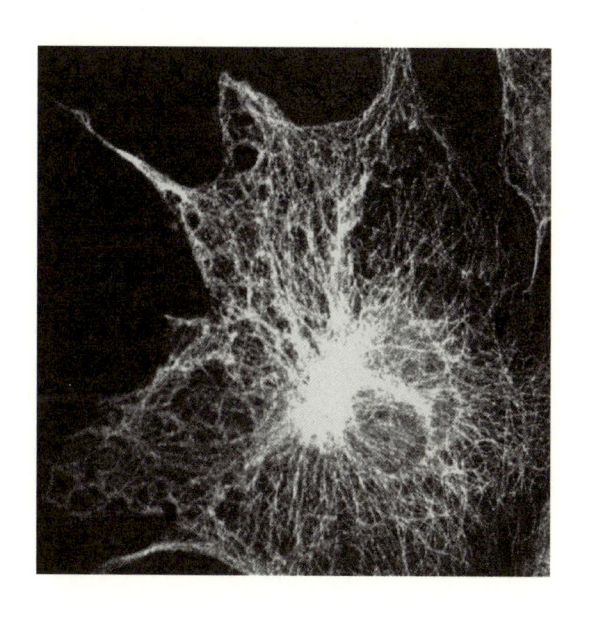

図1・4 共焦点レーザー蛍光顕微鏡による細胞の観察像．微小管を構成するタンパク質に対する抗体（蛍光標識をしている）を用いて，微小管を観察したもの．この構造は，液体状態の細胞を支える骨格として機能していると考えられている．

放射線もまた，光に劣らず，バイオサイエンス研究の発展に貢献してきた．細胞における化学物質の変換の解明とそれにつづく酵素反応の研究の進展や，ゲノムの全塩基配列の決定という成果は，放射性物質を抜きにして語ることができない．

このようなバイオサイエンスの発展の歴史は，化学の基礎の第四として 光と放射線の性質 の重要性を示している．

1・2・2 生命と化学物質のかかわりの問題

地球上には約 100 種類の元素が存在する．生命の生活圏である地殻，海水，大気の元素分布をみてみよう（表 1・3）．元素の分布には，片寄りがみられる．地殻では，その構成元素の 75％が酸素 O とケイ素 Si で占められている．海水の元素はイオンとして存在し，海水塩分の 85％が塩素イオン Cl^- とナトリウムイオン Na^+ でしめられている．大気中の元素は気体分子として存在し，海水面の大気の 99％は窒素分子 N_2 と酸素分子 O_2 である．

表 1・3 地球上における元素分布

地殻中の主な元素	質量比(％)	海水中の主なイオン	質量比(％)	大気中の主な気体	質量比(％)
O	47	Cl^-	54	N_2	78
Si	28	Na^+	31	O_2	21
Al	8.1	SO_4^{2-}	8.0	Ar	0.93
Fe	5.0	Mg^{2+}	3.7	CO_2	0.03
Ca	3.6	Ca^{2+}	1.1	Ne	0.018
		K^+	1.1	He	0.0052
		CO_3^{2-}	0.4		

これらの数値は現在の地球のものであり，特に，大気と海水の組成は，生命の発展にともなって大きな変化をしてきた．図 1・1 に示したように，原始地球の大気から有機化合物が生成し，海という舞台で生命が誕生した．それから，生命が地球環境に影響を与えるようになった．光合成を行う生命は，大気中の二酸化炭素 CO_2 濃度を低下させ，O_2 濃度の増加をもたらした．この大気の変化は，O_2 を利用する生命の数と種類の飛躍的な増加へとつながり，"生命のビッグバン"とよばれる時代を迎えた．海水のさんご類の営みにより，大気中の CO_2 は海

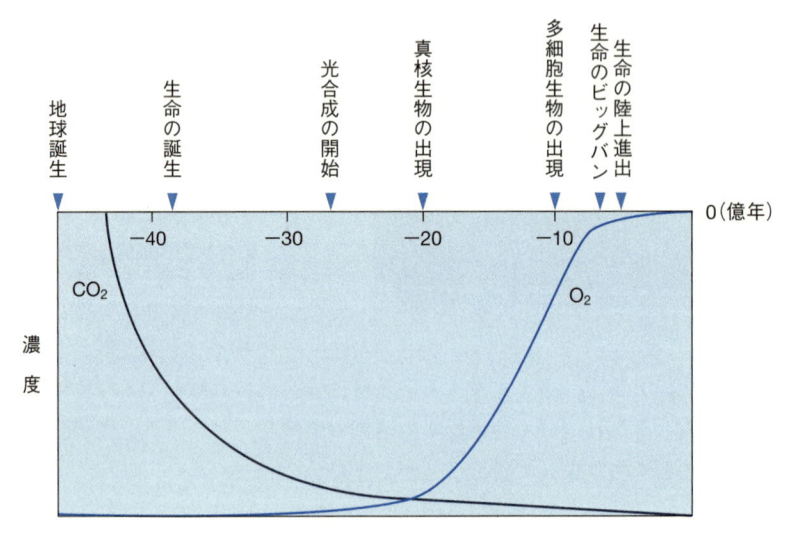

図 1・5 生命の進化と地球環境．

水中の Ca^{2+} と結合して石灰岩（$CaCO_3$）となり，海水のイオン組成を変化させた．このようにして，40億年以上の長い歳月をかけて，現在の地球環境はつくられたのである（図1・5）．

生命と化学物質のかかわりは，現在も続いている．現代文明は，つぎつぎに新しい化学物質を生み出し，直接あるいは間接的に，生命の生存の問題に大きな影響を与えている．表1・4に，化学物質が原因とされる環境問題と生命への影響を，化学物質が直接に障害の原因になる場合と間接的に生命の生存に影響を与えるものとに分けてまとめた．

表 1・4 化学物質と生命のかかわり

生命への影響	問 題	原因物質
化学物質が直接生命に影響を与えるもの	内分泌かく乱作用	PCB ダイオキシン
	神経障害	重金属 金属アルミニウム
	放射線障害	放射性物質
化学物質が間接的に生命に影響を与えるもの	地球温暖化	CO_2
	オゾンホール	フロンガス
	酸性雨	窒素酸化物 硫黄酸化物

現代文明のつくり出した化学物質ダイオキシンとポリ塩化ビフェニル（PCB）（図1・6）の問題を考えてみよう．長い年月をかけて，生命はホルモンとして利用する物質を選択するとともに，身近な環境に存在する化学物質にホルモン作用が乱されない機構を備えてきた．しかし，100年足らずの現代文明の産物に対しては，まったくの新しい出会いなので，ホルモン作用のかく乱を防ぐことができないのである[*1]．PCBやダイオキシンは性ホルモンと似た構造なの

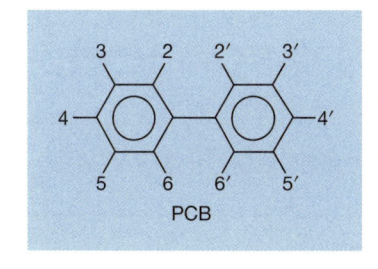

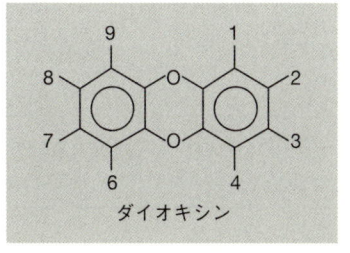

図 1・6 代表的な内分泌かく乱物質の分子構造．数字をふった各位置には，HまたはClが結合している．ダイオキシンの場合，2，3，7，8の4箇所がClとなったものの作用が強い．

[*1] 内分泌かく乱物質は環境ホルモンともよばれる．

で，性に関連する奇形の発生が問題となっている．アルツハイマー病の原因物質のひとつといわれている金属状態のアルミニウムも，生活環境にあふれるようになってからは50年と経っていない．また，第10章で述べる地球温暖化やオゾン層破壊も，現代文明のもたらした急激なCO_2濃度の増加とフロンガスが原因である．

　生命と化学物質のかかわりから示唆される化学の基礎は，化学物質と地球環境の問題である．

1・3　どのように化学の基礎を学ぶのか

　生命現象とその研究から，化学の五つの基礎が示されることを述べた．本書の構成を表1・5に示した．

　分子は原子から構成されている．原子がどのような化学的性質をもつかは，原子のとる電子配置に依存している．第2章では，原子の電子配置とそれによって決まる化学的性質について学ぼう．分子はお互いに作用したり，いろいろな形をとる．第3章では，分子をつくる化学結合と分子間あるいは分子内にはたらく分子間相互作用について学ぼう．複雑な構造をした分子も，多くの原子からなる高分子も，低分子と同じ結合で形成し，同じ分子間相互作用がはたらいている．第4章では，第3章の知識をもとに，生命を構成する有機化合物の構造と性質について学ぼう．

表1・5　本書の構成

課　題	学習内容	章
化学物質の組成と生成	元素・原子の性質を電子配置から理解する	2章
	分子をつくる化学結合と分子間相互作用を理解する	3章
	炭素化合物の化学構造を理解する	4章
水溶液の性質	物質の溶解と溶液の性質を理解する	5章
	酸・塩基からpH緩衝作用を理解する	6章
化学エネルギーと化学反応	化学エネルギーとは何かを理解する	7章
	化学反応の速度は何で決まるのかを理解する	8章
	酸化還元反応とは何かを理解する	9章
光と放射線の性質	光と放射性物質の有用性と環境問題の考え方を理解する	10章
化学物質と環境		

　どのような分子やイオンが溶けているかで，溶液の性質は異なる．第5章では，溶解と水の中における分子の状態，特に生体高分子の溶液の性質について学ぼう．イオンの溶けている溶液のpHは一定に保たれており，酸や塩基を加えてもpHがあまり変化しない．第6章では，このpH緩衝作用を理解しよう．

　水溶液の中で，分子はいろいろな化学反応を行う．第7章では，化学熱力学の面から化学反応の進行方向について学ぶ．化学反応の速度は，反応する物質の濃度，温度，反応の種類など

いろいろな要因に左右される．第8章では，化学反応の速度について学ぼう．呼吸とはグルコースと酸素の反応，すなわち酸化反応である．酸化還元反応はこのように，エネルギーの生産とも密接な関連がある．第9章では，酸化還元反応について学ぼう．

第10章では，光と放射線の性質について学ぶ．光は地球上すべての生命の源であるとともに，現代文明による新しい化学物質の出現を迎えて，生命の生存を危うくする要因のひとつともなっている．また，放射線も便利さの反面，大きな危険性もある．この章では，光と放射線を例として環境問題の考え方についても学ぼう．

2 生命を構成する元素

　生命をはじめ，身のまわりのものはすべて物質からできている．この物質を構成成分に分けていったときの究極の純粋成分が**元素**である．生命の大部分を占める液体の水 1 g を半分，そのまた半分と細分していく過程を 75 回繰返すと，水としての性質を維持した最小単位である水分子にたどりつく．この分子は，H と O という 2 種類の元素からなっている．植物の光合成によりつくられるブドウ糖（グルコース）は，C, H, O の 3 種類の元素よりなり，生命の構成要素であるタンパク質の材料分子であるアミノ酸はさらに N, S を，遺伝子本体の DNA は N, P を含んでいる．元素をその質量の順に並べていくと，性質のよく似た元素が周期的に現れる．本章では，**「それぞれの元素がなぜそのような性質をもつのだろうか？」**，**「元素の周期性はなぜ現れるのだろうか？」**という 2 点を疑問として，元素と原子について学ぼう．

2・1　生命は元素から構成されている

2・1・1　生命と元素

　生命を構成する主な元素を，表 2・1 に示した．地球上には存在量が少ない C や P は生命では比較的多く含まれ，地殻の主要な成分である Si と Al を構成元素として選ばなかったという特徴をみてとることができる．中高年女性にとって大きな問題となっている骨粗しょう症は，生命が元素から構成されていることを改めて教えてくれる．骨の主要な構成元素の Ca は，生

表 2・1　ヒトの平均元素組成（%）

元素	%	元素	%
酸　素 O	64.5	硫　黄 S	0.16
炭　素 C	18.6	ナトリウム Na	0.10
水　素 H	9.7	マグネシウム Mg	0.06
窒　素 N	2.6	ケイ素 Si	0.02
カルシウム Ca	2.5	鉄 Fe	0.009
リ　ン P	1.0	フッ素 F	0.003
カリウム K	0.37	亜　鉛 Zn	0.002
塩　素 Cl	0.17		

命の維持に必要不可欠な必須元素のなかで，『日本人の栄養所要量』の摂取が不足がちになる元素である．この Ca が不足すると，骨粗しょう症が発症する．不足がちになる元素をいかにして摂取するかは，生命にとって重要な問題である．表 2・1 に示したように，生命の維持には微量の重金属[*1]も重要な役割をはたしている．ホタテ貝，カキ，ハマグリなどの貝類においては，微量必須元素である V, Cr, Mn, Fe, Co, Cu, Zn, Cd, Pb などがきわめて高濃度に濃縮されることが知られている．このような生物濃縮は，環境問題の原因とされる場合もしばしばある．これらの元素は，自然界にあっても微量であるので，効率的に摂取し，保存するしくみを備えている．これが，生命による重金属の濃縮である．これらの重金属のほとんどは，遷移金属とよばれる元素群に属する（2・1・3 節参照）．ビタミンや酵素活性に必須の成分として利用されているほかに，ヘモグロビンのヘムの中心金属として血液中における酸素の運搬に重要な役割をはたしている．本章では，2・3 節でまず，元素の性質が原子の電子配置で決まることを学ぶ．

　果実や野菜は，Ca 含量が少ないにもかかわらず，骨粗しょう症の予防に役に立つとの報告がある．これは，骨の中に Ca の約 1.5％含まれる Mg が骨を丈夫にするはたらきをしており，果実や野菜にはこの Mg が多く存在するためと説明されている．Ca と Mg は，化学的性質が類似している元素で，質量の順に並べていくと周期的に現れる"同族元素"である．骨では相補的な役割を担っているのに対し，生命の基本単位である細胞内においては，Ca と Mg はまったく異なる役割をはたしている．遊離の Ca イオンの濃度は生命の源である海水の百分の一以下の低濃度に抑えられ，その濃度変化が生命における情報伝達の重要な手段となっている．一方，Mg の濃度は海水中と同程度で，第 1 章で述べたエネルギーの分子である ATP とそれを利用するタンパク質の結合を助けている．Na と K も同族元素で，海水や体液[*2]中では Na

表 2・2　生命における同族元素の役割

同族元素	生命における役割
Na と K	対立した作用：Na は神経興奮，K は神経興奮の抑制
Mg と Ca	独立した機能：Mg はエネルギー源の ATP の加水分解に利用，Ca はシグナル伝達
N と P	相補的利用：N は核酸の塩基の成分で，P はヌクレオチド相互の結合に利用 N はタンパク質の主骨格の成分で，P はその修飾に利用
O と S	対立した利用：O は酸化，S は還元
Cl と I	独立した役割：Cl は神経興奮の抑制，I はホルモンに利用
C と Si	選択的利用：地球上には少ない C が生命の主成分
Fe と他の 8 族元素	選択的利用：Fe のみが生命で利用
Cu と Ag, Au	選択的利用：Cu のみが生命で利用

[*1]　原子量の大きな金属元素を重金属という．
[*2]　生命体において，血液，リンパ液，細胞間質液など，細胞をとりまく液を体液という．

の濃度は高いが，細胞内ではKの濃度が高くなるように調節されている．神経の興奮において，Naは興奮に，Kは興奮の抑制という対立する役割をはたしている．表2・2に，生命における同族元素の役割をまとめた．元素の周期性と同族元素については，原子の電子配置の類似性という点から2・3節で学ぶ．

2・1・2 元素と原子

元素は，元素の性質をもったものでそれ以上分けられない究極の粒子である**原子**から構成されている．たとえば，水分子は2個のH原子と1個のO原子から成っている．元素を構成する原子の相対質量を**原子量**という．原子について理解が乏しかった時代には，原子量は発見されたなかで一番軽い元素であるHの原子の質量を1とした質量の相対値で表された．これが原子量の最初の歴史的定義であり，Naの原子量23とはNa原子がH原子の23倍の重さであることを意味している．現在は，Cを構成する原子（核種）のひとつである ^{12}C 原子の質量を12としたときの相対質量として定義されている．この ^{12}C という表記については，後述する．

2・1・3 元素の周期律

発見された元素が多くなると，各元素を特徴づける物理的・化学的性質をもとに，これら多数の元素の整理・整頓が試みられた．元素をその構成原子の質量の軽い順に並べると，物理的・化学的性質の似たものの周期的な繰返しがあることが，マイヤーやメンデレーエフにより見いだされた．これを元素の**周期律**といい，元素を並べた表を**周期表**という．

この並べる順番が，原子番号の最初の歴史的定義である．したがって，原子番号が大きい元素ほど質量の大きい元素ということになる．その後，原子番号は原子核中の陽子の数によって定まることが明らかにされた．現在では，原子番号は原子中の陽子数（電子数）として定義されている．ただし，この定義による原子番号においても，ArとK，CoとNi，TeとI，ThとPaの4箇所で逆転している以外は原子量の順に並んでいる．

周期表中で同じ性質の元素が並ぶ縦の列を**族**，横の行を**周期**とよぶ．前述のMgとCa，NaとKのように同じ族に属する元素群を，**同族元素**とよぶ．本書裏表紙および図2・1の周期表を眺めると，縦が1～18族，横が第1～7周期として示されている．第1～6周期には，それぞれ2，8，8，18，18，32個の原子が存在する．1，2族および13～18族を**典型元素**といい，生命を構成する主要元素はこれに含まれる．第3周期までに現れる元素は，すべて典型元素である．同族元素には固有の名称がつけられており，左端の1，2族の名称は，それぞれ**アルカリ金属**（その酸化物，水酸化物が水によく溶けて強いアルカリ性を示す元素），**アルカリ土類金属**（これらの酸化物が"アルカリ"金属酸化物と"土"とよばれていたAl以下の13族元素（土類元素）[*1] 酸化物の中間の性質をもつことに由来した名称）である．また，右端の17族は

[*1] 土類元素・土類金属は容易に融解せず，加熱によって他の物質へ変化しない固体のことを，錬金術で"土"とよんだことに由来する名称である．

ハロゲン（塩を生み出すものという意味のギリシャ語），18 族は**貴（希）ガス**[*1] とよばれている．第 4 周期以降に現われる 3〜11 族の元素を**遷移元素**とよぶ[*2]．生命を構成する微量元素がこれに含まれる．第 6 周期では 3 族のランタン La の後に 14 個の元素群（**ランタノイド**）が存在する．この元素群は，最初，希少な鉱物から得られた酸化物から分離されたので**希土類元素**とよばれる．第 7 周期にも，3 族のアクチニウム Ac の後に第 6 周期同様に 14 個の元素群（**アクチノイド**）が存在する．このなかの 3 番目の 92 番元素 ^{235}U が原子力発電の燃料として用いられていることはご存知であろう．U から先を**超ウラン元素**とよび，核反応により人工的に合成された不安定な元素である．

周期＼族	1	2	3	4	5	6	7	8	9	10	11	12	13	14	15	16	17	18
1	1 H																	2 He
2	3 Li	4 Be											5 B	6 C	7 N	8 O	9 F	10 Ne
3	11 Na	12 Mg											13 Al	14 Si	15 P	16 S	17 Cl	18 Ar
4	19 K	20 Ca	21 Sc	22 Ti	23 V	24 Cr	25 Mn	26 Fe	27 Co	28 Ni	29 Cu	30 Zn	31 Ga	32 Ge	33 As	34 Se	35 Br	36 Kr
5	37 Rb	38 Sr	39 Y	40 Zr	41 Nb	42 Mo	43 Tc	44 Ru	45 Rh	46 Pd	47 Ag	48 Cd	49 In	50 Sn	51 Sb	52 Te	53 I	54 Xe
6	55 Cs	56 Ba	57〜71 ランタノイド	72 Hf	73 Ta	74 W	75 Re	76 Os	77 Ir	78 Pt	79 Au	80 Hg	81 Tl	82 Pb	83 Bi	84 Po	85 At	86 Rn
7	87 Fr	88 Ra	89〜103 アクチノイド	104 Rf	105 Db	106 Sg	107 Bh	108 Hs	109 Mt	110 Ds	111 Rg	112 Cn	113 Nh	114 Fl	115 Mc	116 Lv	117 Ts	118 Og

ランタノイド	57 La	58 Ce	59 Pr	60 Nd	61 Pm	62 Sm	63 Eu	64 Gd	65 Tb	66 Dy	67 Ho	68 Er	69 Tm	70 Yb	71 Lu
アクチノイド	89 Ac	90 Th	91 Pa	92 U	93 Np	94 Pu	95 Am	96 Cm	97 Bk	98 Cf	99 Es	100 Fm	101 Md	102 No	103 Lr

必須元素　必須微量元素　必須微量元素と推定されるもの

図 2・1　元素の周期表と生命を構成する主要な元素．

2・2　原子は陽子，中性子，電子から構成される

生命は元素からできている．元素の実体である原子は，そもそもは「これ以上分けられないもの」という意味であったが，現在では原子は，原子核とそのまわりを運動している電子から構成され，この原子核は陽子と中性子からできていることが明らかになっている．さらに研究

*1　この族の英語名称として，化合物をつくりにくい“高貴な”性質をもつ気体であることを意味する noble gas，あるいは空気中の“存在量が少ない”ことを意味する rare gas が用いられる．日本語名称としては，それぞれ貴ガス，希（稀）ガスがあてられている．本書では，反応性を重視した“貴ガス”を用いる．

*2　メンデレーエフの当時，13 〜 17 族元素はⅢ〜Ⅶ族に分類された．3 〜 11 族の遷移元素もⅠ〜Ⅷ族に分類され，その代表的元素である Fe，Co，Ni はⅧ族とされたので，メンデレーエフはこれらを遷移元素，すなわち，陰性の強いⅦ族（ハロゲン元素）から陽性の強いⅠ族（アルカリ金属元素）へ移る途中にある元素とよんだ．

が進み,中性子,陽子もさらに小さな粒子からできていることが明らかになっている.化学の世界では陽子,中性子,電子の知識があれば充分である.以下でこれらの粒子の発見の歴史について学ぼう.

2・2・1 電子と陽子

塩化銅 $CuCl_2$ の水溶液（Cu^{2+} + $2Cl^-$ として存在）に外部から直流電圧をかけると,陰極（カソード）に金属の Cu が析出,陽極（アノード）では塩素ガス Cl_2 が発生する.このファラデーの電気分解に関する研究から,物質はすべてそれ自身の中に正負の電荷を担った物質をもっており,電荷をやりとりできることが示された.Cu^{2+} や Cl^- のように,水溶液中で電気を運ぶものを**イオン**という.1モルのイオンが運ぶ電気量は,1 F（96 500 C）[*1] の整数倍であることから,それ以上細分化できない正負の電気の最小単位,電気素量 e が存在すると結論された.この値 e は,1 F をアボガドロ数で割った値である.一方,希薄気体を封入した放電管に高電圧をかけると,陰極から陽極に向かう粒子の流れ,すなわち陰極線が生じ,このものが電場や磁場で曲げられるといった研究から,陰極線は負電荷の電気素量を担う粒子,つまり**電子**であることが明らかにされた.また,電子が電極の組成や管中の希薄気体の種類によらず生じることから,すべての物質の基本的素材であることも明らかとなった.

身のまわりの物質は電気的に中性であるから,物質をつくる原子自体は負電荷をもつ電子とともに正電荷を担う粒子を含んでいるはずである.H 原子から電子を奪って得られた H^+ イオンは陽イオンの中で一番軽く,また他の陽イオンの質量は H^+ の質量のほぼ整数倍であった.そこで H^+ が正の単位電荷を担った粒子であると考えられ,**陽子**と名づけられた.

2・2・2 原子の構造と中性子

陽子がまだ未発見の時代には,電子と正電荷は原子中にどのように存在していると考えられた

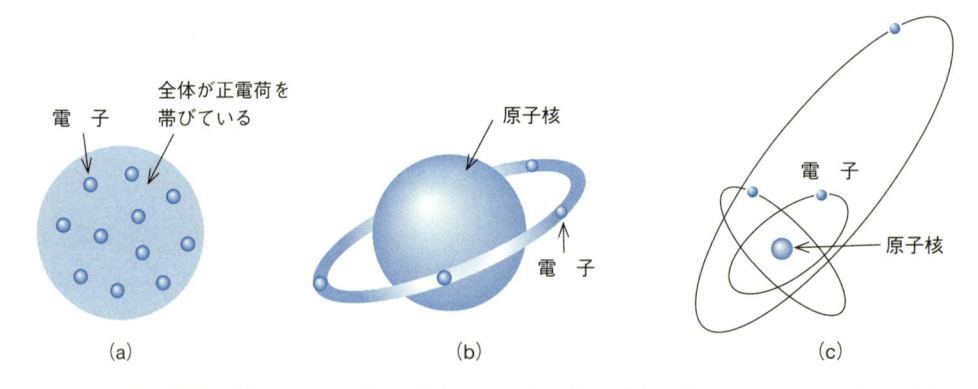

図 2・2 **原子模型**.(a) トムソン（1903 年）,(b) 長岡（1903 年）,(c) ラザフォード（1911 年）.

[*1] F, C は電気量の単位で,それぞれファラデー,クーロンとよむ.1 C = 1 A（アンペア）の電流が 1 秒間に運ぶ電気の量.

のだろうか．図 2・2 に，三つのモデルを示した．トムソンは，原子の正電荷はスイカの中身のように一様に隙間なく原子全体に広がっており，電子はスイカの中の種のように正電荷の"雲"の中に浮遊しているという静的な原子構造模型を提唱した (a)．これに対し，長岡半太郎は，原子核のまわりを電子が軌道運動しているという動的な土星型モデルを提唱した (b)．後に原子の構造を調べるために金箔に α 線 (He^{2+}) を当てる実験を行ったラザフォードらは，正電荷が原子の中心の狭い範囲に集中していること，すなわち，核構造の存在を示す実験結果を得た．そこで，彼は原子の構造として，電子が原子核のまわりを周回しているという，いわば太陽系モデルを提案した (c)．一方，この実験で得られた原子核中の正電荷，すなわち陽子 H^+ の数は原子の質量数（後述）の半分であった．このことがきっかけとなって，後に陽子と同質量で無電荷の核子，つまり**中性子**が発見された．電子，陽子，中性子は，すべての物質を構成する基本粒子である．これらの粒子の電荷と質量を表 2・3 に示す．

表 2・3 陽子，中性子，電子の質量と電荷

名　称	質量 (g)	電荷 (C)
陽　子	1.6726×10^{-24}	1.6022×10^{-19}
中性子	1.6749×10^{-24}	0
電　子	9.1094×10^{-28}	-1.6022×10^{-19}

2・2・3 原子の質量数，原子番号と同位体

陽子と中性子の数を足したものが**質量数**で，ほぼ原子量に対応する．原子番号は，この原子核中の陽子数に等しい．一方，原子は電気的に中性であるから，陽子数は電子数に等しい．すなわち，原子番号は電子数とも等しい．元素の化学的性質は，陽子数や電子数に支配されているので，原子番号の異なる元素は異なった化学的性質をもつ．したがって，原子番号は元素の区別を表す背番号としての意味をもつ．原子の中には，陽子の数は同じでも中性子の数が異なる，すなわち原子番号が同じで質量数が異なるものが存在する．（周期表中の）同じ場所を占めるものという意味で，これを**同位体（アイソトープ）**という．H 原子には，質量数 1, 2, 3 という 3 種類の同位体が存在し，C は質量数 12, 13, 14 の 3 種類の同位体核種から構成される．質量数 12 の C の同位体核種は，その質量数を元素記号の左上に示し ^{12}C と表すか，あるいは，原子番号まで付して $^{12}_{6}C$ と表される．同様に，質量数 13, 14 の C は $^{13}_{6}C$, $^{14}_{6}C$ と表す．

例題 2・1　水素の 3 種類の同位体を書け．また，これらの核種の陽子，中性子，電子数も示せ．

解　$^{1}_{1}H$ (1, 0, 1), $^{2}_{1}H$ (1, 1, 1), $^{3}_{1}H$ (1, 2, 1)

元素の原子量が質量数と異なる理由は，一つの元素が複数の同位体の混合物であるためである．すなわち，原子量は構成同位体の質量数と存在率の積の和である．例題 2・2 で Cl の原子量を求めよう．

例題 2・2 Cl には，質量数 35 と 37 の 2 種類の安定に存在する同位体核種，^{35}Cl が 75 %，^{37}Cl が 25 % で混ざっている．塩素の原子量を計算せよ．

解 $$35 \times 0.75 + 37 \times 0.25 = 35.5$$

N 原子の同位体に，^{14}N と ^{15}N がある．この 2 種類の同位体は，現在の分子生物学の基本原理である「DNA は二重鎖の一方の鎖を鋳型として複製される」を証明するのに役立った（話題 2 参照）．

話題 2

メセルソン-スタールの実験

分子生物学の成立には，ワトソン-クリックの DNA 二重らせんモデルとともに，二重らせんの一方を鋳型として DNA が複製されるというメセルソン-スタールの DNA 複製モデルが重要な役割をはたした．窒素の 2 種類の安定同位体（自然界に存在する質量数 14 の窒素原子 ^{14}N と質量数 15 の窒素原子 ^{15}N）が，このモデルの証明に貢献した．図 1(a) に示すように ^{14}N を含む培地と ^{15}N を含む培地で生育した大腸菌から抽出した DNA は，密度が異なるので，沈降平衡法という方法で A と B に分離できる．はじめに ^{15}N を含む培地で生育した大腸菌（世代 0）を ^{14}N を含む培地に入れて 1 回分裂したものが世代 1 である．さらに 2 回，3 回と分裂させたものが世代 2, 3 である．これらの大腸菌から抽出した DNA を分析すると，世代 1 は A と B の中間の密度となる．世代 2 になると，中間のものと A との比が 1：1，世代 3 になると 1：3 になる．この簡単な実験から，二重らせんの DNA は片方を鋳型として他方ができるという「半保存型の複製」をすることが明らかになった（図 1(b)）．これが，分子生物学の発展史上，偉大な発見として知られるメセルソン-スタールの実験である．

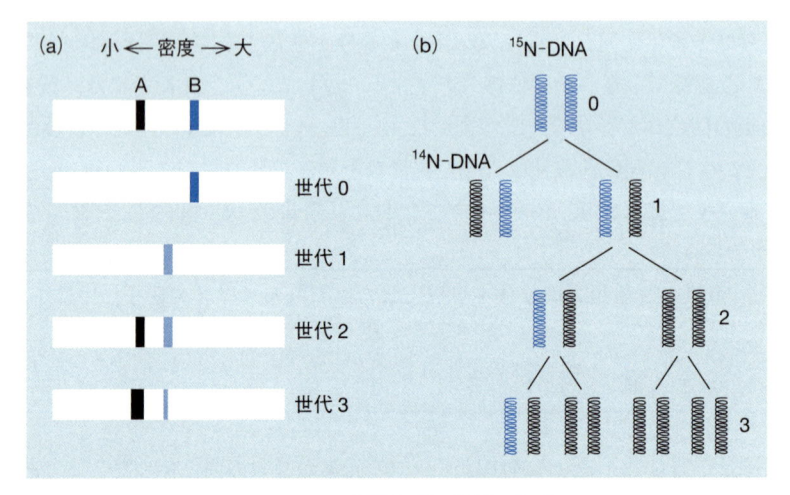

図 1 DNA の半保存型の複製の証明．

2・3 元素の周期性は原子の電子殻で説明できる

MgとCa，NaとKの化学的性質には類似性があり，同族元素とよばれることはすでに述べた．では，なぜ類似性があるのだろうか．このことと原子の電子殻構造との関係について考えてみよう．

2・3・1 ボーアのモデル

図2・2の太陽系モデルは電磁気学の法則によれば不安定であるが，実験事実はこの構造を支持していた．そこでボーアは，原子・分子の極微の世界における現象である水素原子の発する光，すなわち原子スペクトルの実験結果を説明するために太陽系モデル型の原子構造理論を提案した（発展学習1）．

雨上がりの七色の虹は，さまざまな波長の光（単色光）が混ざった白色光である太陽光が，空気中に浮遊している水滴というプリズムを通るさい，単色光に分散される現象である．白色電球の光をプリズムに通した場合にも，虹のように連続して色が変化する**連続スペクトル**が得られる（図2・3）．一方，水素放電管中の水素原子の出す光は不連続であり，**線スペクトル**と

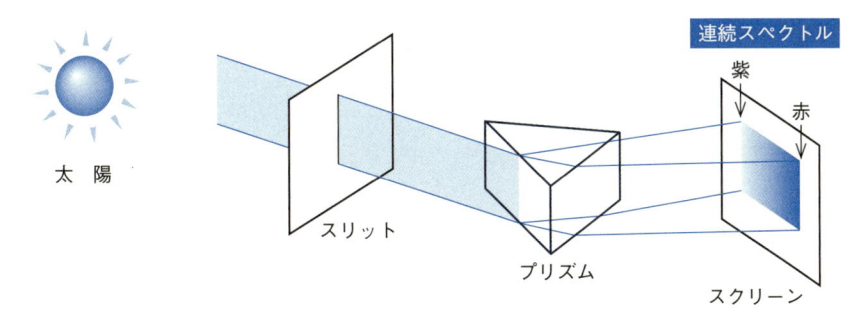

図2・3　太陽光の連続スペクトル．

よばれる（図2・4）．不連続な各線を**輝線**といい，これらの輝線には規則性がある．輝線の波長をλ，比例定数をR，nを整数とすると，実測される波長の逆数は以下のような簡単な数式で示される．

$$\frac{1}{\lambda} = R\left(\frac{1}{n_1^2} - \frac{1}{n_2^2}\right) \quad (n_1, n_2 \text{は} 1,2,3,\cdots \text{の整数をとり，} n_2 > n_1 \text{である}) \quad (2・1)$$

紫外線，可視光線，赤外線の領域にわたって5系列の存在が知られており，これらは発見者の名にちなんで命名されている[*1]．この単純な関係式の成立は，この式が原子構造の本質を反映し，この式の由来を理解することで原子構造を解明できることを暗示している．

ボーアは，ある特別な条件下では原子核のまわりの電子の軌道運動が安定であるという仮定

[*1] 紫外領域の$n_1=1$, $n_2=2, 3, \cdots$をライマン系列，可視領域の$n_1=2$, $n_2=3, 4, \cdots$をバルマー系列，赤外領域の$n_1=3$, $n_2=4, 5, \cdots$をパッシェン系列，$n_1=4$, $n_2=5, 6, \cdots$をブラケット系列，$n_1=5$, $n_2=6, 7, \cdots$をフント系列という．

を設け,電子が原子核のまわりを一定の半径 r で円運動するという単純な原子モデルを提案して(図2・5),水素原子の電子エネルギー準位を求めた(発展学習1).得られた水素原子スペクトルの式((2・1)式)のリュードベリ定数 R の理論値 $1.09737 \times 10^7 \, \text{m}^{-1}$ は実験値 $1.09678 \times 10^7 \, \text{m}^{-1}$ と 0.05%の誤差で一致した.また,バルマー系列($n_1 = 2$)のスペクトル線の波長の実験値と計算値を表2・4に示したが,その一致はみごとである.

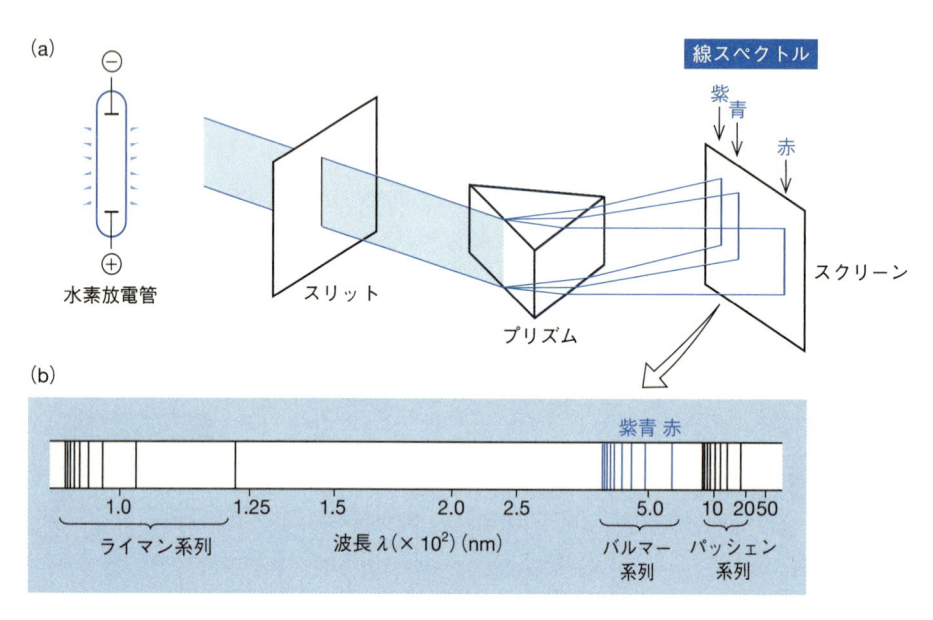

図 2・4 **水素原子のスペクトル**.(a) 水素放電管より放出される線スペクトル,(b) 赤外・可視・紫外領域におけるスペクトル.

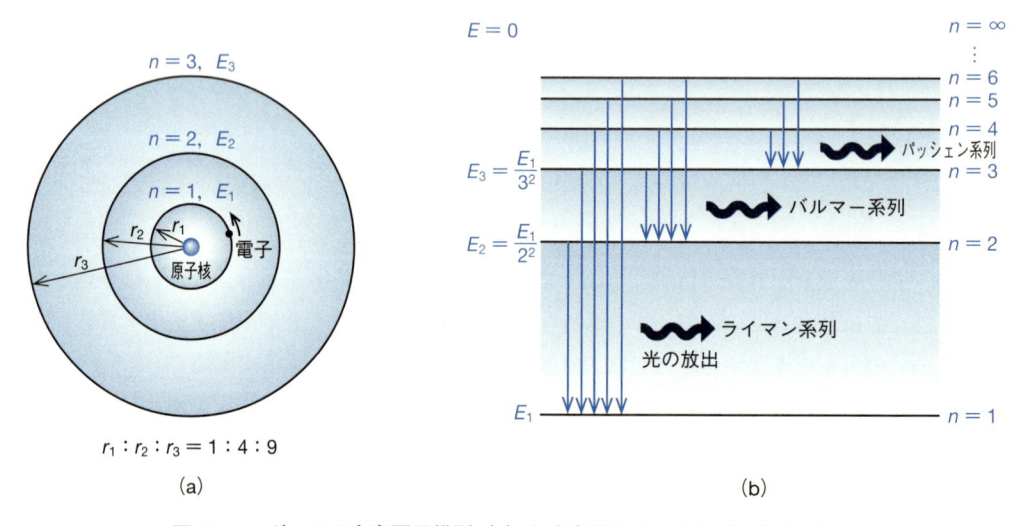

図 2・5 ボーアの水素原子模型 (a) と水素原子のエネルギー準位 (b).

表 2・4 バルマー系列

n_2	λ(実測値)	λ(計算値)	n_2	λ(実測値)	λ(計算値)
3	6 562.779	6 562.793	7	3 970.074	3 970.075
4	4 861.319	4 861.327	8	3 889.058	3 889.052
5	4 340.463	4 340.466	9	3 835.397	3 835.387
6	4 101.735	4 101.738	10	3 797.910	3 797.900

波長の単位はÅである．

2・3・2 多電子系原子の電子殻モデル：コッセルの考え

ボーアモデルは，H 原子以外の多電子系の原子については成立しなかった．では，多電子系では原子の中の電子はどのように存在しているのだろうか．このことは元素の X 線スペクトルの研究，さらにはボーアモデルを拡張したゾンマーフェルドの理論をもとに明らかにされた．まず，X 線の結果から先にながめよう．

放電管の陽極物質に高速の電子が衝突すると，陽極物質の構成元素に特有の**特性 X 線**といわれる複数の系列（K, L, M, …系列）をなした線スペクトルが発生する（図 2・6）．この特性 X 線を解釈するために，コッセルは，「ボーアの軌道には定員があり，内側のそれぞれの軌

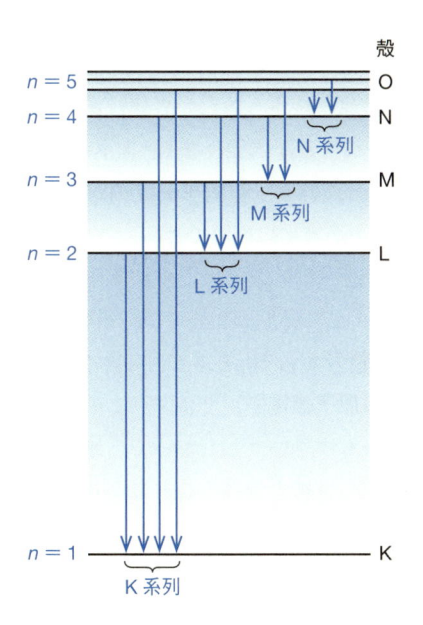

図 2・6 特性 X 線の K, L, M 系列．

道には電子が定員一杯に詰まっている」という電子殻構造モデルを提案した．この内殻電子の一つが電子線によって跳ね飛ばされて空席ができると，そこにエネルギーの高い外側の殻の電子が落ちて空席を占めるさいに，このエネルギー差に等しい波長の X 線が放出されると考えたのである[*1]．そして，主量子数 $n = 1, 2, 3, \cdots$（発展学習 1）に対応する電子殻を，K, L,

---
[*1] エネルギーの高い状態から低い状態に遷移するさいに出るものを**電磁波**という．先に述べた H 原子の発光のスペクトルも電磁波であり，X 線は紫外線よりもはるかにエネルギーが高い電磁波である（10 章参照）．

M, …系列の線スペクトルを生み出す電子殻として，それぞれ"K, L, M, …殻"と名づけた．

コッセルは，また，周期律を電子のこの殻構造と関係づけた．彼は，化合物をつくりにくく，イオン化しにくい貴ガスの存在に対して，「貴ガスの電子配置では，電子が対称のよい分布で核を取巻いているので，そのまわりに化合の原因となるような力の場が存在せず，電子を加えたり取去ったりすることが起こりにくい」，すなわち，貴ガスでは電子殻が満杯になり閉殻をつくると考えた．この考えでは，Clが負の電荷をもったCl^-の陰イオンになりやすいのは安定な貴ガス構造に電子が一つ不足しているためであり，Naは電子が一つ余分なのでこれを失って正の電荷をもつNa^+の陽イオンになる傾向をもつとして合理的に理解される．こう考えると，貴ガス He, Ne, Ar, Kr, Xe の周期表中における位置と原子番号をもとに，K殻は電子の定員2，L殻は8，M殻は8，N殻は18，O殻は18と考えることができる．特性X線の研究は，その後，モーズレーによる"原子番号Zが陽子数に等しい"という発見[*1]にも貢献した．

2・3・3 電子配置と価電子

では，定員をもった電子殻（軌道）では，電子の収まり方，つまり電子配置はどのようになっているのだろうか．正の電荷をもつ原子核と負の電荷をもつ電子とは電気的な力により引きあうので，両者が接触している状態が最も安定のはずである．これを引き離すにはエネルギーを要する．したがって，電子殻中の電子のエネルギーは原子核から離れた外側にあるほど高くなり，電子は原子核の束縛から離れて勝手に動きやすい不安定な状態となる．エネルギーの低い，より安定な内側の電子殻から順に電子を詰めていくと，各原子の電子配置図が完成する（図2・7）．この図から，なぜ元素の性質に周期性があるかが容易に理解できる．

図2・7の同じ族の元素をみると，一番外側の電子殻（最外殻という）に同じ数の電子をもつ原子が並んでいる．NaとKの属する1族，MgとCaの属する2族では，それぞれ1, 2個の最外殻電子をもっている．また，13～18族では族番号から10を差し引いた3～8個の電子を最外殻にもつ．この最外殻電子のことを，**価電子**（**原子価電子**）とよぶ．この電子は原子核から最も離れているために原子核から受ける束縛が最も小さい．したがって，原子から失われることにより陽イオンを生成したり，他原子の原子核の束縛を受けることにより化学結合を形成したりする．すなわち，価電子は原子の化学的性質と密接に関係している．この価電子の数が同じということが，同族元素が同じ性質をもつ理由である．

内側の電子殻（内殻）の電子を**内殻電子**とよぶ．内殻軌道には電子が定員いっぱいに詰まっており，これを**閉殻構造**という．原子核の近くにある内殻電子は原子核に強く束縛されている

[*1] 特性X線の波長λ，Zを原子番号，kとsは特性X線の系列によって定まる定数とすると，

$$\frac{1}{\sqrt{\lambda}} = k(Z-s)$$

と表される．

ので，原子の化学的性質にはほとんど影響しない．

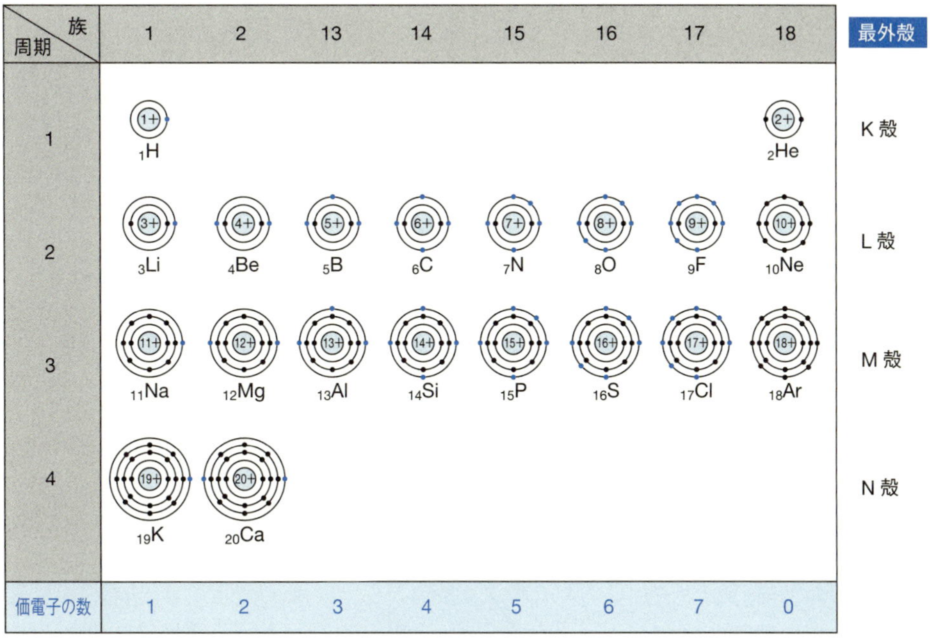

周期＼族	1	2	13	14	15	16	17	18	最外殻
1	₁H							₂He	K殻
2	₃Li	₄Be	₅B	₆C	₇N	₈O	₉F	₁₀Ne	L殻
3	₁₁Na	₁₂Mg	₁₃Al	₁₄Si	₁₅P	₁₆S	₁₇Cl	₁₈Ar	M殻
4	₁₉K	₂₀Ca							N殻
価電子の数	1	2	3	4	5	6	7	0	

図 2・7　原子の電子配置．

2・3・4　元素のイオン化エネルギーと電子親和力の周期性

生体中では，NaやKは1価の，CaやMgは2価の陽イオンとして存在し，Clは1価の陰イオンとして存在する．これらのイオンは，原子が安定な貴ガス型の閉殻構造をとろうとする傾向があるために生じると説明される．では，なぜ閉殻構造が安定なのかを，原子番号 11，電子配置 $(K)^2(L)^8(M)^1$ の Na 原子を例として考えてみよう．一番内側の K 殻電子は原子核の電荷（＋11）の影響を受けて，（−1）×（＋11）の静電相互作用で原子核に強く引きつけられている．したがって K 殻電子は実際は図 2・7 の原子の電子配置図より，はるかに原子核寄りに存在する．8 個の L 殻電子は，より内側部分の電荷（原子核の電荷＋K 殻電子の電荷＝＋11−2＝＋9）と相互作用し，（−1）×（＋9）の強い引力で原子核に引き寄せられている．これに対し，M 殻電子は内殻部分（原子核の電荷＋K および L 殻電子の電荷＝＋11−10＝＋1）と（−1）×（＋1）の弱い引力でしか相互作用していない．したがって，M 殻電子は小さなエネルギーを与えるだけで簡単に失われて，原子は＋1 価の陽イオンとなり，閉殻構造となるのである．この 1 価のイオンからさらに L 殻の電子を引き抜くためには，（−1）×（＋9）の引力に打ち勝つ必要があるので容易ではない．したがって，閉殻構造は安定で，Na は 2 価の陽イオンにはなりにくい．原子から価電子を引き離すのに必要なエネルギーを**イオン化エネルギー**という．原子を 1 価の陽イオンにするエネルギーを**第一イオン化エネルギー**，これをさらに 2

価の陽イオンにするエネルギーを**第二イオン化エネルギー**という．主な元素の第一イオン化エネルギーを図2・8に示した．Caが2価の陽イオンになりやすいこと，ClやArが陽イオンになりにくいことを，例題2・3で確かめてみよう．

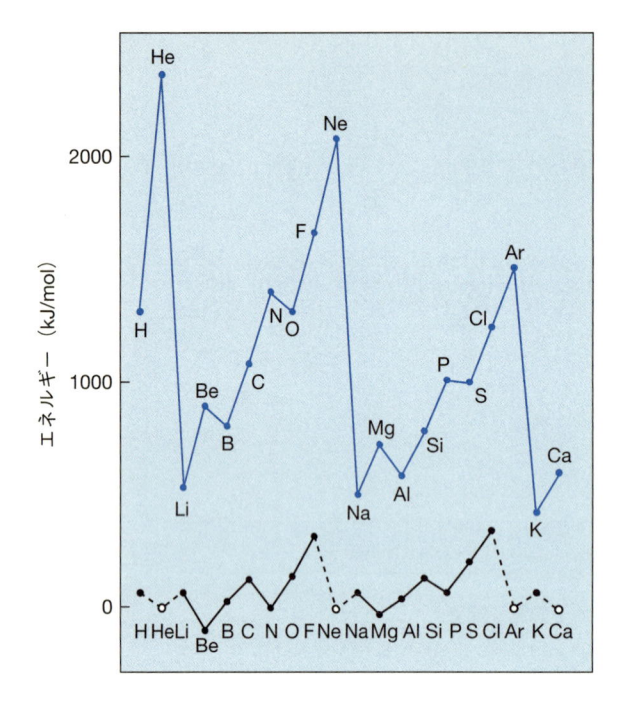

図2・8 主な元素の第一イオン化エネルギー（●）と電子親和力（●）図中の○は正確な値が不明である．

例題2・3 Ca, Ca^+, Ca^{2+} の最外殻電子と内殻との間にはたらく静電的引力の強さの比をいえ．また，Cl, Arの最外殻電子と内殻との間にはたらく静電的引力はどうか．

解 Ca原子：$(-1) \times (+2)$　　Ca^+：$(-1) \times (+2)$　　Ca^{2+}：$(-1) \times (+10)$
Cl原子：$(-1) \times (+7)$　　Ar原子：$(-1) \times (+8)$

では，Clが1価の陰イオンになりやすいことはどのように理解できるだろうか．Clの電子配置は $(K)^2(L)^8(M)^7$ なので，M殻には電子1個分の空席がある（図2・7）．ここに外部の電子が捕捉されると，その電子は内殻の電荷（原子核の電荷＋内殻のKおよびL殻電子の電荷＝+7）と $(-1) \times (+7)$ の大きな静電引力で引きあい，捕捉されるまえに比べて安定化する．その結果，Clは Cl^- の閉殻構造となる．電子は最外殻に入ることにより安定化され，その結果安定化された分のエネルギーを放出する．この放出エネルギーを**電子親和力**という．主な元素の電子親和力を図2・8に示す．一方，閉殻電子構造のArに電子を付け加える場合，この電子は外側のN殻に入ることになる．N殻からみたArの内殻は無電荷であるから，付け加わった電子と内殻との静電相互作用は $(-1) \times (0) = 0$，すなわち，電子親和力は大変小さいことになる．Clが2価の陰イオンになりにくいこと，Naが陰イオンになりにくいことも

同様に理解できる（例題2・4）[*1].

例題2・4　Cl が2価の陰イオンになりにくい理由，Na が陰イオンになりにくい理由を説明せよ．

解　内殻電荷を考えると Cl⁻ は−1，Na は+1だから，これらのものと外部の電子との静電引力は，

$$\text{Cl}^-:(-1)\times(-1) \qquad \text{Na 原子}:(-1)\times(+1)$$

となり，Cl⁻ では斥力，Na では弱い引力がはたらく．したがって，Na では Na⁻ の陰イオンは存在しうる．しかし，すでに最外殻に存在する電子と反発するので，安定ではない．

2・3・5　修正同心円モデル：電子殻と軌道との関係（副殻構造）

　コッセルの電子殻モデルは，原子は中心の原子核と電子殻からなっており，それぞれの殻に電子は決まった数だけ入ることができるというものであった．

　一方，ボーアは，ボーアモデルを一般化したゾンマーフェルト理論により導き出された s, p, d, f 電子軌道（発展学習2）と対応させて周期表を分析した．その解析結果を取入れて，コッセルの電子殻モデルを表現すれば（図2・9），「K 殻は1本の副殻よりなる．L 殻は4本の副殻からなり，4本のうちの1本は内側に，残りの3本は外側に重なって存在する[*2]．M 殻は9本の副殻（軌道）で構成され，内側に1本，真ん中に3本が縮重，外側に5本が縮重して存在する．N 殻も同じようにそれぞれ 1, 3, 5, 7 本が縮重していて，全部で16本の副殻をもつ．それぞれの軌道には後述するように電子が2個まで入ることができる．したがって，K, L, M, N 殻には電子が 2, 8, 18, 32 個入ることになる（この定員は2・3・2節に示したコッセルの考えと一部分異なっていることに気づいてほしい）」．

　コッセルの電子殻モデルは，この微細構造をもった原子を遠くから眺めていたと考えればよい．微細構造の副殻を構成する軌道は，内側から順に s 軌道（1個），p 軌道（3個），d 軌道（5個），f 軌道（7個）とよばれる（s, p, d, f はボーア・ゾンマーフェルト理論の副量子数 $k = 1, 2, 3, 4$ に対応；発展学習2）．K, L, M, N … 殻は主量子数 $n = 1, 2, 3, 4$ … に対応するので，s, p, d, f 軌道に主量子数をつけて区別すると，K 殻 = 1s × 1 個，L 殻 = (2s × 1, 2p × 3 個)，M 殻 = (3s × 1, 3p × 3, 3d × 5 個)，N 殻 = (4s × 1, 4p × 3, 4d × 5, 4f × 7 個) と表される（図2・9(a)）．この電子殻の微細図の一部を縦に切りとると，縦軸方向，すなわち原子核と軌道の距離はエネルギーの大きさに対応しているので

　[*1]　以上の説明は単純化したものであり，厳密には内殻電子が100％の効率で核電荷を中和（遮蔽）するわけではないし，Cl⁻ の例では同じ殻中の他の電子による核電荷の遮蔽も考慮する必要がある（有効核電荷と電子による遮蔽）．
　[*2]　これを**縮重**，または**縮退**しているという．英語では degenerate という．この言葉は，核酸の3塩基からなるコドンと一つのアミノ酸が対応するときにも用いられている．これは，初期の分子遺伝学の研究に原子物理学者が参加していたことを反映している．

(2・3・3 節),図 2・9(b) に示したように,縦軸に軌道のエネルギーをとり,短い横線で軌道を示した軌道のエネルギー序列図ができあがる.その図を(軌道)**エネルギー準位図**という.

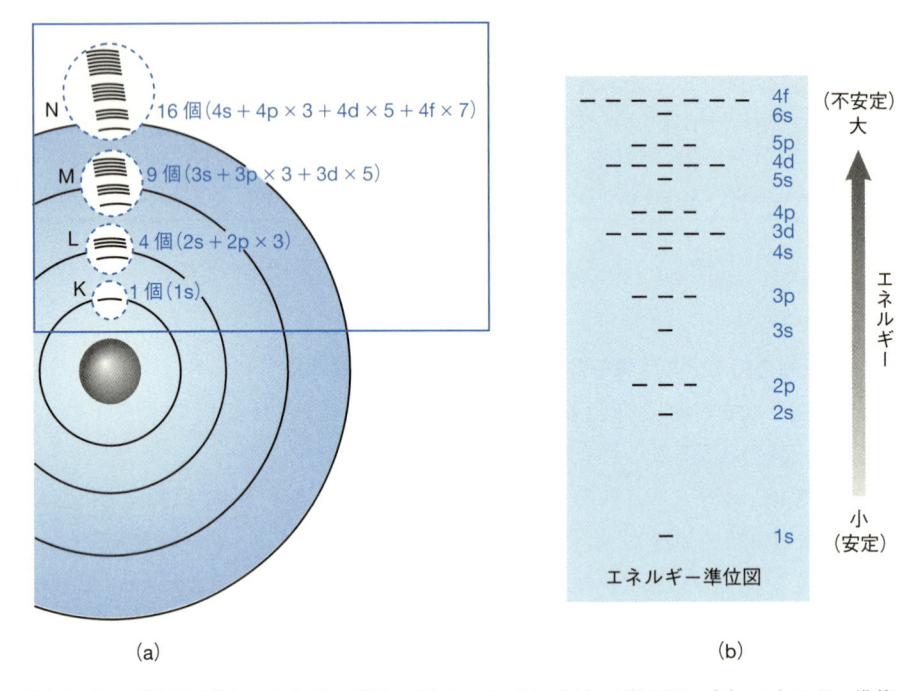

図 2・9 電子の軌道とエネルギー準位.(a) K,L,M,N 殻の微細図,(b) エネルギー準位.

2・4 電子配置を軌道で表す

生命を構成する元素が生命活動にどのように関与しているかを学ぶには,それぞれの原子がどんな化学的性質をもっているかを知る必要がある.ここでは,元素の物理的・化学的性質を現代的な立場で理解するうえで必要となる軌道で表した原子の電子配置について述べる.

2・4・1 電子スピン

上の議論で K,L,M,N 殻を構成する s,p,d,f の 1 個の軌道にそれぞれ 2 個の電子が入ることができると述べた.なぜ,電子は 2 個入るのだろうか.電子は負電荷をもっているので,図 2・7 のような原子モデル,すなわち,一つの軌道(電子殻)に多数の電子が入った状態では,お互いが負電荷同士で反発しあうために不安定であるはずである.軌道 1 個に電子が 2 個入る場合でもやはりエネルギー的に不利なはずである.にもかかわらず,なぜ同じ軌道に電子が 2 個入ることができるのだろうか.このことは電子が**自転**(**スピン**)しているという考えで理解される.右回りと左回りに自転する 2 個の電子はそれぞれ微小磁石として振舞うので,相互に引力がはたらく結果,同じ軌道に電子は 2 個入ることが可能になるのである(解説 2・1).

図 2・9 のエネルギー準位図を用いて各軌道への電子の詰まり方を示すさいには，右回りスピン，左回りスピンの 2 種類の電子を区別するために，便宜上 ↑ と ↓ （上向きスピン，下向きスピンともいう）で表すことが多い．

2・4・2 電子のつまり方の順序

ここで原子の軌道への電子の詰まり方の順序と軌道を用いた原子の電子配置について考えよう．2 族元素の Mg の電子配置は $(K)^2(L)^8(M)^2$，軌道を用いた表現では $(1s)^2(2s)^2(2p)^6(3s)^2$ である（図 2・10）．電子の軌道のエネルギーは原子核に近いほど低いから，電子は内側から詰まっていく．K 殻の s 軌道に 2 個，L 殻の s 軌道に 2 個，三つの p 軌道に 6 個，M 殻では s 軌道に 2 個入る．一方，Mg と同族元素である Ca の電子配置は，$(K)^2(L)^8(M)^{10}$ ではなく，$(K)^2(L)^8(M)^8(N)^2$ である．軌道表現では $(1s)^2(2s)^2(2p)^6(3s)^2$ までは Mg と同じである．残りの 8 個の電子のうち，まず 6 個が 3p 軌道に入る．あと 2 個はエネルギーの高い 3d 軌道に入ることになる理屈であるが，実際には 4s 軌道が 3d 軌道よりもエネルギー的に低いところに存在するので，まず 4s 軌道に電子が 2 個入った後で，3d 軌道に電子が詰まることになる．すなわち，Ca は $(1s)^2(2s)^2(2p)^6(3s)^2(3p)^6(4s)^2$，$(K)^2(L)^8(M)^8(N)^2$ となる（図 2・10）．したがって，Mg，Ca の電子配置は，それぞれ $(Ne)(3s)^2$，$(Ar)(4s)^2$ とも表され，両者が同族元素であることが納得されよう．

なお，3 個の p 軌道，5 個の d 軌道に電子が詰まるさいには，電子は負電荷をもつ電子同士

解説 2・1　電子スピン

負電荷同士でお互いに反発しあうはずの電子が，なぜ同じ軌道に 2 個入ることができるのだろうか．それを説明するのが，**電子スピン**である．

電子スピンは量子力学の理論からも明らかにされているが，実際の電子スピンがどのようなものかをイメージすることはできない．われわれはイメージできないと理解できないので，"自転" の解釈をしている．自転する場合には右回りと左回りの回転が可能である．一方，図 1 に示すように電子が動くということはその逆方向に電流が流れるということである．輪になった銅線やコイルに電流を流せば，そのまわりに磁界が発生するので，回転運動をしている電流は磁石として作用する（電磁石の原理）．電流が右回りに流れたときと左回りの場合とでは生じる磁石の向きが逆になる．同じ軌道中の 2 個の電子の自転（スピン）方向が逆なら，逆方向の磁石がそばにあることになるので，この 2 個の磁石は引きあう．つまり電子は，マイナス同士で電気的に反発するが，磁石としての引力がはたらくためにスピンを逆にすれば同じ軌道に 2 個入ることができる．

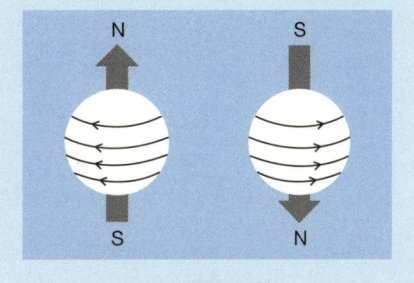

図 1　電子スピン．

の反発を避けるために,まずはそれぞれの軌道に1個ずつ,かつ,すべてスピンの向きをそろえて入り(**フントの規則**),そのあと,順次,2個目の電子がスピンを逆にして対をつくり,3対の計6個,または5対の計10個の電子が入ることになる(図2・10).

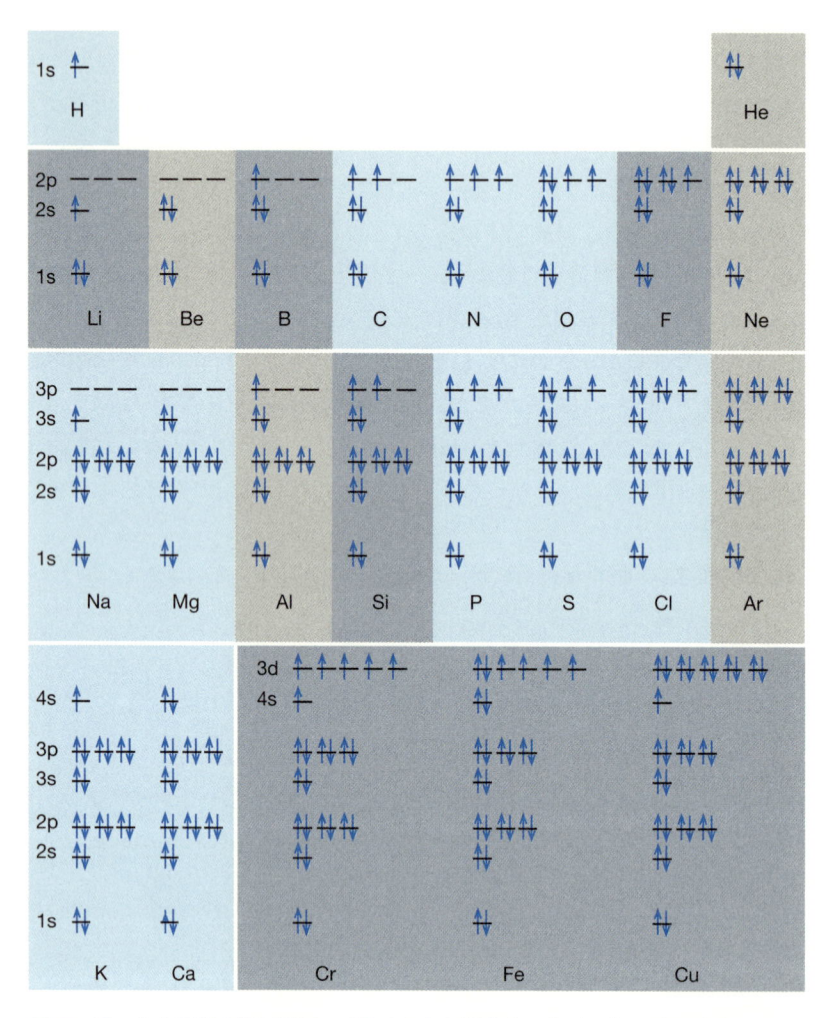

図 2・10 主な元素の電子配置. ■は生命を構成する主要元素,■は生命にとって必要な微量元素である.

3d 軌道は 4s 軌道よりエネルギーが高いが,差はわずかである.三つの p 軌道,あるいは五つの d 軌道のすべてに電子が1個または2個ずつ詰まった状態では,電子が原子全体に一様に分布するために電子間反発のエネルギーが小さくなり有利である.したがって,d 軌道に電子が不完全に充填された遷移元素群のうち,図 2・10 に示したように Cr は $(Ar)(4s)^1(3d)^5$,Cu は $(Ar)(4s)^1(3d)^{10}$ なる電子配置をとる.一方,電子が一部失われてイオンになる場合は,原子核と軌道電子との相互作用が原子の場合と異なってくるために,軌道エネルギーが 3d と 4s

とで逆転し，3d が低くなる．すなわち，Fe の電子配置は $(Ar)(4s)^2(3d)^6$ であるが，Fe^{2+} は $(Ar)(4s)^2(3d)^4$ ではなく $(Ar)(3d)^6(4s)^0$，Fe^{3+} は $(Ar)(4s)^2(3d)^3$ ではなく $(Ar)(3d)^5(4s)^0$ となる．

　図 2・10 に示した電子配置は 3 章で述べる原子から分子の形成，すなわち化学結合を考えるさいの基礎になる（その他の元素の電子配置については巻末の付録を参照のこと）．生体にとって H，C，N，O の典型元素は生命体の構造を形づくる主要な元素である．第 4 章では，主にこれらの元素によって構成される有機分子について述べる．一方，生体を構成する微量元素の多くは遷移元素である．遷移元素の役割については，9 章で述べる．

基 本 問 題

2・1　つぎの元素を元素記号で表せ．水素，酸素，炭素，窒素，ナトリウム，カリウム，塩素．
2・2　1 モルの意味をいえ．
2・3　アボガドロ定数とは何か．

3 生体分子の化学結合と分子間相互作用

　第1章で述べたように，生命は大きさの異なる多様な分子から構成されている．多くの元素は原子の状態では存在せずに化合物や分子をつくるが，なかにはヘリウム，ネオンのように原子の状態で存在するものもある．「なぜ，多くの元素の原子は化合物や分子をつくるのだろうか？」，「どのような力によって化合物や分子ができるのだろうか？」という2点を疑問として，本章では分子の形成と化学結合，分子にはたらく力について述べる．

3・1　DNAは化学結合と分子間相互作用で形成されている

　遺伝情報の担い手である **DNA**（デオキシリボ核酸）は，ヌクレオチドという単位が何百万，何千万と結合して繰返された細長い鎖状の分子2本から構成されている．2本の分子は，お互いに寄り集まってらせん状の構造をしており，**二重らせん** とよばれている（図3・1(a)）．DNAの溶けている液に熱を加えると，2本鎖のDNAは解離して，1本鎖になる．このことは，鎖を形成している力が，鎖と鎖の間にはたらく力よりも強いことを示している．前者の力は分子をつくる結合，後者の力は分子間にはたらく力（分子間相互作用）と区別される．すなわち，DNAは，ヌクレオチド単位が化学結合という"強い力"で結ばれることにより生じた鎖状高分子二つが，分子間相互作用という"弱い力"で結びついたものということができる[*1]．ヌクレオチドをつくる核酸塩基には4種類あり（4章参照），この塩基の種類が2本鎖の形成に重要なはたらきをしている．この2本鎖は **水素結合** とよばれる分子間相互作用によりできている．水素結合および分子間相互作用については3・4・2節で詳しく述べる．これらの水素結合は特定の相手の塩基との間に形成され，アデニン(A)はチミン(T)を相手とし，グアニン(G)はシトシン(C)を相手とする（図3・1(b)）．GとCの組合わせの方がAとTの組合わせより水素結合の数が多いことから，GとCの組合わせの含まれる割合が高いと，1本鎖への解離に必

[*1] 2本鎖のDNAを分子とみなして記載されることも多い．多数のアミノ酸が共有結合した分子は，ポリペプチドともよばれる．タンパク質には，複数のポリペプチドが分子間力で結合したものもある．通常，これをタンパク質分子とよび，ポリペプチドはサブユニットという．

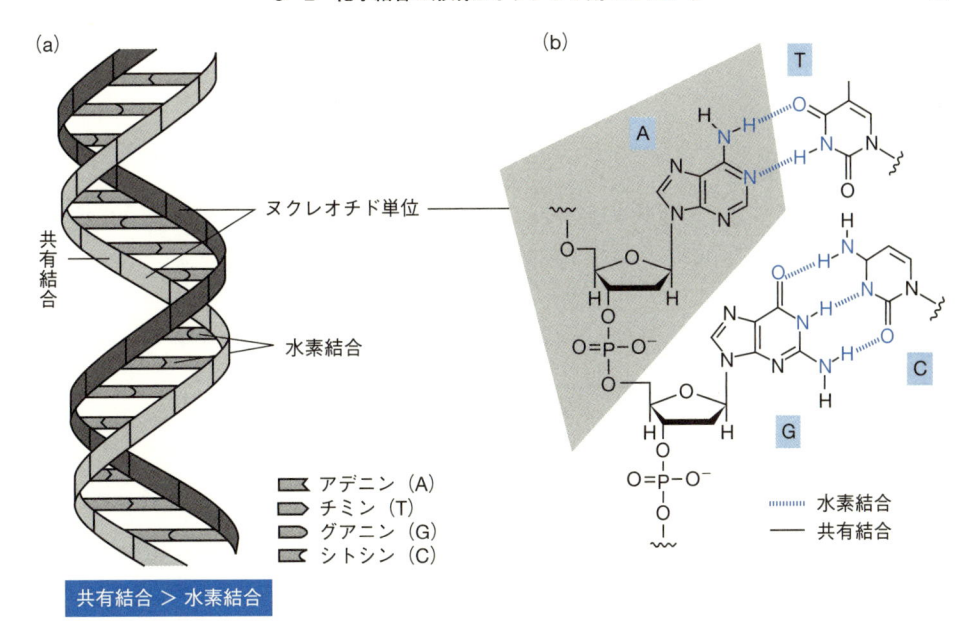

図 3・1　DNA の二重らせん構造（a）と水素結合による相補的塩基対（b）．

要な温度が高くなる．

　タンパク質は，さまざまな分子を認識する（5 章参照）．話題 3 に，抗体分子がいろいろな分子間相互作用により抗原を認識していることを紹介した．このように，生命において，分子間相互作用は重要な役割をはたしている．

3・2　化学結合の形成はオクテット則にしたがう

　前節で，DNA における化学結合と分子間相互作用にはどのようなものがあるかをみた．本節では，化合物や分子をつくる結合について学ぼう．

3・2・1　イオン結合

　はじめに，化学結合のひとつである**イオン結合**を考えよう．この結合は，一つの原子の電子が別の原子に移ることにより形成される．電子の移行は，両方の原子が閉殻構造である貴ガス型電子配置となるように行われ，その結果，陽イオンと陰イオンとが生じる．NaCl の場合には，Na は電子を 1 個失うことにより Ne の電子配置をもつ Na^+ を生じ，Na が放出した 1 個の電子は Cl に受けとられ，Ar の電子配置をもつ Cl^- を生じる．こうして生じた陽イオンと陰イオンが 3 次元に交互に並んでクーロン力，すなわち＋と－の静電引力に基づく相互作用を行う（イオン結合する）ことにより面心立方といわれる構造をしたイオン結晶 Na^+Cl^- を形成する（図 3・2）．

　このようなイオンの生成と貴ガスの化学的安定性とをあわせて考えると，閉殻構造は安定であり，原子は閉殻構造をとりやすいということができよう．He を除く貴ガス型電子配置では，

30   3. 生体分子の化学結合と分子間相互作用

最外殻に電子が常に 8 個存在するので,閉殻構造は安定であるとする考え方を**オクテット則**（八隅則）という．

3・2・2 共有結合

もうひとつの化学結合である**共有結合**は,二つの原子が電子を 1 個ずつ出しあって電子対をつくりこれを共有することによって生じる結合,つまり電子対共有結合である[*1]．H 原子には,

---

> **話題 3**
>
> ### 分子間相互作用のデパート ― 抗原と抗体の結合
>
> 免疫にとって重要なはたらきをしているタンパク質である**抗体**は,**抗原**とよばれる特定の相手と特異的に結合する．抗体と抗原の結合を図 1 に示した．抗体分子は,各 2 本の重鎖と軽鎖,すなわち 4 本のポリペプチドからできており,ジスルフィド結合という共有結合によりお互いに結合している．重鎖は V_H, C_{H1}, C_{H2}, C_{H3} という四つの領域からなり,軽鎖は V_L, C_L 領域から構成されている（a）．重鎖の V_H, C_{H1} 領域と軽鎖からなる部分が抗原と結合し,この部分と抗原の結合を示したのが（b）である．
>
> 抗原と抗体の結合は,尿素溶液や SDS という界面活性剤（洗剤）の溶液中で解離する．すなわち,抗体と抗原の結合は,分子間相互作用により形成していることを示している．この場合には,静電的相互作用,ファン デル ワールス力,水素結合,疎水性相互作用などがはたらくため,全体としてはかなり強い結合である．主な分子間相互作用については,表 3・3 にまとめてあるが,この抗体と抗原の結合には,これらすべてが関与している．私たちの健康は,この分子間相互作用のデパートによって守られているのである．
>
> 図 1　抗体の構造（a）と抗体と抗原の結合（b）．

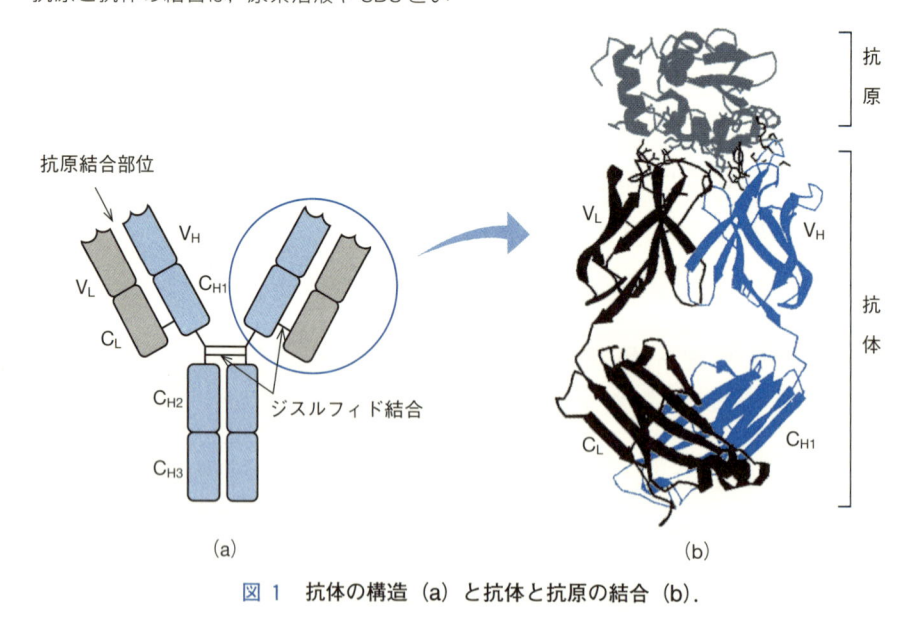

[*1] 原子間の結合力には,ほかに多数の原子核に価電子が共有される結合である**金属結合**がある．金属のもつ延性,展性,導電性,光沢は,この金属結合によって説明される．

3・2 化学結合の形成はオクテット則にしたがう　　　31

(a) Na・ ＋ ・Cl: ⟶ (Na$^+$)(:Cl:$^-$) ＝ (:Na:$^+$)(:Cl:$^-$) ＝ Na$^+$Cl$^-$
　　　　　　　　　　　　　　　　　　　　Neの電子配置　Arの電子配置

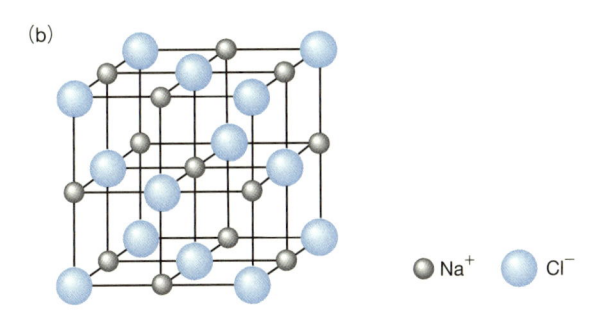

(b)

● Na$^+$　　○ Cl$^-$

図3・2　イオン結合 (a) とイオン結晶 (b).

1s軌道に1個の電子がある．このように一つの軌道に電子が1個しか入っていない場合に，この電子を**不対電子**という．2個のH原子は，この不対電子を1個ずつ出しあって電子対をつくり，これを共有することによりH_2分子を形成する．このとき各H原子はHe型の電子配置をとる．また，2個のF原子は，2p軌道に1個ずつある不対電子を出しあって共有電子対をつくることにより，F_2分子を形成する．2s軌道と二つの2p軌道にはすでに電子対が完成しているので（フントの規則），この結果，Ne型の電子配置となる（図3・3）．このように，共有結合が安定に存在する理由は，イオン結合と同様に，オクテット則により説明することができる．原子においてすでに対となっている化学結合に参加しない電子は**孤立電子対**（**非共有電子対**）とよばれている．このように共有結合に関与する原子中の電子は，通常は不対電子であるが，原子やイオン中ですでに対となった電子が共有結合に関与する場合がある．これは**配位共有結合**（**配位結合**）といわれ，結合する二つの原子のうち一方だけが一対の電子を提供し，他方はその電子対を受けとって，結果として共有結合を形成する場合である（6章参照）．

(a)　　　　共有電子対　　　　　　　(b)　　　　　　　　共有電子対
　　　　　　　　　　　Heの　　　　　　　　非共有電子対　　　　　非共有電子対
　　　　　　　　　　　電子配置
H・ ＋ ×H ⟶ H:H　　　　　　　　　:F・ ＋ ×F×× ⟶ :F×F××
　　　　　　　　　　　　　　　　　　　　　　　　　　　　　　オクテット（Neの電子配置）

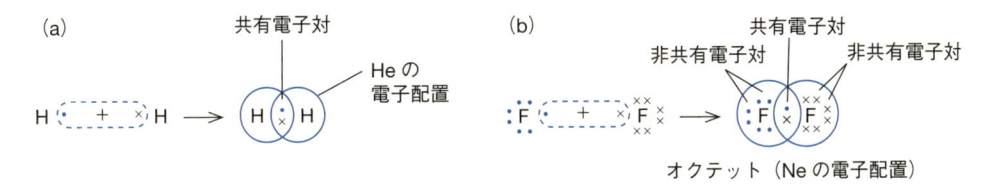

図3・3　共有結合．(a) H_2分子，(b) F_2分子．

共有結合した分子の電子式[*1]（それぞれの原子まわりの貴ガス電子配置）は，以下のようにして推定することができる．① 原子の電子式を書く，② 二つの原子の不対電子を1個ずつ組

[*1] 電子式はルイス構造式ともいう（4章参照）．

合わせて電子対を一つつくる，③ 上記の操作を閉殻構造（オクテット）ができるまで繰返す．例題3・1で，五つの分子の電子式を考えてみよう．

例題3・1 Cl_2, O_2, N_2, H_2O, NH_3 のそれぞれの分子について，各構成原子から分子が形成される過程を電子式で示せ．

解

例題中の Cl_2, H_2O, NH_3 分子中の各原子間の共有結合はそれぞれ1組の電子対による1本の結合であり，これを**単結合**とよび，$Cl-Cl$ のように1本の棒線（これを価標という）で表す．O_2, N_2 ではそれぞれ2組，3組の電子対による2本，3本の共有結合であるので，二重結合，三重結合といい，それぞれ $O=O$[*1]，$N\equiv N$ のように2本，3本の価標で表す[*2]．このように，ある元素の原子価（共有結合数）は，通常，その元素の原子がもつ不対電子数に対応する．ある原子がとりうる原子価の最大値は価電子数（最外殻電子数）に等しく，Cでは4価となる（4章参照）．したがって，各原子の電子配置がわかれば，価電子数，原子価，共有結合数を知

[*1] 電子式を用いた考え方では，O_2 分子の結合を正しく表すことができない．詳しくは9章参照のこと．
[*2] 価標であらわした式はケクレ構造式ともいう（4章参照）．

ることができる（表3・1）.

表 3・1　主な原子の価電子数，原子価，共有結合数

原　子	価電子数	原子価	共有結合数
水素 H	1	1	1
ヘリウム He			
炭素 C	4	4	4
窒素 N	5	3	3($4^{†1}$)
酸素 O	6	2	2
ネオン Ne			
リン P	5	3	3($4^{†2}$)
硫黄 S	6	2	2($4^{†3}$)
アルゴン Ar			

†1　N^+に荷電している場合.
†2　P^+に荷電している場合.
†3　S^{2+}に荷電している場合.

3・3　分子の形成を電子の軌道から考える

前節では，化学結合をオクテット則に基づいて説明した．そこでは共有結合を共有電子対の生成として理解した．本節では，量子力学により得られた共有結合の現代的理解について述べる．すなわち，電子の波としてのふるまいをもとにした，**軌道**という考え方に基づいて共有結合を考える．

3・3・1　s 軌道と p 軌道

われわれの身のまわりの世界では，物質は任意のエネルギーをもつことができ，また，それを知ることも可能である．ところが，原子・分子の極微の世界では物質はそのエネルギーと存在位置を同時には確定できない．これを**不確定性原理**というが，このために極微の世界では粒子は波としてのふるまいを示す（解説3・1）．すなわち，極微の世界はわれわれの住む世界とは様相がまったく異なる．電子の波としてのすがたを表した数式が波動関数 ϕ である．エネルギーがすでに定まっている s 軌道と p 軌道の中の電子の存在場所は確定できないが，その代わりに，このあたりにこれくらいは存在していそうだという存在確率を示すことができる．この確率は波動関数の二乗 ϕ^2 で表され，それぞれの軌道中の空間位置を占める電子の空間電子密度分布に対応している（発展学習3参照）．実は，軌道とよばれる波動関数そのものが電子の存在様式である．ここでもちいている軌道は orbital なる言葉に，第2章のボーアモデルにおける原子核のまわりの電子の周回軌道は orbit に，それぞれ対応している．本書では，厳密性を欠くが，orbital を軌道と表現する．

この軌道を図に表したのが，図3・4である．s 軌道関数 ϕ_s は，原子核に球対称なすがたをしている．同時に 1s 軌道の電子の存在確率に対応する $(\phi_{1s})^2$ と実際の電子密度分布も示してあるので，見くらべてみよう．p 軌道関数 ϕ_p は，お互いに直交する三つの方向からなり，それぞれが軸に対称なすがたをしている．ここでは p 軌道関数の角度による部分のすがた，2p

軌道の電子の存在確率，$2p_y$ 電子の電子密度分布が示してある．この＋，－という符号は波の振幅の方向を示すものであり，電荷の符号でないことに注意しよう．波動関数とそのすがたについての詳細は，発展学習3を参照してほしい．

3・3・2 共有結合と分子の安定性

電子の波としてのふるまいと軌道の考えとに基づくと，原子が共有結合により分子を形成することはどのように理解されるのだろうか．この問題に答えるために二つの異なったアプローチがなされている．

ハイトラーとロンドンにより行われた**原子価結合法**は，二つの原子 A，B に別々に属していた電子が，分子の形成によって，両者に共有されるという，まさに電子対共有結合のイメージそのものを量子力学的に表現したものである．図3・5(a) に示すようにこの考え方では，"結合"とは，原子 A と B の原子軌道 ϕ_A，ϕ_B に不対電子がスピンをお互いに逆にした状態でそれぞれ1個ずつ存在する，このスピンを逆にした2個の電子を，いわば A と B の原子核がキャッチボールしているように，交換共有している状態ということになる．この交換共有に基づく安定化エネルギー，すなわち量子力学的な力は二つの軌道の重なりが大きいほど大きく

1s 軌道関数 ϕ_{1s} の模式図

2p 軌道関数の角度による部分の模式図

$(\phi_{1s})^2$（存在確率：電子密度に対応）の模式図

2p 軌道の角度による部分の存在確率の模式図

1s 軌道電子の電子密度分布

$2p_y$ 電子の電子密度分布

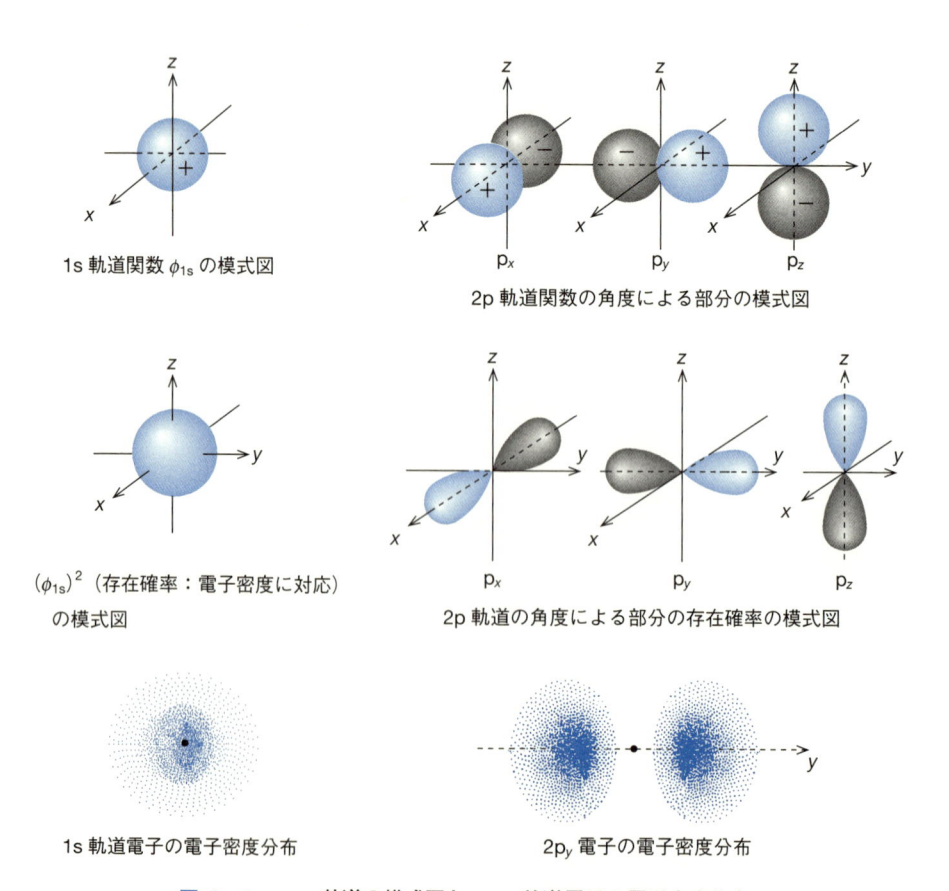

図 3・4　s，p 軌道の模式図と s，p 軌道電子の電子密度分布．

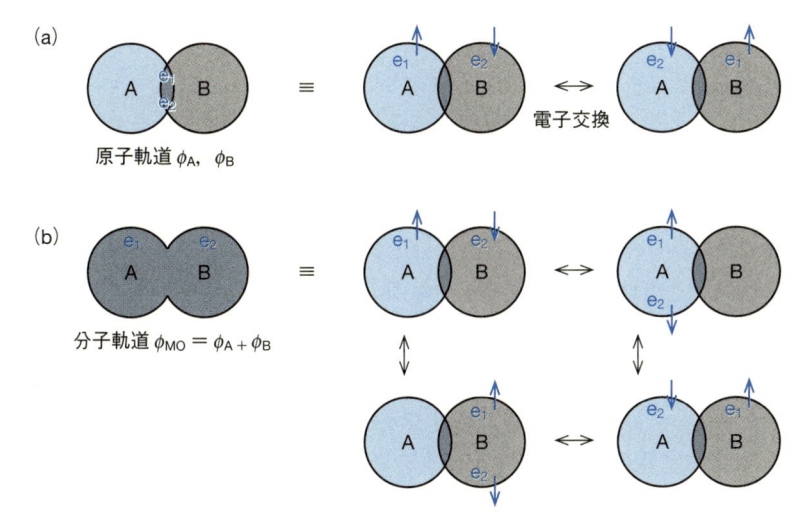

図 3・5 **原子価結合法 (a) と分子軌道法 (b)**. 原子核 A の軌道を ϕ_A, 原子核 B の軌道を ϕ_B, 電子を e_1, e_2, そのスピン状態を↑, ↓で表す. 原子価結合法では原子核間で電子を交換, 分子軌道法では 2 個の電子が二つの原子核のまわり全体に, あらゆる存在様式をとっている.

解説 3・1　電子の粒子性と波動性

光は波である. しかし, 金属に光を当てると電子が飛び出す**光電効果**といわれる現象では, 光波の振動数を ν, 波長を λ とすると, 光は (1) 式に示すようなエネルギーをもった粒子, つまり光子 (photon) として振舞う.

$$E = h\nu = \frac{hc}{\lambda} \tag{1}$$

ここで h はプランク定数, $c = \lambda\nu$ は光速度である. そこで, ド・ブロイは逆に粒子も波として振舞うと考えた. 質量 m の粒子のエネルギーは, つぎのアインシュタインの式により表される.

$$E = mc^2 \tag{2}$$

よって (1)式と (2)式より,

$$\frac{hc}{\lambda} = mc^2 \tag{3}$$

となる. (3)式より,

$$\lambda = \frac{h}{mc} \tag{4}$$

c を粒子の速度 v に置き換えると粒子の波長は,

$$\lambda = \frac{h}{mv} \tag{5}$$

これを**物質波**という. 電子は負電荷を帯びた微粒子であるが, 波動性をもつことは電子が光と同じように回折現象を示すことから証明されている (図1). 電子顕微鏡は電子の波としての性質を利用したものである.

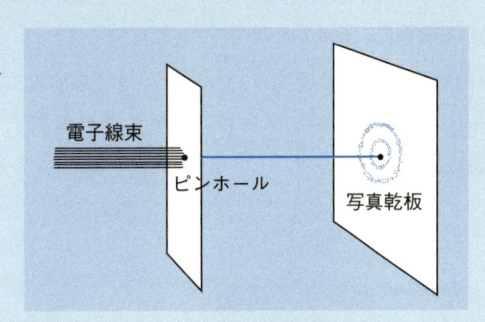

図 1　電子線回折の模式図.

なり，原子 A，B 全体としてのエネルギーは低下する．すなわち結合エネルギーも大きくなる．

これに対して，マリケンが考えた**分子軌道法**は，原子 A，B に属する原子軌道が重なりあって合成波となり，分子全体に拡がる分子軌道ができるというものである（図 3・5(b)）．

分子軌道のエネルギーを求めると，もとの二つの原子軌道に対してより高いものと低いものの上下 2 種類の値と，それに対応する二つの分子軌道が得られる．これらは，それぞれ**結合性軌道**，**反結合性軌道**とよばれる（発展学習 4 参照）．すなわち，異なる原子に属する二つの原子軌道がお互いに重なりあうことにより，エネルギーのより低い安定な状態である結合性分子軌道とエネルギーの高い反結合性分子軌道とを生じる．H_2 の場合には，結合性軌道に 2 個の電子がスピンを逆にして収まることにより H 原子 2 個が独立して存在している場合に比べて，系全体として安定化するので，分子を形成することになる（図 3・6(a)）．これに対し，He_2 は反結合性軌道にも収まるので，He_2 としてのエネルギーは He 原子 2 個が独立して存在している場合の値より高くなり，系全体として不安定化する（図 3・6(b)）．これが He が単原子分子である理由である．不対電子をもつ原子は，このようにしてエネルギー的に安定化するために分子になるのである．

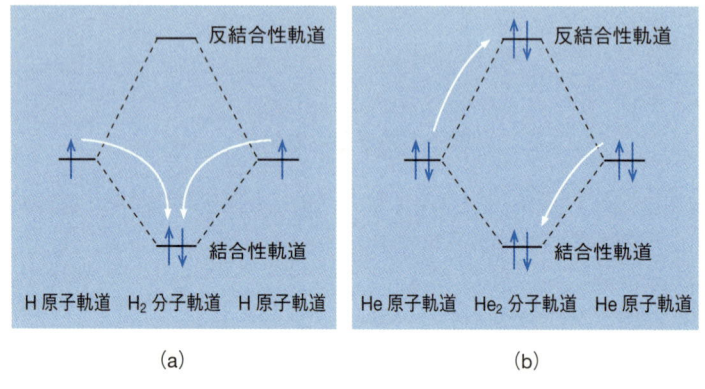

図 3・6　**分子軌道のエネルギー図**．(a) H_2 の分子軌道図，(b) He_2 の分子軌道図．

以上，"原子価結合法"と"分子軌道法"による共有結合の理解は異なって見えるが，これは，いわばトンネルの中央にある真実をトンネルの両端から別々に眺めているようなもの，近似的な理解のためであり，両法の近似を高めれば本質的には同じ結論となる（発展学習 4 参照）．第 4 章では，スピンがお互いに逆になった電子 1 個をもつ二つの原子軌道が重なりあう結果，共有結合ができる（二つの原子軌道が重なって分子軌道ができ，そこに電子 2 個がスピンを逆にして収まる），として化学結合を考える．

3・3・3　σ 結合と π 結合

共有結合は，これまでに述べたように，軌道（波）の重なりによって生じる．図 3・7 に示すように s 軌道同士の場合は，1 種類の重なり方しか存在しない（a）．これに対し，p 軌道同

士の場合には，2種類の重なり方がある (b)．**σ重なり**は，波動関数の拡がる A–B の分子結合軸方向で重なり合う方法であるが，**π重なり**は，波動関数の拡がる方向と直角方向の分子結合軸方向で重なり合う方法である．

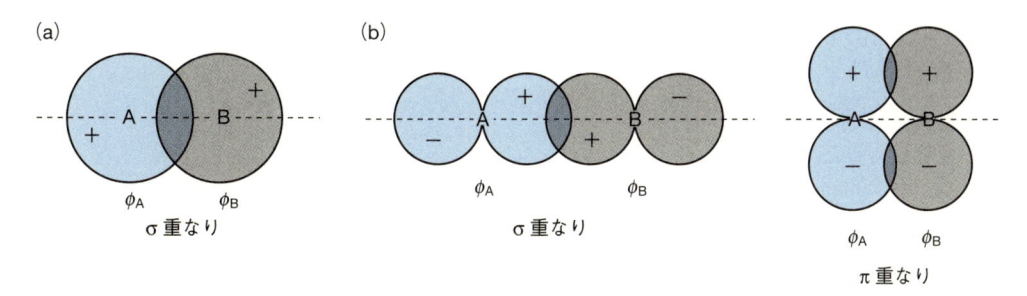

図 3・7　s軌道関数，p軌道関数の重なり方．(a) s軌道関数同士の重なり，(b) p軌道関数同士の重なり．

s軌道同士の重なりやp軌道のσ重なりによって生じた分子軌道では，その符号（波の振幅方向）は，軌道をA–Bの分子結合軸まわりに回転しても変わらない．このような結合を**σ結合**という（電子密度 ϕ^2 が結合軸のまわりに対称）．一方，p軌道のπ重なりのように，分子軸まわりの 180° 回転で分子軌道の符号が逆対称になるものを**π結合**という（分子軸上の電子密度はゼロで，分子面の上下に電子密度が分布する）．これらのσとπという結合の名称は，それぞれ軌道名に用いられたsとpに対応するギリシャ文字に由来する．分子軌道による安定化は軌道の重なりが大きいほど大きいので，σ結合のほうが軌道間の重なり方が小さいπ結合より安定である．

3・3・4　結合の方向性

3・2・1節で述べたイオン結合の大きさは距離のみに依存し，方向性はない．すなわち陽イオンはそのまわりのいかなる方角にある陰イオンとも一様に相互作用する．これに対して3・2・2節で述べた共有結合には方向性が存在する．すなわち，共有結合では原子軌道の重なりあいが最大となるときに最も安定な結合ができるので，p_x, p_y, p_z のように直交する三つの方向性をもつp軌道の場合には，それらの方向に結合ができる．このことが，分子構造の多様性のもととなっている．H，O，N からなる分子である水素 H_2，酸素 O_2，窒素 N_2，水 H_2O，アンモニア NH_3 の各分子の形を図3・8に示した．

まず，同一元素の原子からなる分子である H_2，O_2，N_2 を考えてみよう．水素は，二つのs軌道が重なってできるσ結合しか存在しない．酸素の場合には二つのp軌道（たとえば p_y, p_z）に不対電子があるので，p_z 軌道がσ結合すると p_y 軌道がπ結合する[*1]．窒素の場合は，不対電子は三つのp軌道に存在するので，σ結合が一つ，π結合が二つできる（図3・8(a)）．

[*1]　酸素の結合に関するこの説明は必ずしも正しくない．厳密には9章の分子軌道法による説明を参照のこと．

H₂O と NH₃ の構造を図 3・8(b) に示す．H₂O においては，O 原子の $2p_x$, $2p_y$ 軌道がそれぞれ H 原子の 1s 軌道と重なって共有結合をつくっている．$2p_x$, $2p_y$ 軌道は直交しているので H−O−H の結合角は 90° と予測されるが，実測の結合角は 104.5° とこれより少し大きい．これは，O−H 結合の極性により部分的に正電荷を帯びた H 原子間の反発に基づくものと説明される（極性については後述）．NH₃ においては，N 原子の $2p_x$, $2p_y$, $2p_z$ 軌道がそれぞれ H 原子の 1s 軌道と重なって共有結合をつくっている．H−N−H の結合角が 90° でなくて 107.5° であることも，H₂O と同様の理由に基づくものと説明できる（厳密には 4・9 節で述べる混成軌道の考え方が必要）．

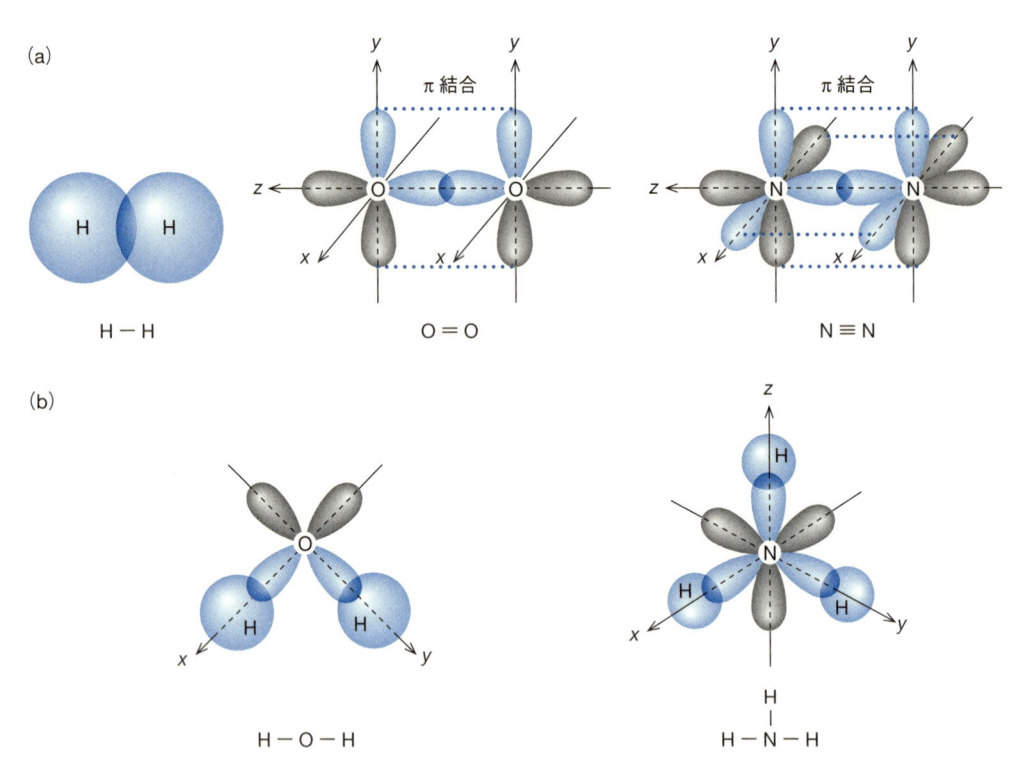

図 3・8 **簡単な分子の構造と結合**．(a) 同一元素の原子からなる分子，(b) 異なる元素の原子からなる分子．青は軌道の振幅の符号が＋，黒は軌道の振幅の符号が−．

3・4 分子間相互作用にはさまざまな種類がある

物質の存在状態である気体・液体・固体の三態は分子間相互作用によってもたらされている．溶液内現象を理解するのに重要である溶質−溶媒，溶質−溶質相互作用や生体内の酵素反応における酵素−基質相互作用，抗原抗体反応などは分子間相互作用そのものである．また，タンパク質，DNA などの生体高分子の構造決定・維持も"分子間"相互作用に基づいている．このように分子間相互作用は生命現象と密接にかかわっている．ここでは分子間相互作用を考えるうえで重要な概念である分子の極性についてまず学んだあと，どのような分子間相互作用

3・4 分子間相互作用にはさまざまな種類がある

3・4・1 電気陰性度と結合の極性

H$_2$, Cl$_2$ などの同種の原子からなる分子の場合には，価電子は各原子に等しく共有されている．しかし，HCl のような分子の場合には，両原子間で電子を引きつける力が異なるために，分子内で電荷の偏りが生じる（図3・9参照）．共有結合している原子が電子を引きつける能力を数値で表したものが，ポーリングによって初めて提案された**電気陰性度**である（表3・2）．

表 3・2 ポーリングの電気陰性度

H	Li	Be	B	C	N	O	F
2.1	1.0	1.5	2.0	2.5	3.0	3.5	4.0
	Na	Mg	Al	Si	P	S	Cl
	0.9	1.2	1.5	1.8	2.1	2.5	3.0
	K	Ca	Sc	Ge	As	Se	Br
	0.8	1.0	1.3	1.8	2.0	2.4	2.8

F の電気陰性度が O より大きいのは，F の内殻電荷+7が，O の+6より大きいからである．周期表の左から右にいくにつれて原子の内殻電荷が大きくなり，最外殻電子をより強く引きつけるので（2章），共有結合電子も引きつけられることになり，電気陰性度は大きくなる．では内殻電荷は F と Cl で同じなのに，F のほうが電気陰性度が大きいのはなぜだろうか．それは共有結合電子が M 殻由来の Cl より，L 殻由来の F で原子核との距離が短く，内殻電荷と共有結合電子対との引力が大きくなるからである．Cl より内殻電荷の小さい O の電気陰性度が大きいのも同じ理由である．

図3・9に示した HCl のように，電気陰性度の異なる原子同士が結合した結果，分子中である距離 l だけ離れた大きさの等しい正電荷 $+q$ と負電荷 $-q$ が存在するものを**双極子**といい，その大きさはつぎの双極子モーメント μ で定義される．

$$\mu = ql \tag{3・2}$$

このようなイオン性を帯びた分子は**極性**をもつという．極性の大きい分子は双極子モーメント

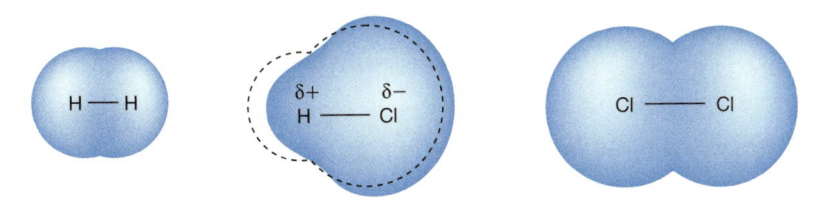

図 3・9 **結合の極性**．HCl では分子内に電荷の偏りが生じている．

の大きい分子であり，無極性分子では μ は 0 である．

原子間の電気陰性度の差が小さいと結合は比較的極性が小さく，差が大きいと極性の大きな結合が形成される．電気陰性度の差が 1.7 のとき，結合力全体の約 50％ がイオン性である．

例題 3・2 HCl 分子のイオン結合性の割合を双極子モーメントより求めよ．

解 100％ イオン結合である場合の双極子モーメント μ は結合距離 1.27 Å，単位電荷 4.80×10^{-10} esu より，

$$\mu = (1.27 \times 10^{-8}\,\text{cm}) \times (4.80 \times 10^{-10}\,\text{esu}) = 6.10 \times 10^{-18}\,\text{esu cm} = 6.10\,\text{D}$$

ここで D（デバイ）は双極子モーメントの単位で，$1\,\text{D} = 10^{-18}\,\text{esu cm}$ である．実測の双極子モーメントは 1.03 D であるから，イオン結合性の割合は，μ（実測）$/\mu = ql/el = q/e$ より，$1.03\,\text{D}/6.10\,\text{D} \times 100 = 17\%$．

3・4・2 分子間相互作用

分子間相互作用を表 3・3 に示した．話題 3 で示した抗原抗体反応では，これらの力（相互作用）はすべて存在する．

表 3・3 分子間相互作用

分子間相互作用	原動力	力の性質
静電的相互作用	クーロン力（＋と－の静電引力）	方向性をもたない遠距離力 距離の 2 乗に反比例
ファンデルワールス力	双極子相互作用〔永久双極子・誘起双極子・瞬間双極子（分散力）〕	方向性をもたない近距離力 距離の 6 乗に反比例
水素結合	水素原子を介したクーロン力（極性 X–H 結合の $X^{\delta-}$–$H^{\delta+}$ 双極子と非共有電子対をもった原子 $^{\delta-}$:Y との相互作用）(X, Y = N, O, F など)	方向性をもった近距離力 X–H …:Y–（直線配置）
疎水性相互作用	水分子相互の水素結合からの疎水性の基や分子の疎外	"力" ではなく，エントロピー（乱雑さ）の増大効果

異符号の電荷はお互いに引きあい，同符号の電荷は反発する．このイオン間にはたらく力を**クーロン力（静電的相互作用）**といい，この力は電荷の大きさの積に比例し，電荷間の距離の 2 乗に逆比例する．静電的相互作用は 3・2・1 節でふれたイオン結晶（イオン結合）だけではなく，アミノ酸残基間の相互作用（図 4・14 参照）のようなタンパク質の高次構造形成などにも寄与している．

通常の分子間にはたらく力を**ファン デル ワールス力**という．この実体は双極子間の相互作用であり，そのエネルギーの大きさは，距離の 6 乗に逆比例するので，分子間の距離が 2〜4 Å（オングストロームと読む．$1\,\text{Å} = 10^{-10}\,\text{m} = 10^{-8}\,\text{cm}$）という近距離でしか作用しない．双極子には，永久双極子，誘起双極子，瞬間双極子がある．結合している二つの原子の電気陰

性度が異なるとき，電子対は電気陰性度の大きい方に引き寄せられるため，結合は正負の部分電荷をもつ極性となり，この分子は**永久双極子**として振舞う．永久双極子はお互いに静電的相互作用（双極子相互作用）するだけでなく，水中における Cl^-，Na^+ の水和や，タンパク質の $-NH_3^+$，$-COO^-$ や核酸の $-O-PO_3^{2-}$ のようなイオン部位と水との相互作用などのイオン-双極子間の相互作用も引き起こす．また永久双極子が無極性分子に近づくと無極性分子の電子分布が変化し，無極性分子の極性分子に近い側に極性分子と逆符号の電荷，遠い側に同符号の電荷が誘起される．したがって，この**誘起双極子**ともとの永久双極子とのあいだにも引力がはたらく．一方，無極性分子であっても原子核のまわりの電子はつねに動きまわっているので，ある瞬間には原子の片方に偏って存在する可能性がある．その瞬間には原子は正負に分極したことになる．これを**瞬間分極**といい，この状態を**瞬間双極子**という．この瞬間双極子が隣接する分子に双極子を誘起する結果，本来は無極性である分子間にも引力がはたらく．この場合を特に，**分散力（ロンドン力）**という．液体状態の貴ガスや炭化水素分子間にはたらく引力はこの分散力である．分散力は微弱ではあるが生体系を含むすべての物質間で作用している．

水分子の OH 結合では，共有結合電子が O の方に引き寄せられるため，H 原子がかなり大きな部分的正電荷を帯びた双極子となっている．ここに非共有電子対をもった O，N，F などの原子（X）が近づくと双極子である O-H 結合と非共有電子対の負電荷とが，

$$-O^{\delta-}-H^{\delta+}\cdots^{\delta-}:X-$$

のように，ほぼ直線状に並んだ形で静電的相互作用に基づく弱い結合を形成する．水素を介して結合しているので，これを**水素結合**という（図 3・10）．この水素結合は DNA の二重らせん構造形成（図 3・1），タンパク質の α ヘリックス，β シート構造形成（図 4・15）など，生体

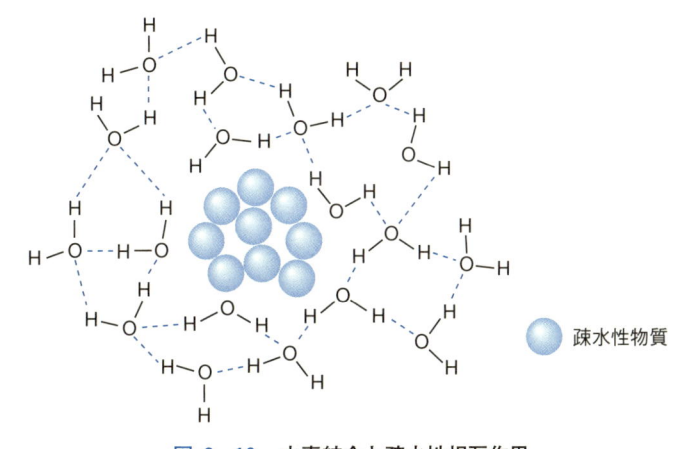

図 3・10 水素結合と疎水性相互作用．

において大変重要な役割をはたしている．そもそもタンパク質の水中への溶解や水中での高次構造維持に最も寄与しているものはタンパク質分子と，溶媒である液体状態の水分子との水素結合である．この液体の水は，それ自身が水素結合で無限につながった三次元の網目構造を

とっている．氷は水に浮く（凍ると体積が増える），沸点が 100 ℃（水と同分子量のメタンの沸点 −161 ℃ に比べて 261 ℃ も高くなっている！），蒸発熱が液体のなかで最大，比熱が物質のなかで最大，表面張力が水銀を除き液体のなかで最大，といった水の特異な性質は，すべて水素結合に由来するものである（5 章参照）．われわれにとって身近な水，生命にとって不可欠の水は実はきわめて異常な液体なのである．

　水分子同士は水素結合をして集まる傾向があるので，その結果として水中の疎水性物質同士もはじき出されて集合することになる．これをさして疎水性物質の間には**疎水性相互作用**がはたらくという（図 3・10）．この場合，集合した疎水性物質間には上記の分散力が実際にはたらいているものの，この力は疎水性基を集合させるほどには大きくなく，集合は，あくまではじき出された結果である．この"相互作用"はセッケン分子などの界面活性剤のミセル形成，リン脂質による細胞膜形成，タンパク質の疎水基部分の集合による高次構造の形成などに重要な役割をはたしている（4 章参照）．

基本問題

3・1　イオン結合，共有結合とは何か，それぞれ例をあげて説明せよ．
3・2　H_2O，NH_3，CH_4 における電子配置を点（電子式）で表せ．
3・3　共有電子対，非共有電子対とは何か，NH_3 を例に示せ．

4 生命の物質——炭素化合物

生命はさまざまな物質から成り立っている．生体を構成する物質の特徴は，その多くが"炭素の化合物（有機化合物）"であることにある．本章では，「生体を構成する物質はなぜ炭素化合物なのだろうか？」，「生命を構成する炭素化合物にはどんなものがあるのか？」，「これらの化合物はどんな構造をしているのか？」という点を疑問として，炭素化合物について学ぼう．

4・1 有機化合物は重要な生体成分である

ヒトの主な生体成分を図4・1に示した．最も多いのは水であり，ヒトでは体重の約5～6割に達する．つぎに多いのはタンパク質・アミノ酸と脂質・脂肪酸，ついで糖質，核酸（DNA，RNA）である．Na，Mg，Ca，K，Cl，リン酸，硫酸，炭酸イオンなどの無機イオンは比較的

生体成分　多い　↑　少ない

- H₂O
- タンパク質，アミノ酸
  脂質・脂肪酸
  糖質
  核酸（RNA, DNA）
- 比較的多い無機イオン
  Na, Mg, Ca, K, Cl イオン
  リン酸，硫酸，炭酸イオン
- ビタミン，ホルモン，オータコイド（局所ホルモン），細胞内情報伝達物質，神経伝達物質
- 微量必須重金属イオン
  V, Cr, Mn, Fe, Co, Ni, Cu, Zn, Mo

図 4・1　ヒトの主な生体成分．

少ない．このほかに微量だけども生きていくためには欠かせない有機化合物として，ビタミン，ホルモン，オータコイド（局所ホルモン），細胞内情報伝達物質，神経伝達物質などがある．無機イオンのなかにはV，Cr，Mn，Fe，Co，Ni，Cu，Zn，Moなどの微量だけども生命維持

には欠かすことのできない必須重金属イオンもある．甲状腺ホルモン分子の一部をなす I, ある種の酵素分子に必要な Se などは重要な微量必須非金属元素である．Li, B, F, Si, As, Br, Sn, Pb などの元素も必須といわれているが，その役割はよくわかっていない．生体にはこれらの微量元素を含む未知のビタミン "X" や補酵素 "Z" がまだまだ多数あるはずである．若い諸君のチャレンジに期待したい．

4・2　有機化合物は共有結合で結ばれた分子である

生体を形づくる物質のなかで，水と無機イオン以外のものは**有機化合物**すなわち "炭素を主体とした分子" である．有機化合物を構成する原子は共有結合で結ばれている．

分子を構造式で表記する方法には2種類ある．共有結合を含め，すべての価電子を点で表示したものを**ルイス構造式**とよび，1本の共有結合を1本の直線で表現したものを**ケクレ構造式**とよぶ．図4・2にエタン分子を例にしてCとHから共有結合ができる様子とその構造式を示す．

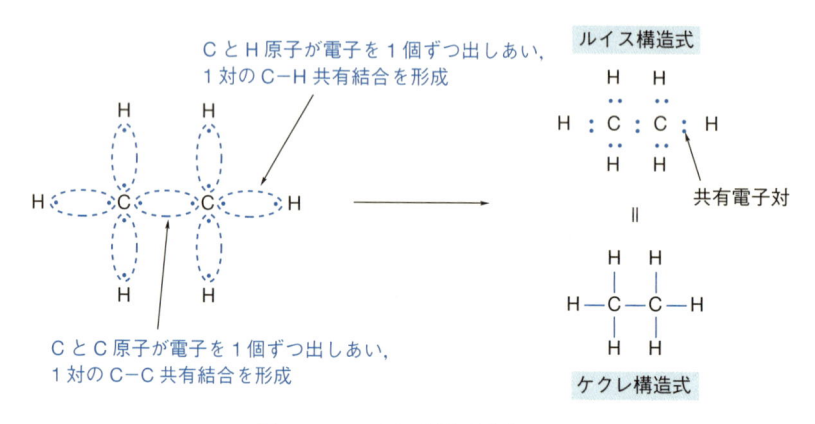

図 4・2　エタン分子の形成．

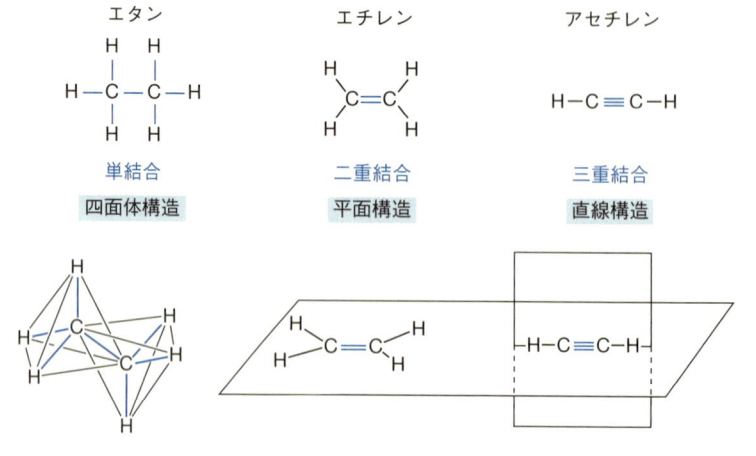

図 4・3　C−C 共有結合の種類と分子の形．

炭素の原子価は4価であるから，さまざまな原子と4本の共有結合をつくり分子を形成する．特に炭素原子同士は安定な共有結合を形成する．炭素-炭素共有結合には**単結合**（一重結合），**二重結合，三重結合**が可能である（図4・3）．エタンを形成する炭素のように，4本の単結合をもつ炭素原子はそれらの結合方向が3次元的に広がった"四面体構造"をとる（4・9節参照）．その単結合は四面体の中心にある炭素原子から四つの頂点の方向に向かう．一方，エチレンのように二重結合をもつ分子は"平面構造"をしている．また，アセチレンのように三重結合をもつ分子は"直線形"である．

炭素同士がつぎつぎと共有結合していくと，さまざまな炭素骨格ができあがる．図4・4に示すように炭素骨格には直鎖構造，枝分かれ構造，環状構造，3次元環構造が可能であり，このため複雑な炭素骨格を有した分子や巨大分子を際限なくつくることができる．

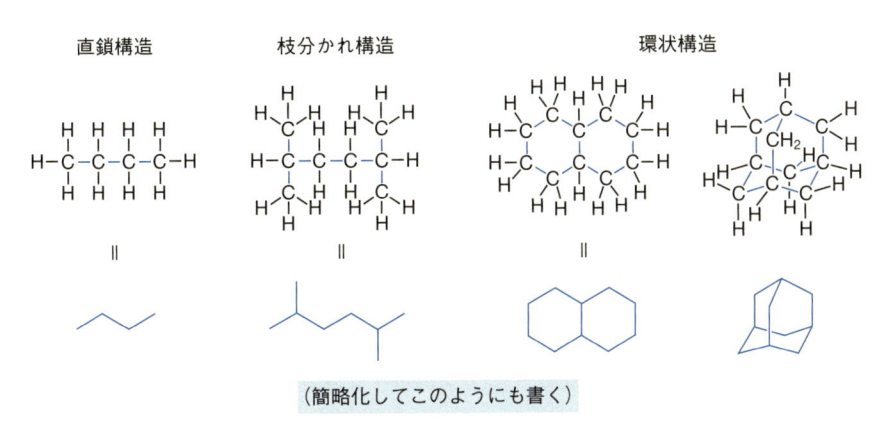

図 4・4　さまざまな炭素骨格．

共有結合の相手にはC原子やH原子ばかりでなく，N，O，S，P，ハロゲン原子（Cl，Br，I）などさまざまな原子が可能である．また$C=N$，$C=O$，$C≡N$，$C=S$などの多重結合も可能であり，有機化合物の多様性には無限の可能性を与えている．そのような生体分子についてはのちほど詳しく述べる．生体分子が炭素を主体とした有機化合物からできあがっているのは，このような炭素原子のもつ多彩で無限の分子を形成する能力によるものと思われる．

4・3　生体分子を構造式で表記する
4・3・1　"情報伝達デバイス"としての構造式

生体分子の種類と構造を概観するまえに，化学式についてふれておこう．有機化合物を正確に記述するには化合物の名称と**化学式**が用いられる．化学式には分子式，示性式，構造式がある．エタノールを例に分子式，示性式，構造式の違いをみよう（図4・5）．

分子式は構成元素の種類と数を示すものであり，各原子の結合様式はわからない．有機化合物の性質を決めるのは分子内にある**官能基**（特定の原子，あるいは原子団）である（後述）．そこで化合物をそのものがもつ官能基がわかるように表したものが**示性式**である．前述のよう

に**構造式**は分子のすべての共有結合を構成元素の原子価に応じて書き表したものである．一般には有機化合物の構造と性質を理解しやすくするために示性式と構造式を混在させて記述する場合が多い．以下では部分的に示性式を含んだものも"構造式"とよぶことにする．

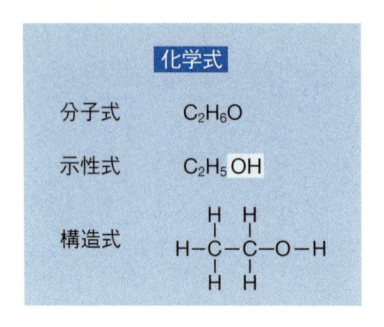

```
化学式
分子式    C₂H₆O
示性式    C₂H₅OH
構造式    H   H
          |   |
        H-C - C-O-H
          |   |
          H   H
```

図 4・5　エタノールの化学式．

　構造式は有機化合物の性質を知るうえできわめて大事な情報伝達デバイスである．構造式に慣れてくると，それを見ただけでその化合物はどのような形をしているか，どれくらいの大きさか，極性か非極性か，水に溶けやすいか溶けにくいか，酸性か塩基性か，水素結合をつくるかどうか，どのような反応性があるかなど，物理的・化学的性質が一目でわかるようになる．有機化合物の構造を表記する方法は世代を超えて世界共通である．その表記法に慣れておこう．構造式が書ければ，高校生でもノーベル賞受賞化学者と対等に議論できる．

4・3・2　原子の原子価と共有結合の数：貴ガスの電子配置とオクテット則

　構造式を書くときに決して忘れてはいけないことは，分子を構成する各原子の"電子配置"によって決まる**価電子**の数と**原子価**（共有結合をつくる数）である．主な原子の電子配置は図2・10に，価電子数，原子価，共有結合数は表3・1にすでに示してある．

　生体分子を構成する主要な原子は H(1)，C(4)，N(5)，O(6)，P(5)，S(6) である．ここで ( ) 内に示した数は電気的に中性な原子（電荷をもたない原子）の価電子（最外殻軌道にある電子）の数である．H 原子は最外殻軌道（1s 軌道）に2個の電子が収容されると，He と同じ安定な"貴ガスの電子構造"（$1s^2$ と表記）をとる．C，N，O，S，P などの原子は最外殻に8個（オクテット）の電子が収容されると安定な貴ガスの電子構造となる．いい方を換えれば，各元素は最外殻の電子がオクテット（8個で満杯となること）になるようにふるまう．これを**オクテット則**という（3章参照）．たとえば第2周期元素の C と N と O は Ne（$2s^2 2p^6$）と，第3周期の元素の P と S は Ar（$3s^2 3p^6$）と同じ電子配置で安定となる．では，どうしたら貴ガスの電子配置と同じになるのだろうか．その方法の一つが**共有結合**による"分子"の形成である．共有結合する2個の原子はおのおの 1個ずつ価電子を出しあって1本の共有結合 を形成する．したがって，C は他の原子と4本の共有結合をつくって分子を形成すると Ne と同じ電子配置となる（図4・6）．以下同様にして，中性の N と P 原子は3本，中性の O と S は2本，H は1本の共有結合を形成し分子となる．共有結合に関与しなかった価電子は2個で一対の"電子対"を形成する．これを**孤立電子対**（あるいは**非共有電子対**）とよぶ．エタノールの O

は2対の孤立電子対をもつ．構造式を書く場合，はじめのうちは貴ガスの安定8電子構造（オクテット則）をつねに念頭にいれ，孤立電子対も含めたケクレ構造を書くと理解しやすい．

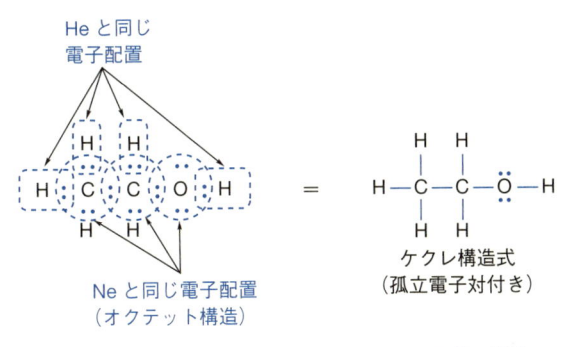

図4・6 エタノール分子中のC，O，Hの貴ガス構造．

生体成分にはリン酸や硫酸と**エステル結合**（酸とアルコールから水1分子がとれてできる共有結合）するものがある．一般にリン酸は図4・7(A)の式のように書く．(A)式のリン原子からは5本の結合が出ている．見かけ上最外殻には10個の電子があることになり，安定な貴ガスのオクテット則（最外殻に8電子）に反する．リン酸の電子構造を，価電子の数を念頭にいれてオクテット則にあうように表記すると(B)式となる．すなわちリン酸のP原子は形式的には+1価に荷電していることになる．したがってその価電子は中性のP原子（5個）より1個少ない，4個ということになる．その結果，価電子が4個の炭素と同じように4本の共有

図4・7 リン酸と硫酸の表記．

結合を形成することでオクテット構造（Arと同じ電子配置）となる．同様にO*原子は中性のO原子より価電子が1個多く，7個あることになり，形式的に−1価に荷電する．したがって，Pと単結合を形成してオクテット構造（Neと同じ電子構造）となる．(A)式の表記はP^+-O^-結合を二重結合P=Oで表現したものである．同様に硫酸についても，(A)式のように表記することもある．(B)式がオクテット則をみたした表記である．すなわち硫酸のS原子は中性のS原子（6個）より価電子が2個少ないので，形式的に+2価に荷電している．その結果，価

電子が4個の炭素と同じように4本の共有結合を形成することで，オクテット構造（Arと同じ電子配置）となる．なお，価電子の数え方は以下のとおりである．

> ⅰ）共有結合：1本につき価電子1個ずつを結合している原子に分け与える．
> ⅱ）孤立電子対の電子：すべてその原子に属する価電子として数える．

前に「孤立電子対を含めたケクレ構造を書くとよい」といったのは価電子を正しく数え，正確な構造式が書けるようにするためである．

例題 4・1　アラニンおよびそのアミノ基とカルボキシル基の両者が解離したもの（双性イオン型）のケクレ構造（孤立電子対つき）を書き，C，N，Oがオクテット則を満たしているかどうか確かめよう．Nは+1価であり，2個のOのうち，1個は−1価であることを価電子を数えて確かめよう．

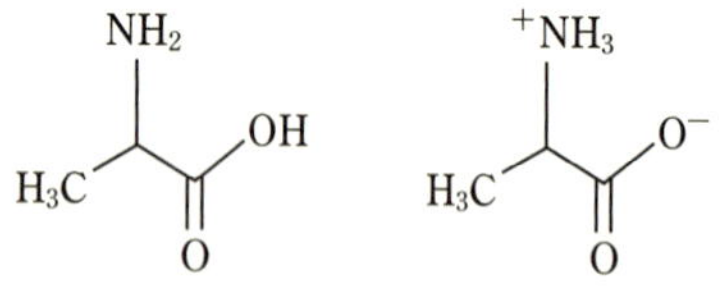

[構造式: アラニン / アラニン：双性イオン型 / 解 アラニン / アラニン：双性イオン型]

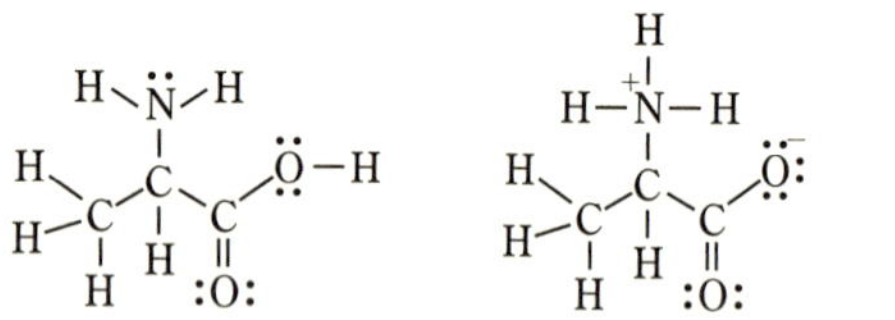

原子数がふえると構造式の記述が繁雑になる．そこで構造式を簡潔に誤りなく記述するため，混乱が生じないかぎりCやHはそこにあっても表記しないことが多い（図4・4，図4・8）．C，H以外のN，O，S，Pやハロゲン原子（I，Br，Cl）などは必ず表記する．共有結合が直

[構造式: プテロイン酸（葉酸（ビタミンM）の前駆体）]

図 4・8　複雑な構造をした有機分子の簡略の表記．

線（1重線＝単結合，2重線＝二重結合，3重線＝三重結合）で表記してあり，原子が何も書いてなければ線の両端には必ず炭素原子が1個ある．炭素の原子価は必ず4価であるので，炭素から出ている結合の数をかぞえて4価になるよう水素を補うとよい．慣れないうちは書いてない炭素や水素を補って考えると理解しやすい．

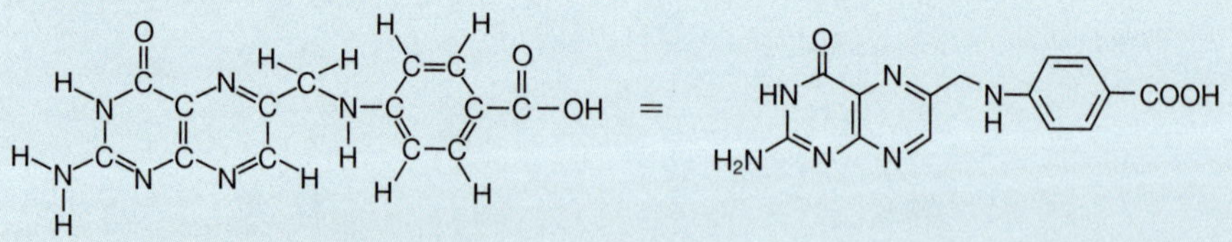

例題 4・2 つぎの簡略式は消毒薬の m-クレゾールや防虫剤のショウノウ（カンファー）を表している．表記されていない C と H を補って完全な構造式を書いてみよう．

m-クレゾール　　ショウノウ（カンファー）　　解

4・3・3　生体成分の性質と機能をになう官能基

有機化合物は特異な原子あるいは原子団（**官能基**）をもつことによって特有な物理的・化学的性質を示す．いい換えれば，有機化合物では官能基の種類と数が分子の化学的・物理的性質を決める．官能基の数とその組合わせと炭素骨格の多様性により，さまざまな物性をもった膨大な数の生体分子ができあがる．生体をつくる代表的な官能基の構造とそれらをふくむ代表的な化合物の構造を図 4・9 に示す．

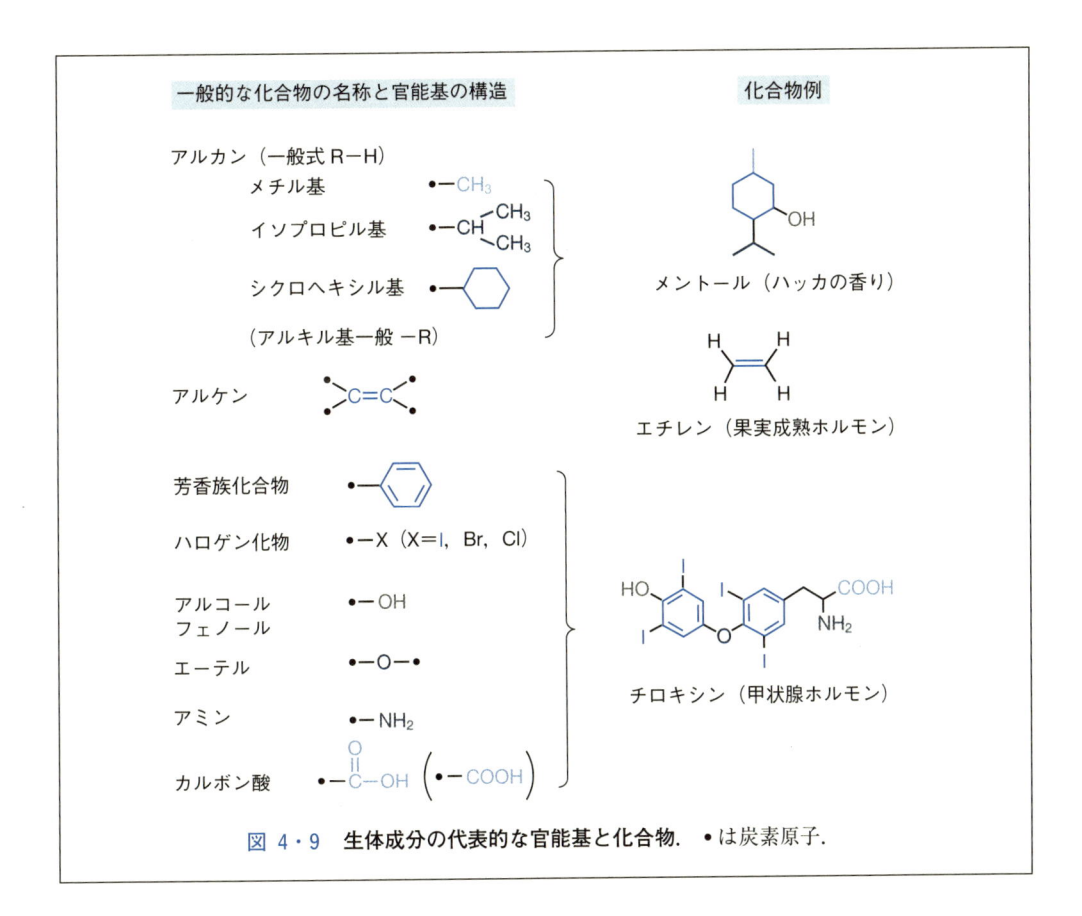

図 4・9　生体成分の代表的な官能基と化合物．●は炭素原子．

4. 生命の物質──炭素化合物

アミド ・−C(=O)−N・・

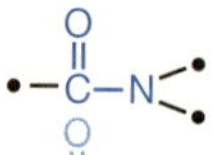

エステル ・−C(=O)−O−・ (・−COO−・)

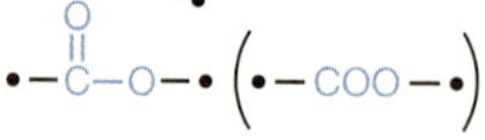

チオール ・−SH

スルフィド ・−S−・

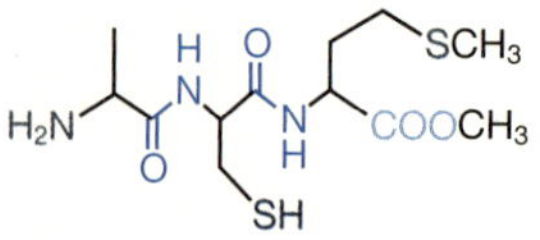

トリペプチド (Ala-Cys-Met) の メチルエステル

アセタール (ヘミアセタール) ・−O−C−O−・(H)

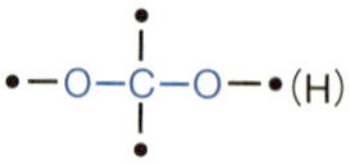

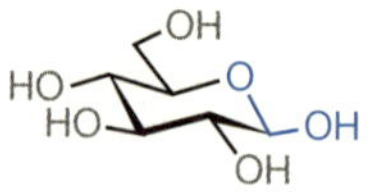

グルコース (環状ヘミアセタール型構造)

ケトン ・−C(=O)−・

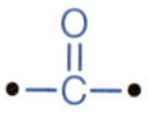

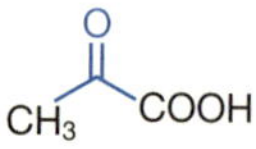

ピルビン酸

アルデヒド ・−C(=O)−H

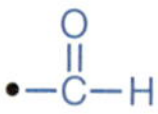

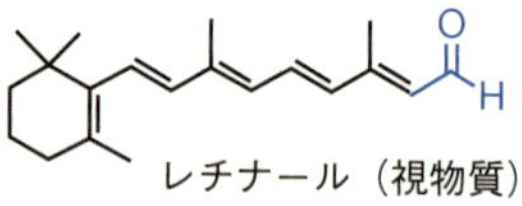

レチナール (視物質)

さまざまな複素環化合物

イミダゾール環   **ピリジン環**   **プリン環**

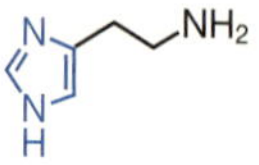

ヒスタミン   ビタミン B_6 (ピリドキシン)   アデニン

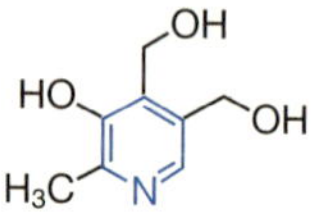

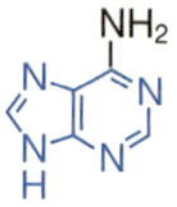

ピリミジン環 (左) とチアゾール環 (右)   **インドール環**

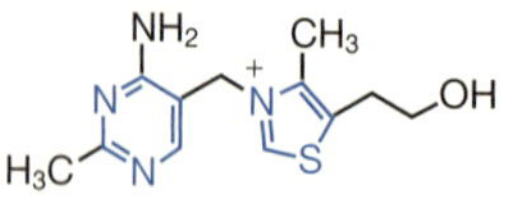

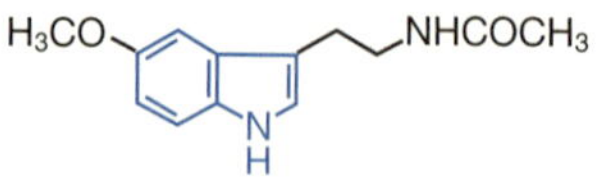

ビタミン B_1 メラトニン

・リン酸エステル

リン酸モノエステル   HO−P(=O)(OH)−O−・

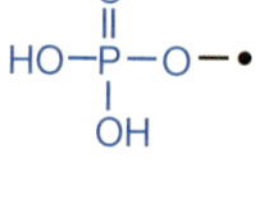

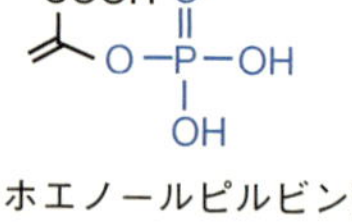

ホスホエノールピルビン酸

リン酸ジエステル ・−O−P(=O)(OH)−O−・

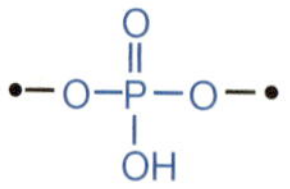

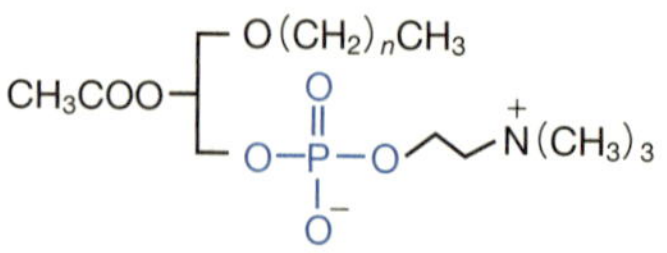

PAF (血小板活性化因子) (n = 15 または 17)

図 4・9 生体成分の代表的な官能基と化合物 (つづき).

4・4 タンパク質はアミノ酸からつくられる
4・4・1 ア ミ ノ 酸

アミノ酸は"タンパク質"の構成単位である．多数のアミノ酸が脱水縮合してできた**ポリペプチド**がタンパク質である（後述）．同一分子中に，塩基性の官能基の代表である**アミノ基** NH_2 と酸性の官能基の代表である**カルボキシル基** COOH をもつものをアミノ酸と総称する．タンパク質を構成するアミノ酸は **α-アミノ酸**とよばれ，図 4・10 で示したように同一炭素（**α 炭素**とよぶ）にアミノ基とカルボキシル基が結合している．α 炭素につく "R" は**側鎖**とよ

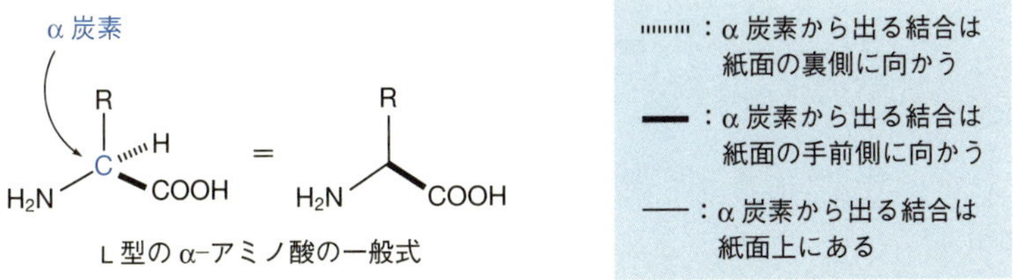

図 4・10 タンパク質を構成する L 型（左手系）の α-アミノ酸の一般構造式と立体的表記法．

ばれ，さまざまな種類の官能基を含んでいる．この官能基がタンパク質の形づくりと機能発現に重要な役割を担う．表 4・1 にタンパク質を構成する 20 種のアミノ酸の側鎖の構造式と主な物理的・化学的性質を示す．

アミノ酸は側鎖の官能基の種類によりいくつかのグループに分類できる．

疎水性アミノ酸
- 脂肪族・含硫黄アミノ酸: 側鎖に水素，アルキル基，SH 基，SCH_3 基を含む．
- 芳香族アミノ酸: 側鎖に芳香族環をもつ．

極性アミノ酸
- 無電荷極性アミノ酸: 側鎖に水素結合できるアミド基 $CONH_2$，ヒドロキシ基 OH を有する．
- 酸性アミノ酸: 側鎖に酸性を示すカルボキシル基 COOH を有する．解離して COO^- アニオンとなる．
- 塩基性アミノ酸: 側鎖に塩基性を示すアミノ基 NH_2 やグアニジノ基 $-NH(C=N)NH_2$ を含む．プロトン（H^+）化されて NH_3^+，$-NH(C=\overset{+}{N}H_2)NH_2$ カチオンとなる．

グリシン（R = H）以外のアミノ酸の α 炭素には四つの異なる基が結合している（COOH, NH_2, H, R(側鎖)）．このように四面体型の炭素に結合する基が四つとも異なる場合，この炭素を**キラル炭素**（**不斉炭素**あるいはもっと一般的には**キラル中心**）とよぶ．キラル炭素をもつ化合物には**鏡像異性体**（**エナンチオマー**: 右手と左手のように互いに鏡に映った関係にある化合物）が存在しうる（4・10 節参照）．図 4・11 にアラニンのエナンチオマーの構造を示す．

表 4・1 アミノ酸の構造式とその特徴

構造式	名称	略号	1文字コード	特徴
疎水性アミノ酸				
	グリシン (glycine)	Gly	G	
	アラニン (alanine)	Ala	A	荷電していない疎水性側鎖をもつ．側鎖同士で疎水性相互作用，ファン デル ワールス相互作用する
	バリン (valine)	Val	V	
	ロイシン (leucine)	Leu	L	
	イソロイシン (isoleucine)	Ile	I	
	プロリン (proline)	Pro	P	
	メチオニン (methionine)	Met	M	
	システイン (cysteine)	Cys	C →	側鎖は荷電していない．システイン側鎖同士でジスルフィド結合（S−S）をつくる．S−S 結合でつながった残基をシスチン残基とよぶ
	フェニルアラニン (phenylalanine)	Phe	F	側鎖に荷電していない芳香環をもつ．側鎖同士で疎水性相互作用，ファン デル ワールス相互作用する
	トリプトファン (tryptophan)	Trp	W	
無電荷の極性アミノ酸				
	アスパラギン (asparagine)	Asn	N	水素結合できる極性アミド（CONH$_2$）側鎖をもつ．荷電していない．Asn 側鎖の NH$_2$ には糖鎖が結合することがある．親水性である
	グルタミン (glutamine)	Gln	Q	
	セリン (serine)	Ser	S	水素結合できる極性の−OH 基をもつ．荷電していない．しばしばリン酸化をうける．親水性である
	トレオニン (threonine)	Thr	T	
	チロシン (tyrosine)	Tyr	Y	

4・4 タンパク質はアミノ酸からつくられる

地球上の生体のタンパク質を構成するアミノ酸の COOH, NH₂, H, R の並び方は，一般には L（左）型アラニン（図の左側）と同じである．例外的に細菌の細胞壁にある糖ペプチド（ペプチドグリカン）は D（右）型アミノ酸をふくんでいる．地球上の生命がなぜ L 型アミノ酸からできているのかよくわかっていない．

アミノ酸は分子内に酸性のカルボキシル基 COOH と塩基性のアミノ基 NH₂ を有する**両性化合物**である．水溶液中では図 4・12 に示すように，pH により**カチオン型，双性イオン型，アニオン型**で存在する．なお，酸と塩基の解離については第 6 章を参照されたい．

アミノ酸のなかには生体中で遊離のかたちで存在しているものもある．たとえばグルタミン

表 4・1 アミノ酸の構造式とその特徴（つづき）

構造式	名 称	略号	1文字コード	特 徴
極性電荷アミノ酸				
酸性アミノ酸				
	アスパラギン酸 (aspartic acid)	Asp	D	側鎖のカルボキシル基は COO^- に解離して−に荷電する．水素結合供与性側鎖と強く水素結合する．また，＋に荷電した塩基性アミノ酸側鎖と静電的相互作用する．親水性である
	グルタミン酸 (glutamic acid)	Glu	E	
塩基性アミノ酸				
	リシン (lysine)	Lys	K	側鎖のアミノ基は NH_3^+ に解離して＋に荷電する．水素結合受容性側鎖と強く水素結合する．また−に荷電した酸性アミノ酸側鎖と静電的相互作用する
	アルギニン (arginine)	Arg	R	側鎖のグアニジノ基は塩基性が強く，のように＋に荷電する．水素結合受容性側鎖と強く水素結合する．また−に荷電した酸性アミノ酸側鎖と静電的相互作用する
	ヒスチジン (histidine)	His	H	側鎖のイミダゾール環は中性の pH ではわずかに＋に荷電する

酸は興奮性神経伝達物質として神経伝達で重要な役割を担っている．γ-アミノ酪酸（GABA；$NH_2-CH_2CH_2CH_2COOH$）は抑制性神経伝達物質としてはたらいている．

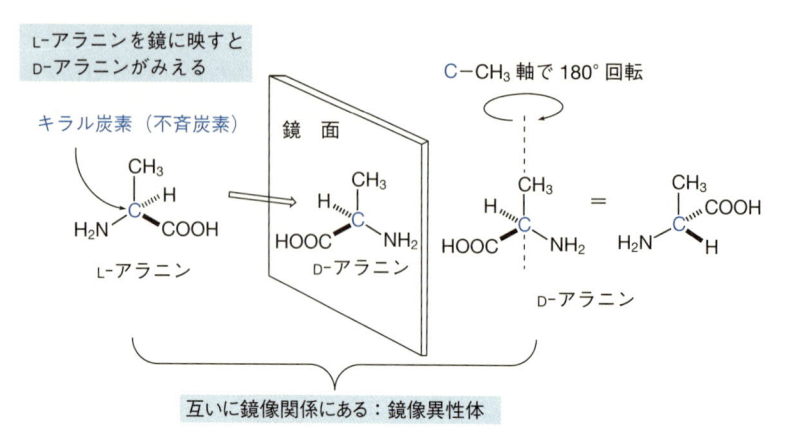

図 4・11 **鏡像異性体**．L-アラニンと D-アラニンは互いに鏡像関係にある．鏡像関係にあるものは重ねあわせることができない．

図 4・12 水溶液中でのアミノ酸の酸解離平衡．

4・4・2 ペプチドとタンパク質

アミノ酸の α 炭素につく COOH 基と隣のアミノ酸の α 炭素につく NH_2 との間で水 1 分子を失うと**アミド結合 −CONH−** ができる（図 4・13）．このアミノ酸同士から形成されたアミド結合を特に**ペプチド結合**とよぶ．一般に 50 個程度までのアミノ酸からできたペプチドをポリペプチドとよび，さらに大きなポリペプチドをタンパク質とよぶが，この区別は必ずしも明確なものではない．生体ではさまざまなペプチド性ホルモンが分泌されており，恒常性の維持に重要な役割を担っている．その一つに鎮痛ホルモン（オピオイドホルモン）がある（話題 4）．

タンパク質はポリペプチドからなる高分子化合物である．タンパク質は細胞を構成する重要

図 4・13 ペプチド結合の形成．

4・4 タンパク質はアミノ酸からつくられる

な素材であるばかりだけでなく，さまざまな酵素，抗体，情報受容・伝達・変換分子などの機能を担っている最も重要な生体有機分子である．ペプチドやタンパク質を形成したアミノ酸部分 $-\mathrm{NH-CH-C-}$ をアミノ酸残基とよぶが，タンパク質はポリペプチド鎖上にさまざまなアミノ酸残基の側鎖を有する巨大分子とみなすことができる．図4・14に示すように，ポリペプ

話題 4

モルヒネの鎮痛作用

古くから植物アルカロイドの一種，モルヒネには強力な鎮痛作用があることが知られていた．脳内にある中枢神経系にはモルヒネが特異的に結合する受容体（膜貫通タンパク質）があり，これにモルヒネが結合するとタンパク質の立体構造が変化して受容体が活性化され，一連のシグナル伝達が起き，痛みが和らぐと考えられていた．近年，このモルヒネ受容体タンパク質に結合する内因性（生体が自らつくっている）鎮痛ペプチド（オピオイドペプチド）が発見された．その代表的なものがβ-エンドルフィンとMet-エンケファリンである．外来性モルヒネの官能基の空間的な配列が，内因性オピオイドペプチドの官能基の空間的な配列と類似しているため，本来は内因性のオピオイドペプチドが結合するべき受容体に，外来性のモルヒネが結合したものと考えられている．しかし，最近になって実はモルヒネ自身も脳内でつくられていたことが発見された．なお，ヒトのβ-エンドルフィンのN末端部からの5番目までのペプチド配列はMet-エンケファリンに相当するが，β-エンドルフィンからMet-エンケファリンがつくられるわけではないといわれている．

モルヒネ
（最近脳内にも見つかった）

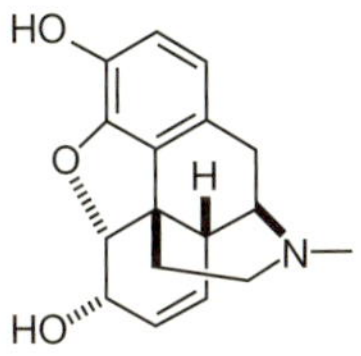

Met-エンケファリン

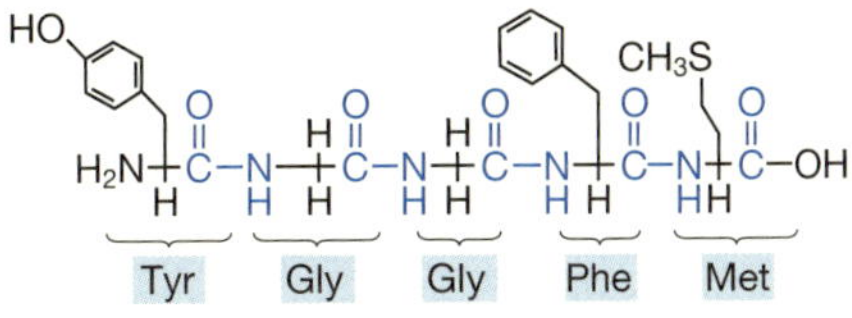

(N末端) Tyr-Gly-Gly-Phe-Met (C末端)
(N末端) YGGFM (C末端)

ヒトβ-エンドルフィン

(N末端) Tyr-Gly-Gly-Phe-Met-Thr-Ser-Glu-Lys-Ser-
Gln-Thr-Pro-Leu-Val-Thr-Leu-Phe-Lys-Asn-
Ala-Ile-Ile-Lys-Asn-Ala-Tyr-Lys-Lys-Gly-Glu (C末端)
(N末端) YGGFMTSEKSQTPLVTLFKNAIIKNAYKKGE (C末端)

図1 モルヒネとオピオイドペプチドのエンドルフィンとMet-エンケファリン．ペプチドを3文字や1文字コードで表記する場合は必ず左側がNH_2（N末端），右側がCOOH（C末端）となるように並べて表記する．

チド結合同士は"分子内水素結合"を形成することができ，その仕方によりαヘリックス構造とβシート構造の2種類の規則性のある構造をとることができる（図4・15）．αヘリックス構造では図4・15に示したように，1本のペプチド鎖が右まわり（右ねじ型）のらせん構造を形成している．らせん1回転当たり3.6個のペプチド残基が含まれる．ペプチド結合のカルボニル基は4番目のペプチド残基のNHと水素結合を形成して安定化するが，その度合いはアミノ酸配列に大きく依存している．βシート構造ではペプチド鎖はジグザグ形に伸びている．このジグザグ状に伸びたペプチド鎖が何本か互いに平行，あるいは逆平行に並び，全体としてひだ状構造を形成する．図4・15には逆平行形のβシート構造が示してある．βシート構造のペプチド結合のカルボニル基はシート平面にそって交互に反対側に出ており，隣に並ぶβシートペプチド鎖のペプチド残基のNH基と水素結合する．

タンパク質はポリペプチド鎖中の2個のシステイン残基のSH基同士がS–S結合（ジスルフィド結合）を形成したり，ペプチド結合同士の水素結合，アミノ酸残基の側鎖にある官能

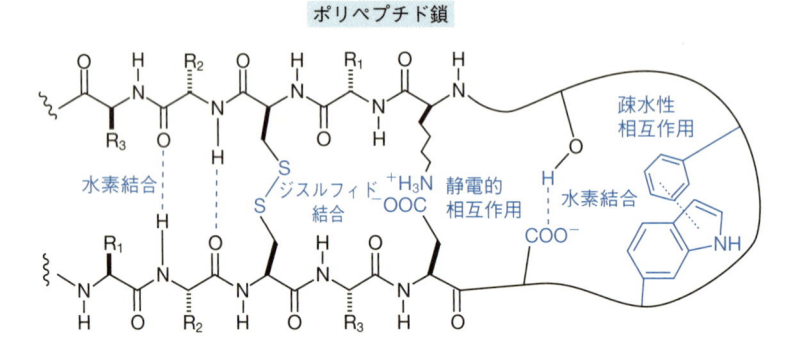

図 4・14　ポリペプチドにおける分子内水素結合，ジスルフィド結合，静電的相互作用，疎水性相互作用．

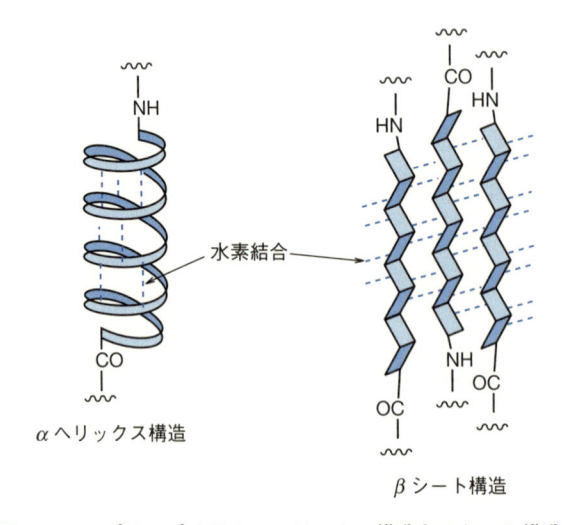

図 4・15　ポリペプチドのαヘリックス構造とβシート構造．

基同士の静電的相互作用，水素結合，ファン デル ワールス力，疎水性相互作用などの協同作業で折りたたまれて独自の立体構造をとり，はじめて機能・活性をもつことができる（図4・14）．100個程度のアミノ酸からなるタンパク質でも約5秒で完全に正しく折りたたまれたものが生合成される．ちなみにアミノ酸100個からなるタンパク質で，結合1本ごとにランダムに動かして可能な折りたたみ構造をすべて試すとすると，10^{27}年（宇宙の年齢より長く）かかるといわれている．これはタンパク質自身のなかに形を決める情報が組込まれており，なんらかの機構で正しい3次元構造になると推定されるが，では，どうやって折りたたまれていくのかという点についてはまだ十分に解明されていない．いずれにしろ，タンパク質の機能発現はその立体構造とアミノ酸残基の側鎖官能基の化学的性質が重要な役割を演じている（話題5）．

話題5

情報伝達タンパク質のスイッチ on/off

タンパク質の中には，ペプチドの側鎖や末端のアミノ酸の−OH基，−NH$_2$基，−COOH基，−CONH$_2$基が，糖鎖，脂肪酸，リン酸，テルペノイド，ヌクレオチドなどで修飾されたものもある．特に情報伝達に関係するタンパク質では，セリン残基，トレオニン残基のアルコール性OH基やチロシン残基のフェノール性OH基にリン酸がエステル化（リン酸化）したり，除去（脱リン酸化）されたりすることで，タンパク質の3次元構造（コンホメーション）が変化し，それらの機能発現のスイッチが on/off される．

図1に，チロシン残基のリン酸化により，酵素が非活性化型から活性型に変化し，脱リン酸化によりその逆に変化する様子を示した．すなわち，リン酸化と脱リン酸化が，酵素反応のスイッチ on/off の役割をはたすのである．

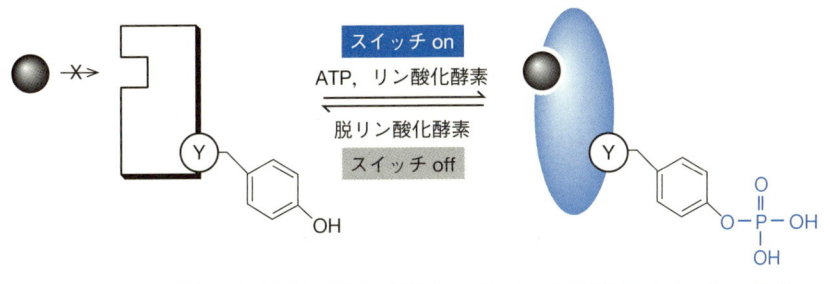

図1 チロシン残基のリン酸化，脱リン酸化によるタンパク機能のスイッチ on/off．

タンパク質を構成するアミノ酸は20種あることから膨大な種類のタンパク質が可能となる．たとえば，アミノ酸100個からなるタンパク質は20^{100}種可能である．進化の過程で20種のアミノ酸がどのように選ばれたのか，また，生命はこれらすべてのタンパク質が役に立つかどうかを逐次試したのか興味深い．生命システムができあがるとき，手近にあったものだけを利用した可能性もあり，生体は意外とエネルギー効率の悪いシステムなのかもしれない．

4・5 糖質は生体の主要なエネルギー源である
4・5・1 単　糖

糖質は**単糖**と**多糖**に分けられる．多糖は基本単位である単糖同士が脱水縮合してアセタール結合（**グリコシド結合**）を形成したものである．多糖の代表的なものは動植物のエネルギー源となるグリコーゲンやデンプン，植物の細胞壁となるセルロース，タンパク質を修飾し機能発現させる多糖類，細胞の表面にある糖鎖などである．単糖は多数のヒドロキシ基と1個のアルデヒド基−CHO またはケトン基 C−CO−C を有している．アルデヒド型の単糖を**アルドース**，ケトン型のものを**ケトース**と総称する．また炭素数5の単糖（五単糖）を**ペントース**，炭素数6の単糖（六単糖）を**ヘキソース**とよぶ．単糖にもキラル中心があるため，D型とL型の鏡像異性体がある．図4・16に代表的なD型のアルドヘキソース（アルドース型の六単糖）とアルドペントース（アルドース型の五単糖），ケトヘキソース（ケトン型の六単糖）の構造を示す．

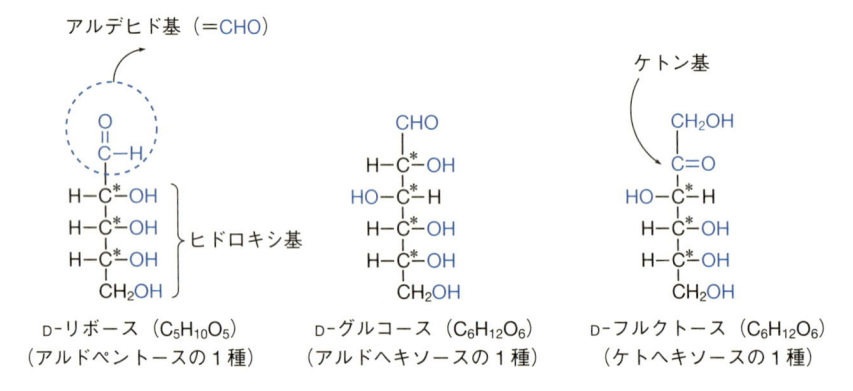

図 4・16　D型のアルドースとケトース（＊はキラル炭素を表す）．

単糖は分子内にヒドロキシ基とアルデヒド基（またはケトン基）を含むため，分子内で両者が反応して**ヘミアセタール環**を形成し，図4・17に示したような環状構造となる．環状グルコースのように酸素を含んだ6員環を**ピラノース環**とよぶ．また環状リボースのように，酸素を含んだ5員環を**フラノース環**とよぶ．なお，直鎖構造の単糖が環状構造をとるとキラル炭素が一つふえる．この新たに生じたキラル炭素を**アノメリック炭素**とよぶ．したがって，環状構造には"α体"と"β体"の2種が可能となる．なお，"α体"とはピラノース環（6員環）やフラノース環（5員環）を形成しているエーテル酸素の両隣りの置換基（OH/OR 基と CH₂OH 基など）が環の平面に対して反対側（トランス配置）に出たアノマーであり，同じ側に出たものを β 体という．グルコースとリボースを例に五，六単糖の環状構造を図4・17に示す．生成した6員環は平面構造ではなくいす形（チェア形）の立体構造をとる（図4・18）．このいす形構造は環が反転し，別ないす形構造をとることができる．このような異性体を**配座異性体**（コンホーマー，後述）とよぶ．6員環の炭素原子上の置換基は**アキシアル位**（環平面に直交）あるいは**エクアトリアル位**（環平面にほぼ平行）のどちらかに配向している．単糖にはヒドロキシ基の空間的配置の異なる立体異性体が多数ある．このような鏡像異性体（エナンチオマー）

の関係にない立体異性体を**ジアステレオマー**とよぶ（4・10 節参照）．グルコースのジアステレオマーを図 4・19 に示す．

4・5・2 グリコシドの形成と二糖類
糖のヘミアセタール部とアルコール性ヒドロキシ基あるいはペプチド・タンパク質のアス

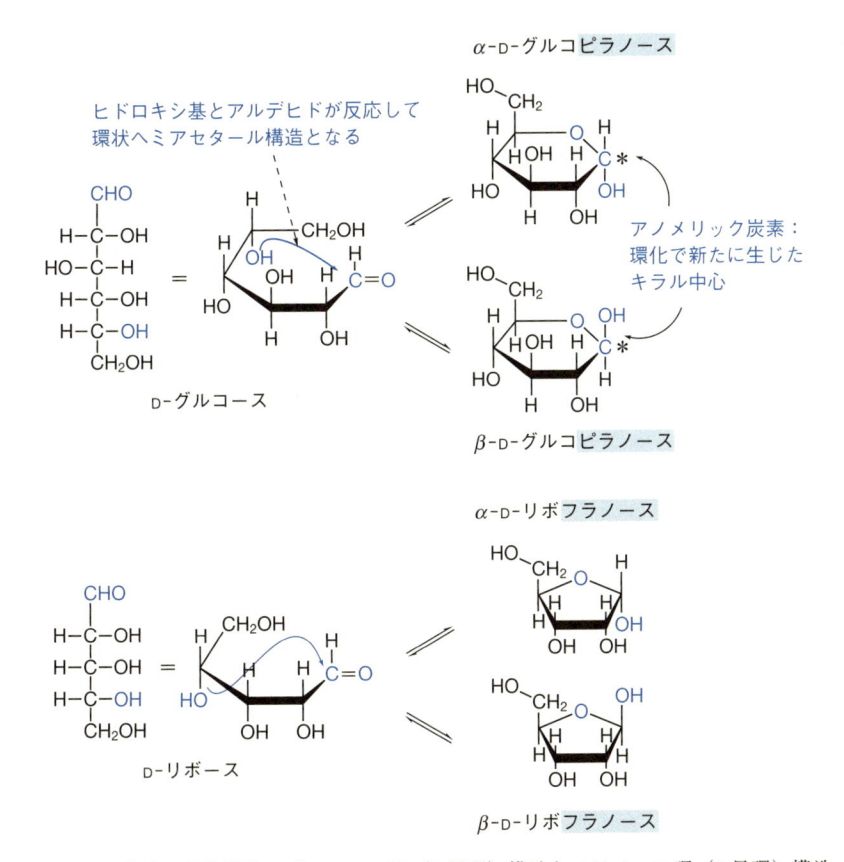

図 4・17 **単糖の環状構造**．ピラノース環（6員環）構造とフラノース環（5員環）構造，およびアノメリック炭素．

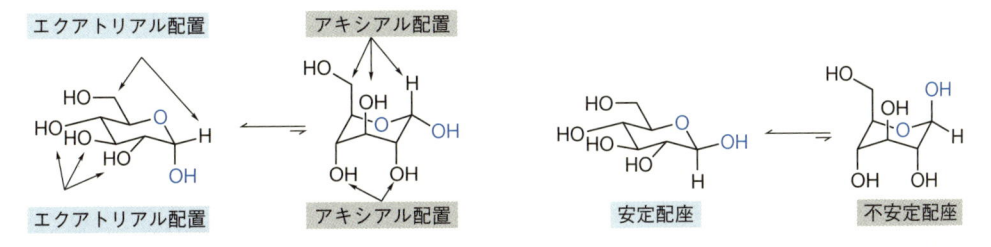

図 4・18 **環状グルコースのいす形コンホメーション（立体配座）と環の反転**．

パラギン残基の側鎖のカルバモイル–$CONH_2$ のアミノ基 NH_2 や，核酸塩基（4・7 節参照）の N との間で脱水縮合して形成したものを**グリコシド**（**配糖体**）とよぶ．そのさい新たにできる結合を O-グリコシド結合あるいは N-グリコシド結合とよぶ．グリコシドにはアノメリック炭素の立体配置により，$α$-グリコシドと $β$-グリコシドの 2 種類が可能である．

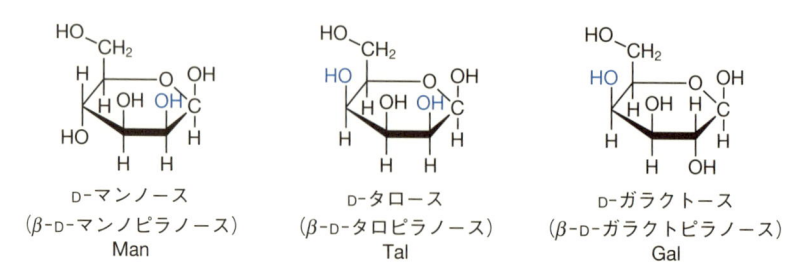

D-マンノース
($β$-D-マンノピラノース)
Man

D-タロース
($β$-D-タロピラノース)
Tal

D-ガラクトース
($β$-D-ガラクトピラノース)
Gal

図 4・19　D-グルコースのジアステレオマーの構造と略号．(D-グルコースのジアステレオマーはこのほかに 4 種ある)

　グリコシドを形成するヒドロキシ基が単糖から供給された場合，生成物を**二糖類**とよぶ．6 員環状グルコース（グルコピラノース）にはヒドロキシ基が五つあり，また $α$-アノマーと $β$-アノマーの 2 種類があるため，グルコース 2 分子からは 19 種の二糖の異性体が可能である．図 4・20 に代表的な二糖類の構造を示す．糖鎖の数がふえれば，異性体の数は幾何級数的に増加する．たとえば，グルコース 3 分子からは 160 種の異性体が可能である．したがって，さらに多数の糖からできた多糖類には莫大な構造が可能となる．生命は多糖類の構造上の多様性を巧みに利用して自己の防衛や種の保存をはかっているものと思われる．

Glc$β$1→4Glc

セロビオース：$β$(1→4) グリコシド結合
（セルロースの加水分解物）

$α$ および $β$-D-グルコピラノース

Glc$α$1→4Glc

マルトース：$α$(1→4) グリコシド結合
（デンプンの加水分解物）

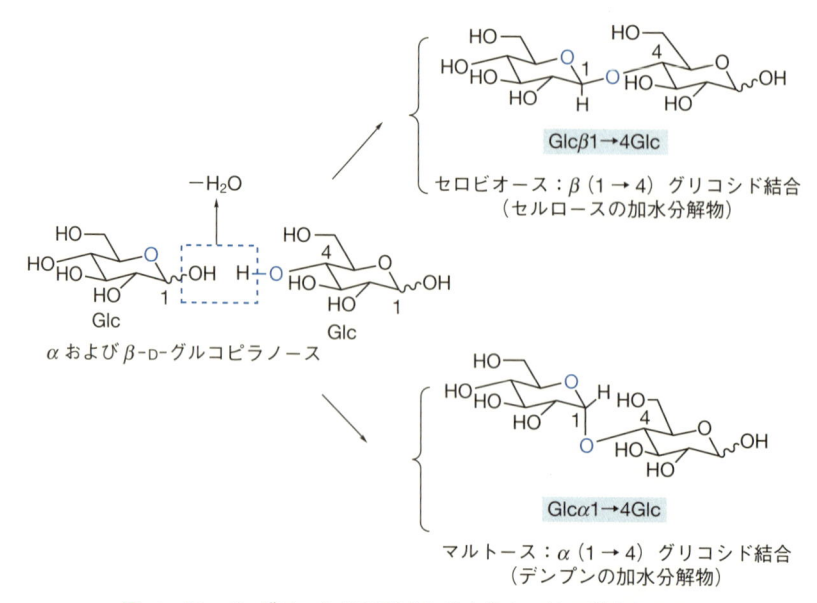

図 4・20　O-グリコシドの形成と代表的な二糖の構造と略記．

4・5・3 多 糖

デンプン，グリコーゲンは多数のグルコースが，二糖のマルトースのように1位と4位でα-グリコシド結合（$\alpha(1\rightarrow 4)$と表記する）した高分子化合物である（図4・21）．デンプン，グリコーゲンではところどころ6位のヒドロキシ基との間で$\alpha(1\rightarrow 6)$グリコシド結合して枝分かれした構造をしている．セルロースはグルコースが$\beta(1\rightarrow 4)$グリコシド結合だけで直線的に連なっている．ヒトはβ-グリコシド結合を加水分解する酵素をもっていないためセルロースを消化できないが，ウシやヒツジなどは胃の中にいる共生微生物がβ-グリコシド結合を加水分解できる酵素をもっているためセルロースを食料として利用できる．

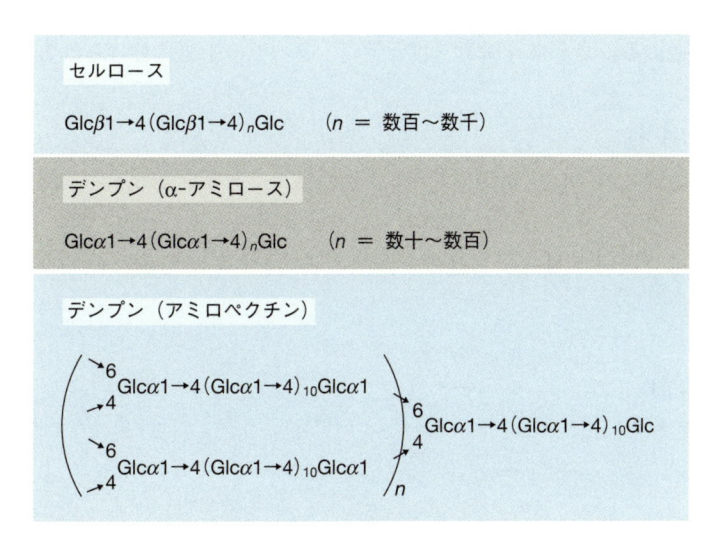

図 4・21 代表的な多糖の構造．

4・5・4 アミノ糖

単糖のうち，アミノ基$-NH_2$をもつものを**アミノ糖**とよぶ．図4・22に代表的なアミノ糖である，N-アセチルグルコサミン，N-アセチルガラクトサミン，N-アセチルノイラミン酸（シアル酸ともよばれる）の構造式を示す．多くのタンパク質では，セリンやトレオニンの側鎖にあるOH基やアスパラギンの側鎖であるNH_2基がこれらのアミノ糖を含む多糖で修飾さ

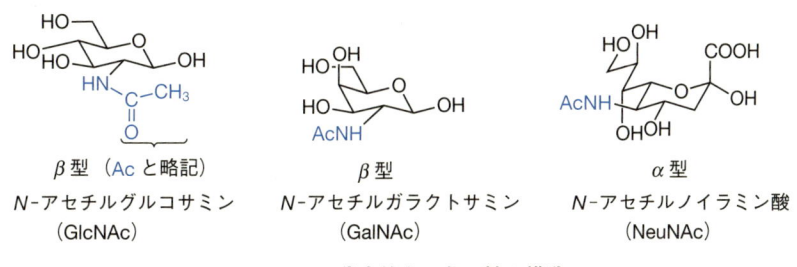

図 4・22 代表的なアミノ糖の構造．

れる（グリコシド結合を形成する）とはじめて，酵素活性，細胞間認識，情報伝達などさまざまな機能をもつようになる．

4・6 脂質にはさまざまなものがある

脂質はアミノ酸・タンパク質，糖質，核酸と並んで重要な生体成分の一つである．脂質の重要な機能の一つは，脂質二重層からなる細胞膜の形成である．細胞膜は細胞を外界から隔てるとともに，情報伝達・変換の場を提供し，またさまざまな物質の出入り口ともなる．一方，脂質は生体におけるエネルギーの貯蔵体であり，また一部はビタミンやホルモン，オータコイドとしても重要な役割を演じる．脂質の機能はきわめて広範囲にわたっており，構造も一様ではない．脂質は構造によって，単純脂質，複合脂質，その他の脂質に分けられる．

4・6・1 単 純 脂 質

代表的な単純脂質は**トリグリセリド**である．これはグリセリンとカルボン酸の一種である脂肪酸とのトリエステルであり，中性脂肪あるいは貯蔵脂質ともよばれ，多くの生物のエネルギー貯蔵体である．高級1価（炭素数の多い，ヒドロキシ基が1個）のアルコールと高級脂

脂肪酸
　　パルミチン酸（C_{16}）
　　リノール酸（C_{18}）
　　アラキドン酸（C_{20}）

グリセリド（グリセリンと高級脂肪酸のエステル）

グリセリン　脂肪酸　　　　　　　トリグリセリド

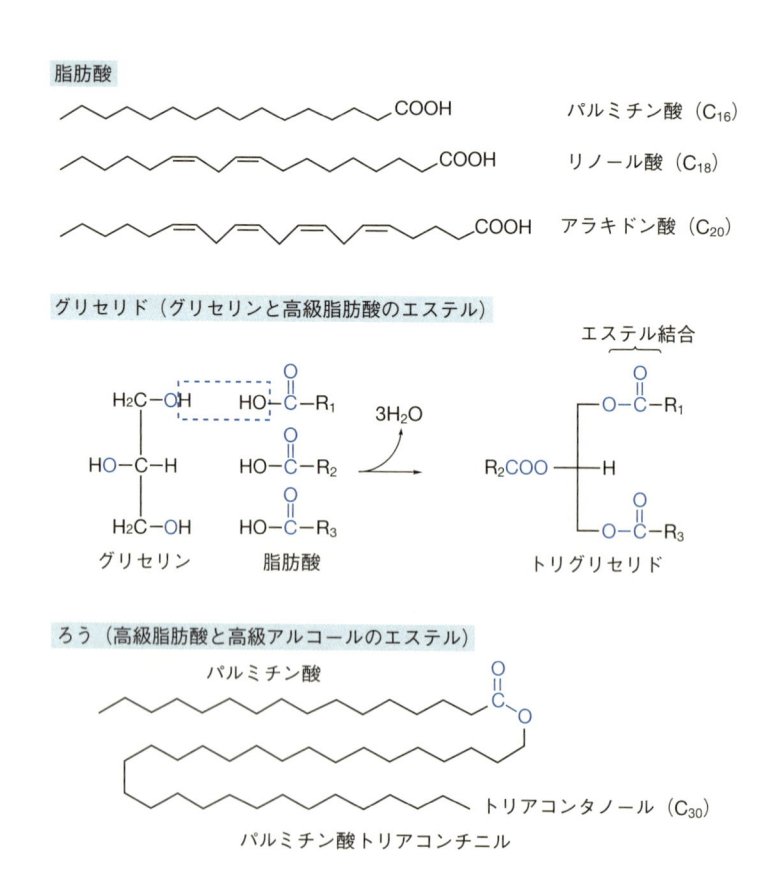

ろう（高級脂肪酸と高級アルコールのエステル）
　　パルミチン酸
　　トリアコンタノール（C_{30}）
　　パルミチン酸トリアコンチニル

図 4・23　**単純脂質の構造**．

肪酸のエステルがいわゆる"**ろう**"である．図4・23に代表的な脂肪酸と単純脂質の構造を示す．

4・6・2 複合脂質

複合脂質は細胞膜の成分となる脂質で，グリセロリン脂質，グリセロ糖脂質，スフィンゴリン脂質，スフィンゴ糖脂質などがある（図4・24）．いずれも疎水性（非極性）と親水性（極性）の両方の性質をあわせもった部分から構成されており（両親媒性という），水中では疎水性部分で2層となった集合体を形成しやすい．この性質が細胞膜の基本構造である脂質二重層形成のもととなる（図4・25）．なお，細胞の基本構造については5章を参照されたい．

グリセロリン脂質は脂肪酸とグリセリンとリン酸が順にエステル結合した構造（ホスファチジン酸）を基本構造にもつ．さらにリン酸の先にはエタノールアミン，コリン，セリン，あるいはイノシトールなどがリン酸エステル結合する．

グリセロ糖脂質は脂肪酸とグリセリンと糖から構成されている．

スフィンゴ脂質は神経細胞の細胞膜に多くみられる．**スフィンゴシン**とよばれる高級アミノ

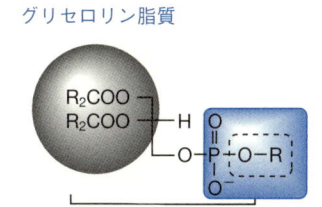

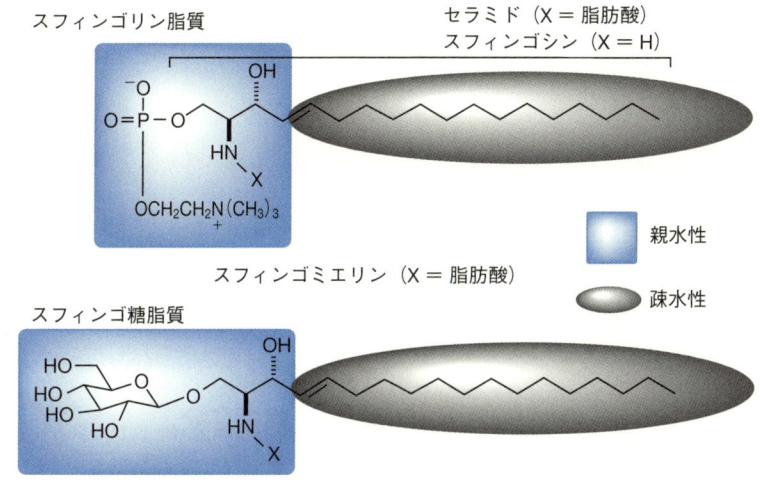

図4・24 複合脂質の構造．

話題 6

血液型決定の由来

血液型にはさまざまなものがある．代表的なものが ABO 式，ルイス式，Ii 式，P 式血液型である．これらの血液型は，おもに赤血球膜表面にあるセレブロシドとよばれる糖脂質の糖部分の構造の違いで決定される．なお，輸血の際に重要な Rh 式血液型は，糖の構造に関係しない．

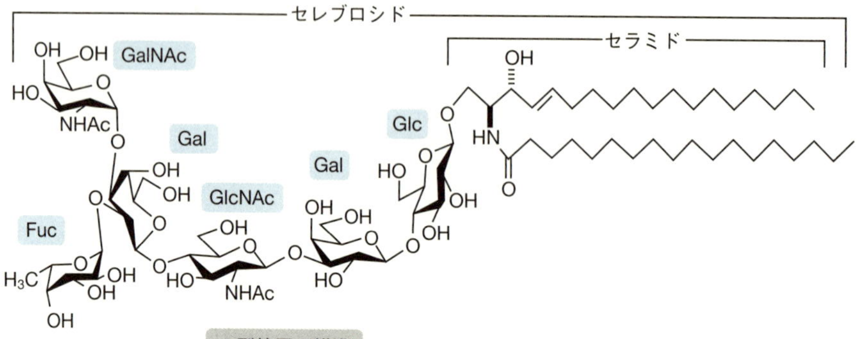

ABO 式

GalNAc α1-3 Gal β1-4 GlcNAc β1-3 Gal β1-4 Glc β1-セラミド　　A 型抗原
　　　　　　2
　　　　　　|
　　　　　Fuc α1

Gal α1-3 Gal β1-4 GlcNAc β1-3 Gal β1-4 Glc β1-セラミド　　B 型抗原
　　　　　　2
　　　　　　|
　　　　　Fuc α1

Gal β1-4 GlcNAc β1-3 Gal β1-4 Glc β1-セラミド　　O 型抗原
　　　2
　　　|
　　Fuc α1

ルイス式

Gal β1-3 GlcNAc β1-3 Gal β1-4 Glc β1-セラミド　　Le^a 型抗原
　　　　　　4
　　　　　　|
　　　　　Fuc α1

Gal β1-3 GlcNAc β1-3 Gal β1-4 Glc β1-セラミド　　Le^b 型抗原
　　2　　　　4
　　|　　　　|
Fuc α1　Fuc α1

(Fuc = L-フコース)

図 1　ABO 式血液型とルイス（Le）式血液型を決める糖脂質（セレブロシド）抗原の種類と構造．

アルコールのアミノ基と脂肪酸がアミド結合したものを**セラミド**とよぶ．セラミドのヒドロキシ基がリン酸でエステル化され，さらにコリンがリン酸とエステル結合したものをスフィンゴミエリンとよぶ．スフィンゴミエリンは代表的なスフィンゴリン脂質である．

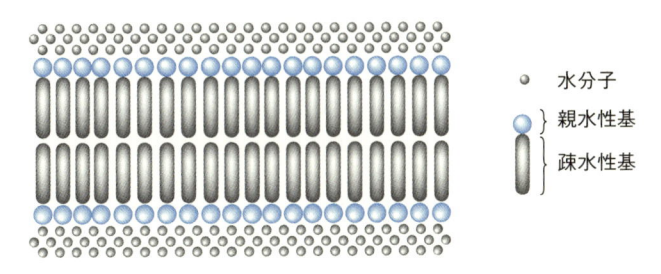

図 4・25 細胞膜の脂質二重層の基本構造．

スフィンゴ糖脂質はセラミド（スフィンゴシン＋脂肪酸）に糖がグリコシド結合したもので一般には**セレブロシド**ともよばれる．赤血球の細胞膜にある血液型決定基はセレブロシドの1種である（話題6参照）．なお，細胞膜にはこのほかにステロイドの一種であるコレステロール（後述）や糖タンパク質なども組込まれている．

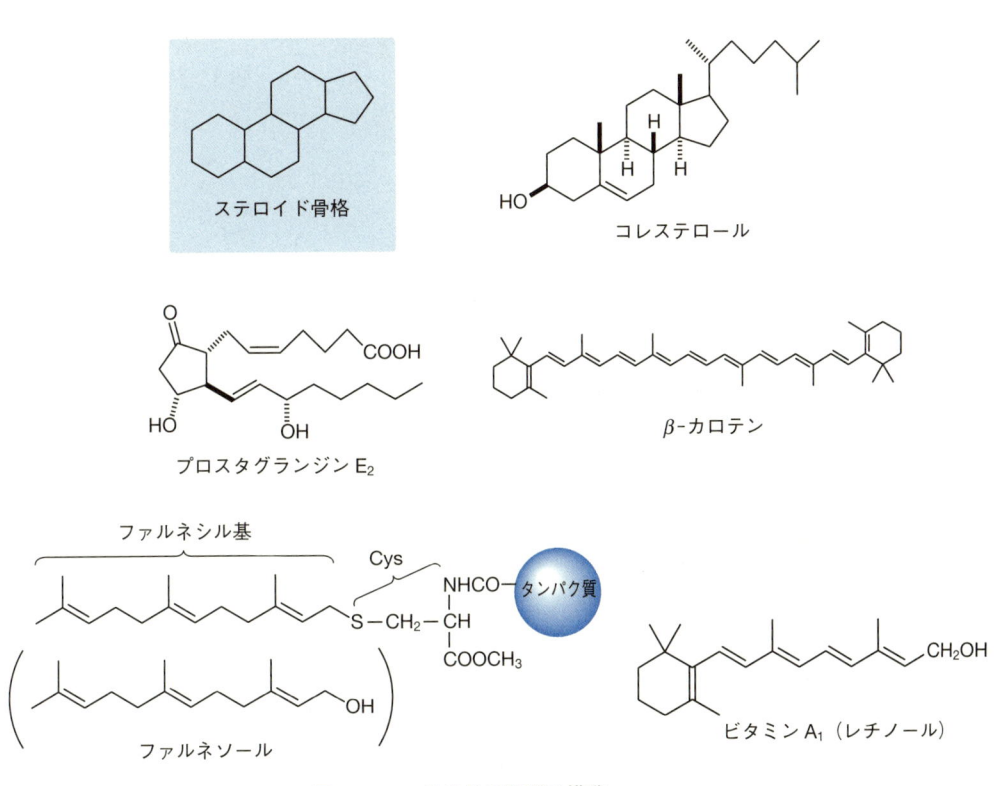

図 4・26 その他の脂質の構造．

4・6・3 その他の脂質

ステロイドは図4・26に示した**ステロイド骨格**とよばれる炭素環からなる化合物の総称である．代表的なものが細胞膜の構成成分の一つである**コレステロール**である．コレステロールはビタミンDや男性ホルモンや女性ホルモンなどに変換され，それぞれ重要な生体機能を担っている．他の脂質としては脂肪酸の"代謝産物"（生体内で変化したもの）である**プロスタグランジン**，光合成色素の**カロテノイド**，電子伝達系の**キノン類**，タンパク質のシステイン側鎖を修飾する**テルペン**の1種であるファルネソール，視覚で光を受けとるレチナール（図4・10）の前駆体であるビタミンA（レチノール）など生命維持に重要な役割を演じているものが数多くある．

4・7 核酸は遺伝情報をになう

核酸は**ヌクレオチド**が縮重合したものである．ヌクレオチドは炭素数5個のアルデヒド型の糖（アルドペントース），**核酸塩基**とよばれるNを含んだ**複素環**，ならびにリン酸とからなる．糖部分にD-リボースをもつ核酸を**RNA**（リボ核酸，ribonucleic acid），2-デオキシ-D-リボースをもつものを**DNA**（デオキシリボ核酸，deoxyribonucleic acid）という．糖と核酸塩基がグリコシド結合したものを**ヌクレオシド**とよぶ．ヌクレオシドがリン酸化されたものがヌクレオチドである．核酸塩基には**プリン型**と**ピリミジン型**のものがある．核酸塩基とヌクレオチドの構造を図4・27に示す．

生体内におけるエネルギーの運び屋であり，かつさまざまな生体分子をリン酸化して活性化する**ATP**（アデノシン三リン酸，adenosine triphosphate）や，細胞内での情報伝達物質の一つであるサイクリックAMP（cAMP）もヌクレオチドの1種である（図4・28）．ATPは3個

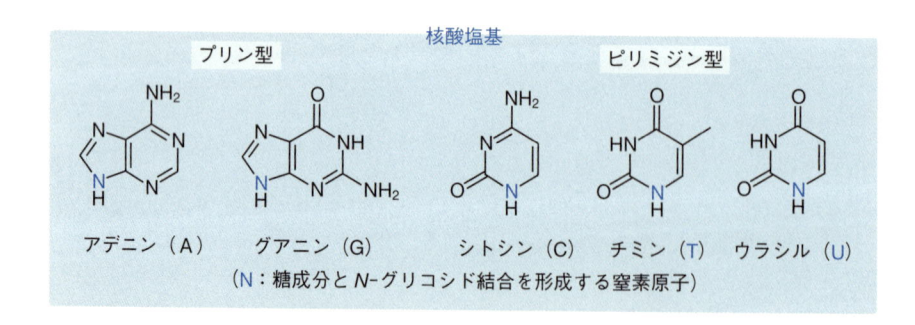

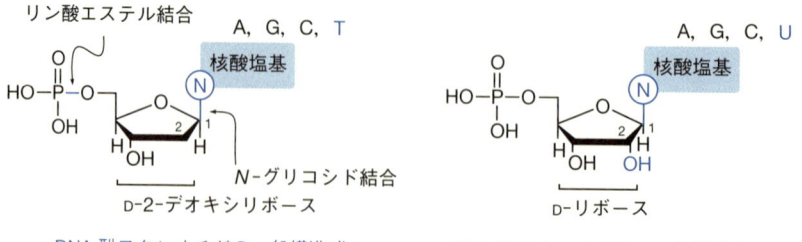

図4・27 核酸塩基とヌクレオチドの一般構造．

のリン酸基をもつが，そのうち二つは反応性の高いリン酸無水物結合である．ATPのもつ化学エネルギーに関しては7章を参照されたい．NAD⁺/NADH や FAD/FADH₂ もヌクレオチドの一種であり，さまざまな生体分子を"酸化・還元"するさいの電子とプロトンの運搬体として重要な役割を演じている（図9・11参照）．

図 4・28 ATP，cAMP の構造．

遺伝情報を担う DNA は D-2-デオキシリボースを糖部分にもつヌクレオチドのリン酸が別のヌクレオチドのヒドロキシ基と**ホスホジエステル結合**して，つぎつぎとつながった高分子化合物（ポリヌクレオチド）である（図4・29）．ヒトの DNA は30億個のヌクレオチドから構成される．遺伝情報はヌクレオチド塩基の配列として DNA の中に書き込まれている．4種の

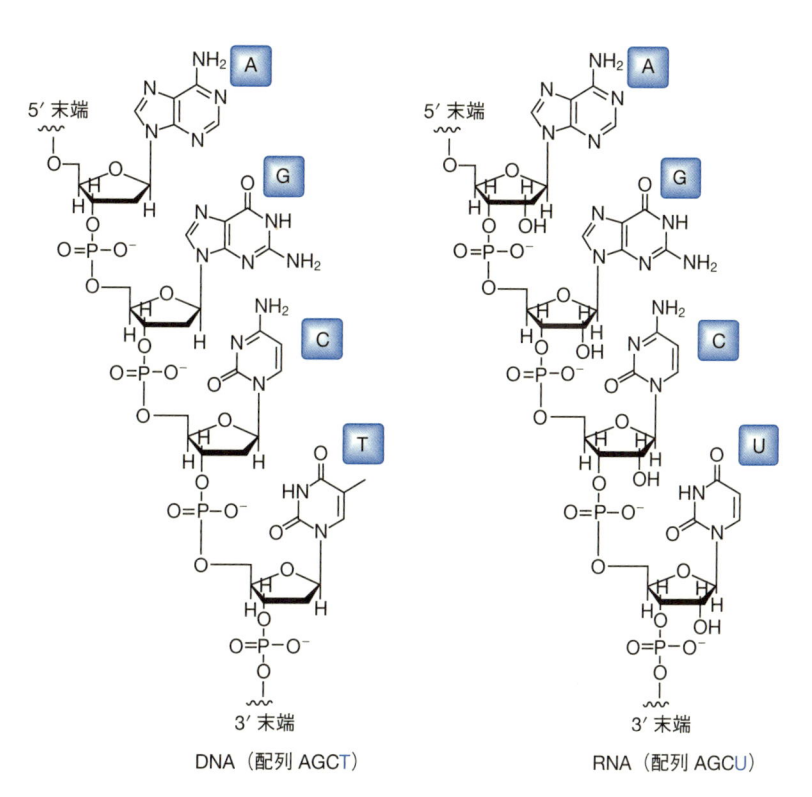

図 4・29 DNA，RNA の構造．

ヌクレオチド塩基 G, C, A, T のうちの 3 個の並びが 1 個のアミノ酸に対応している．3 個のヌクレオチドの並び方には 4^3 （$=64$）通りが可能である．アミノ酸は 20 種なので複数の配列が 1 種のアミノ酸をコードしていることになる．進化の過程でどうしてこうなったのかはよくわかっていない．細胞分裂していない細胞では，DNA は 2 本鎖を形成している．この 2 本鎖は逆向きに配向している．そこでは一方の DNA 鎖の塩基 G は相手の DNA 鎖の塩基 C と，また塩基 A は T と水素結合を形成し（塩基対形成），安定な**二重らせん**構造をとっている（図 3・1 参照）．RNA は DNA とよく似た構造で，D-リボースを糖部分にもったポリヌクレオチドである．RNA の塩基は G, C, A, U の 4 種である．RNA は DNA から遺伝情報を受けとり，タンパク質合成の鋳型（m RNA）となる．

4・8 その他にも重要な生体分子がある

このほか生体内には微量にしか存在しないけれど重要な役割を担う，ビタミン，ホルモン，オータコイド（局所ホルモン），神経伝達物質などがある（図 4・30）．このなかでユビキノンはミトコンドリア内の呼吸鎖における電子伝達体であり（図 9・12 参照），プラストキノンは光合成における電子伝達体である．

これまで述べてきたアミノ酸，タンパク質，脂質，糖質，核酸は**1 次代謝産物**ともよばれるが，生体分子にはこのほかに 1 次代謝産物からあるいはその構成要素から生体内で生合成された**2 次代謝産物**（**狭義の天然有機化合物**という）という膨大な数の化合物が知られている．現代有機化学の体系ができあがったのは生体の成分研究，とくに動植物，微生物に比較的多量に含まれ，香料や医薬の原料となった天然有機化合物の研究のおかげといっても過言ではない．2 次代謝産物の代表的なものとしては植物の香気成分である α-ピネンなどの**テルペン類**，キニーネで代表される**アルカロイド**（アミノ酸やペプチド由来の窒素を含んだ天然物の総称），ペニシリンで代表される**抗生物質**，花の色素の一部分であるシアニジンで代表される**アントシアン類**，ホタルのルシフェリン（生物発光基質）などがあげられる．

4・9 有機化合物の結合は炭素の混成軌道を使う

有機化合物の形や種類の多様性は炭素原子がもっている共有結合の多様性に起因している．では，なぜ単結合だけからなるメタン CH_4 は四面体構造をとり，二重結合をもつエチレン $CH_2=CH_2$ は平面分子であり，三重結合をもつアセチレン $CH\equiv CH$ は直線分子なのだろうか．それらに答えるには炭素原子の電子配置をみる必要がある．炭素は 14 族元素であり，図 2・10 に示したようにその電子配置は $(1s)^2(2s)^2(2p)^2$ である．電子配置からわかるように炭素の価電子は 4 個ある．

原子は安定な電子配置（貴ガスと同じ 8 価の電子配置：オクテット則）をもつことにより安定となる．原子が貴ガスと同じ安定な電子配置をもつには，① 価電子を放出するか（陽イオン化（カチオン化）），② 価電子をもらうか（陰イオン化（アニオン化）），③ 価電子を共有するか（水素原子が水素分子になるように，価電子が存在する軌道同士を重ね合わせる）の 3 通りである．Na 原子は電子を一つ失うことにより，Cl 原子は電子を一つもらうことにより，貴

4・9 有機化合物の結合は炭素の混成軌道を使う

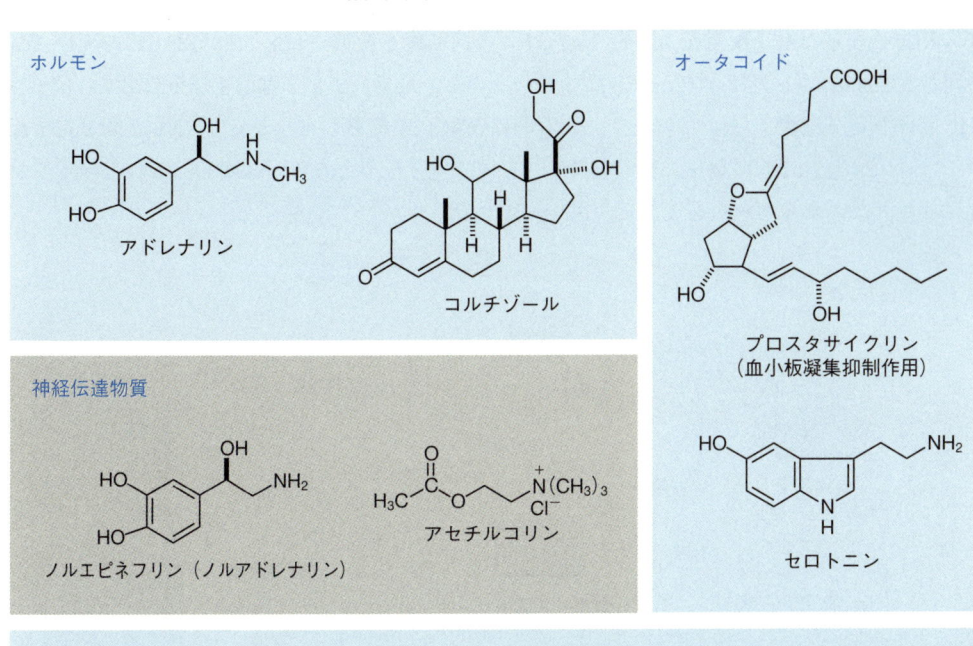

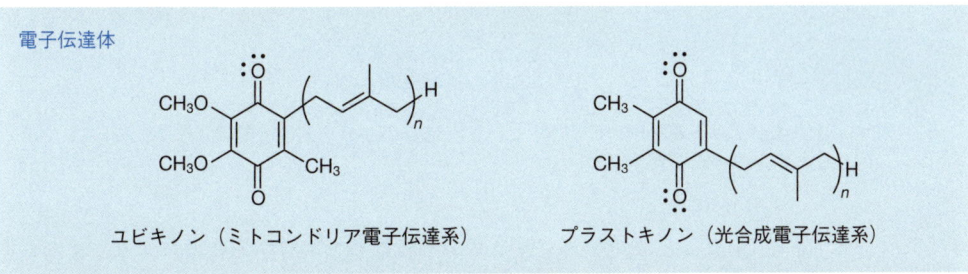

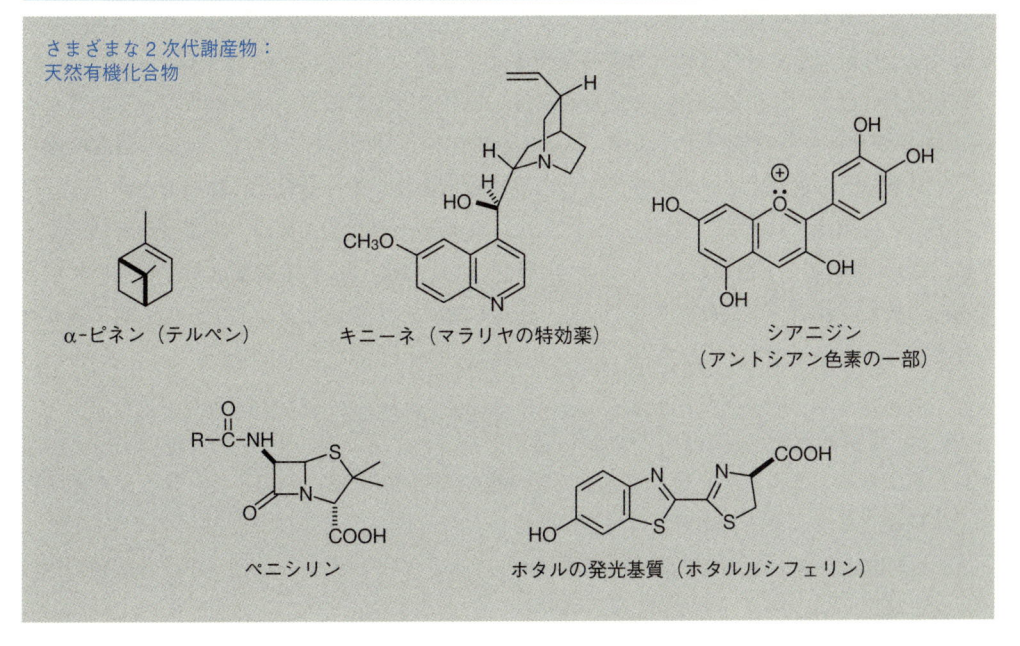

ホルモン
アドレナリン
コルチゾール

オータコイド
プロスタサイクリン（血小板凝集抑制作用）

神経伝達物質
ノルエピネフリン（ノルアドレナリン）
アセチルコリン

セロトニン

電子伝達体
ユビキノン（ミトコンドリア電子伝達系）
プラストキノン（光合成電子伝達系）

さまざまな2次代謝産物：天然有機化合物
α-ピネン（テルペン）
キニーネ（マラリヤの特効薬）
シアニジン（アントシアン色素の一部）
ペニシリン
ホタルの発光基質（ホタルルシフェリン）

図 4・30　その他のさまざまな生体分子の構造.

ガスと同じ安定な電子配置をもった Na^+（Ne と同じ電子配置：$(1s)^2(2s)^2(2p)^6$）や Cl^-（Ar と同じ電子配置：$(1s)^2(2s)^2(2p)^6(3s)^2(3p)^6$）となる．炭素原子が価電子 4 個を放出すれば C^{4+}（He と同じ電子配置：$(1s)^2$）になり，あるいは価電子 4 個をもらうと C^{4-}（Ne と同じ電子配置：$(1s)^2(2s)^2(2p)^6$）になり，安定な貴ガスと同じ電子配置となる．しかし，これらのイオン化には莫大なエネルギーを必要する（図 4・31）．

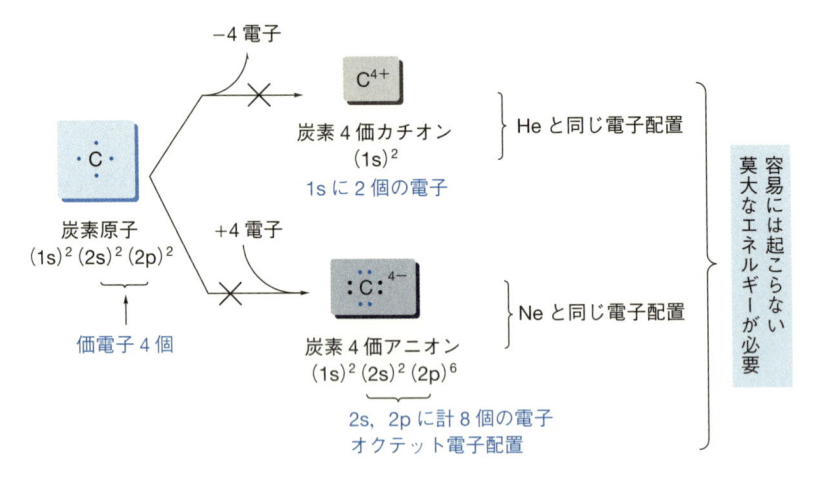

図 4・31　オクテット電子則．C が Ne と同じ安定なオクテット電子配置となるためには莫大なエネルギーが必要．

炭素原子は Na や Cl 原子とは異なり，他の原子と価電子を共有することにより，すなわち共有結合を形成することによりはじめて安定な分子となる（図 4・2 参照）．なお，共有結合する相手原子は何でもよい．有機化合物の多様性はここにもその秘密が隠されている．

共有結合の最大の特徴は結合に方向性があるということである（イオン結合には方向性がない）．炭素が共有結合を形成する場合，3 通りの新しい方向性のある軌道，つまり**混成軌道**を使って共有結合を形成する．どの炭素がどの混成軌道を使うかで有機化合物の形が決まる．炭素原子は "2s 軌道" に 2 個，"2p 軌道" に 2 個，計 4 個の価電子をもつ．炭素が共有結合するさい，この 2s 軌道（1 種類しかない）と 2p 軌道（$2p_x$, $2p_y$, $2p_z$ の 3 種類ある）を互いに混合しあって新しい軌道（混成軌道）をつくる．混成軌道のつくり方には 2s 軌道と 2p 軌道の組合わせでつぎの 3 通りある．

i）**sp^3 混成軌道**：炭素原子は四面体構造となる．メタン，エタンなどの飽和炭化水素，脂肪酸のアルキル基，アミノ酸の α 炭素，糖類などの C−C，C−O，C−N などの 4 本の単結合を形成する炭素原子．軌道は四面体の中心から頂点に向かう．

ii）**sp^2 混成軌道**：炭素原子は平面構造となる．エチレン，ベンゼン環，不飽和脂肪酸に含まれる C=C 結合，アルデヒド，ケトン，カルボン酸の C=O，核酸塩基の C=N などの二重結合を形成する炭素原子．軌道は平面上を正三角形型に広がる．

iii) sp 混成軌道：炭素原子は直線構造となる．ニトリルの C≡N，アセチレン化合物の C≡C などの三重結合を形成する炭素原子，および 2 個の二重結合を形成するアレン型化合物 C＝C＝C のまん中の炭素原子．軌道は直線状に伸びる．

4・9・1　sp^3 混成軌道のつくり方と形，σ 結合，極性 σ 結合

1 個の 2s 軌道と 3 個の 2p 軌道を混ぜあわせたのち，均等に四つに分けると，4 個の等価な sp^3 軌道ができる（図 4・32）．では，C の 4 個の価電子を最も負電荷同士の反発の少ないよう

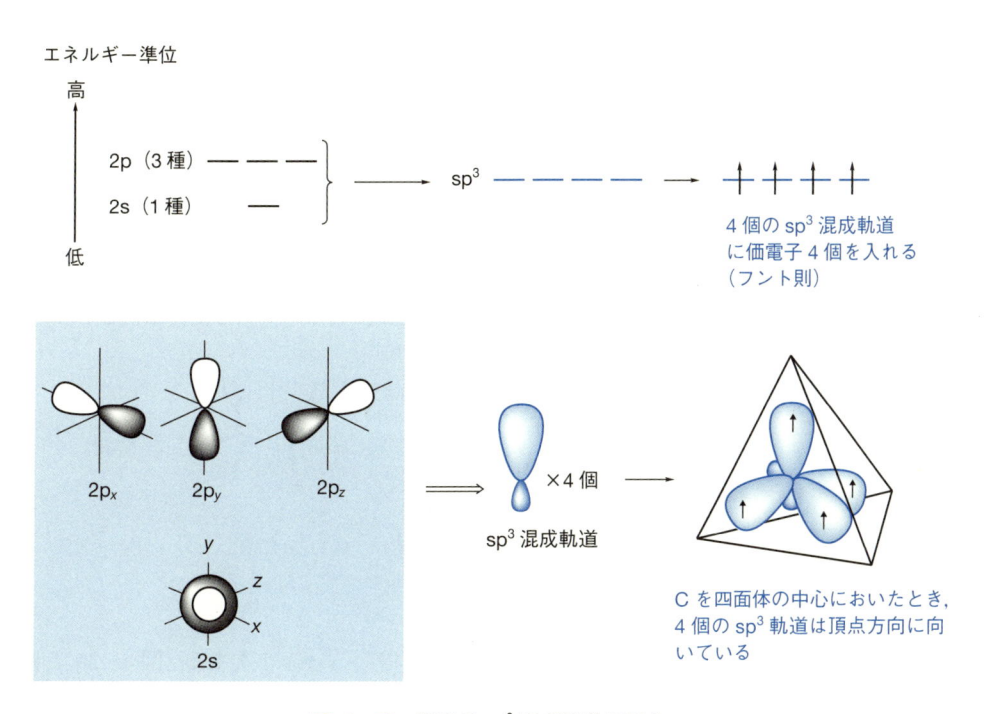

図 4・32　炭素の sp^3 混成軌道の形成．

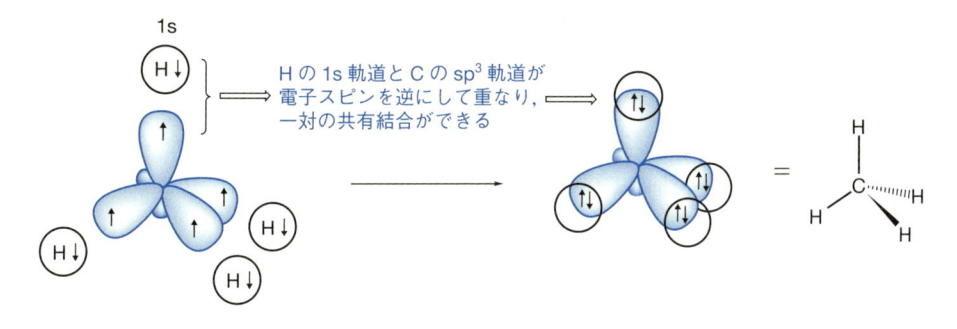

図 4・33　**メタン分子の形成**．sp^3 炭素の四面体構造．

に sp³ 軌道に置くにはどうすればよいか．それには C を四面体の中心に置き，4 個の sp³ 軌道を頂点に向かうように配置し，そこに一つずつ価電子を置くしかない．つまり，sp³ 混成の炭素原子は必然的に四面体構造 をもつ．この四面体の頂点に向いた 4 個の sp³ 軌道と 1 個の水素 1s 軌道とが重なりあい（電子を 1 個ずつ出しあい），4 個の等価な C(sp³)−H 結合ができあがり，四面体構造をもつメタン分子となる（図 4・33）．

C の sp³ 軌道が別の C の sp³ 軌道と結合すれば，C−C 単結合ができる．エタンには 6 本の等価な C(sp³)−H(1s) 結合と 1 本の C(sp³)−C(sp³) 単結合がある（図 4・34）．

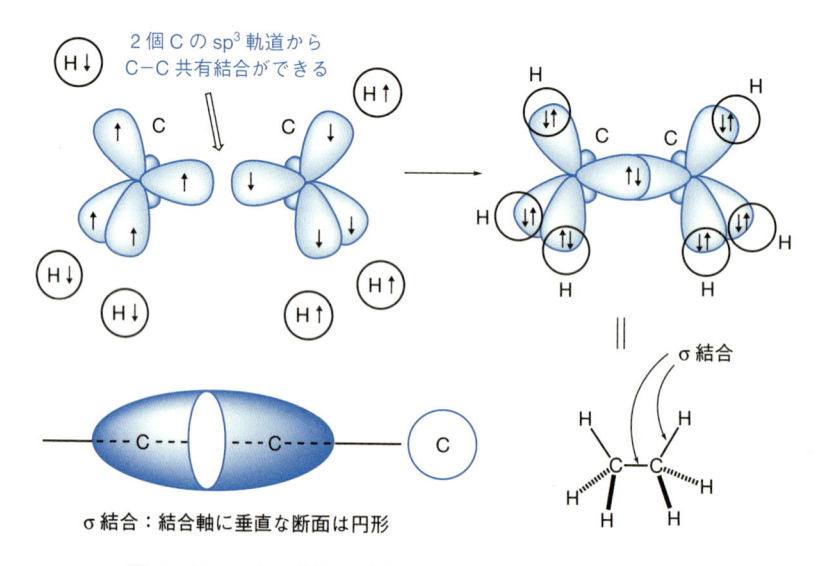

図 4・34 エタン分子の形成．C−H σ 結合，C−C σ 結合．

C(sp³)−C(sp³) 結合同士が 3 次元的に広がったものがダイヤモンドである（図 4・39 参照）．エタンの C−C 結合やメタンの C−H 結合の結合電子は結合軸に対し円筒対称に分布している．このような結合を σ 結合とよぶ．酸素の電子配置は $(1s)^2(2s)^2(2p)^4$ である．C の sp³ 軌道 1 個と O の 2p 軌道 1 個が重なれば，1 本の C−O の σ 結合ができあがる．残りの sp³ 軌道 3 個と O の 2p 軌道 1 個が H の 1s 軌道と重なれば，メタノール分子となる（図 4・35）．エタンの C−C σ 結合は結合電子に偏りはない．しかし，メタノールの C−O σ 結合は C より原子番号の大きい O の方が電子をよく引きつける（"電気陰性"であるという）．このため O はやや−に荷電し（δ− と書く），逆に炭素は ＋ に荷電する（δ＋ と書く）．このように分極した共有結合を **極性共有結合** とよぶ．同様に O−H σ 結合では H より O のほうが電気陰性であるため，H が δ＋ 性を帯び，O が δ− 性を帯びる．水分子やアルコール分子が強く水素結合するのは，この結合の分極のためである．水素結合一つの強さは通常の C−C 共有結合の 1/20 しかないが，生体高分子のように莫大な数の水素結合がはたらけば安定性に対して重要なはたらきをするようになる．

例題 4・3 ブタンには何本の C−C σ 結合と何本の C−H σ 結合があるか考えよう．

解 C−C σ 結合 3 本，C−H σ 結合 10 本

4・9・2 sp² 混成軌道のつくり方と形，π 結合，極性 π 結合

1 個の 2s 軌道と 2 個の 2p 軌道から 3 個の等価な sp² 混成軌道ができる（図 4・36）．残りの 1 個の p 軌道はそのままである．4 個の価電子を最も電子間反発のない状態に置くには，まず 3 個の sp² 軌道を平面で 120° ずつ離して配置する．ついで，残りの 1 個の p 軌道を sp² 軌道平面に垂直に置くと最も電子間反発が少ない．3 本の sp² 軌道は別の炭素の sp³ または sp² または sp 軌道，H の 1s 軌道，N や O の 2p 軌道，ハロゲン原子の p 軌道と σ 結合を形成しうる．一方 sp² 軌道をもつ炭素同士が同一平面上でその sp² 軌道を重ねあわせて σ 結合を形成すると，p 軌道同士は平行に並ぶことになる．そうすると分子平面の上下で p 軌道同士の重なりが生じ，新しい軌道ができる．この p 軌道同士でできた分子平面の上下でワンセットの結合を **π 結合** とよぶ．残りの sp² 軌道が 4 個の水素 1s と σ 結合すると平面形のエチレン分子ができあがる（図 4・37）．エチレン分子の二重結合部をケクレ構造で書くと C=C と書くが，この 2 本の結合のうち，1 本は σ 結合であり，1 本は π 結合である．エチレンはエタンにくらべて反応性が高い．たとえばエチレンと臭素分子 Br_2 を混ぜると付加反応が起きるが，このときこの π 結合が反応するのである．

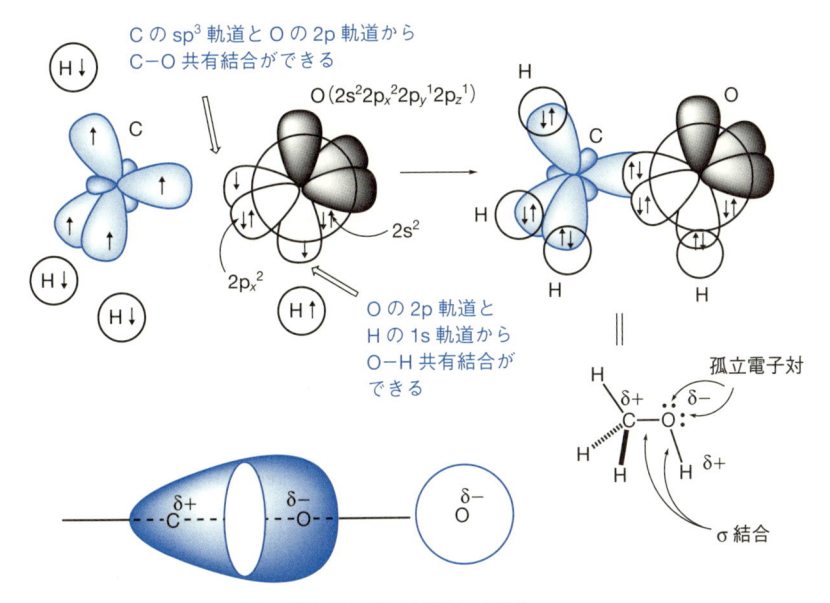

図 4・35 メタノール分子の形成．C−O 結合，O−H 結合は分極した σ 結合（極性共有結合とよぶ）．

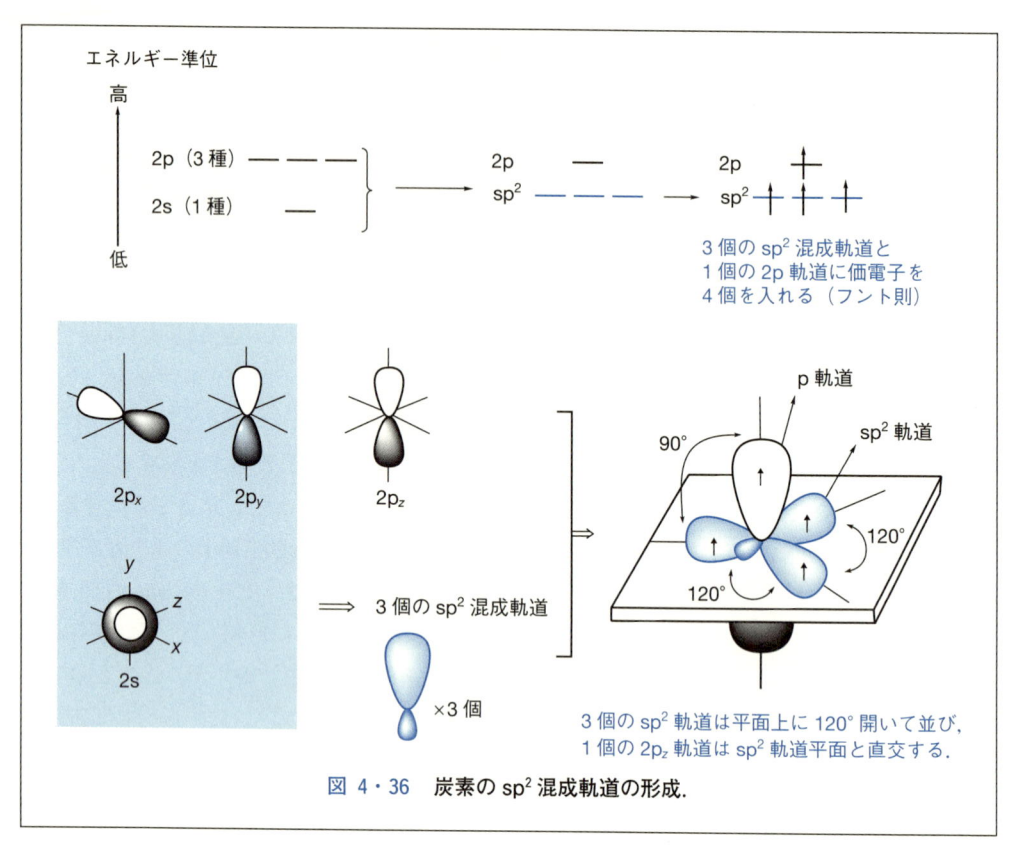

図 4・36 炭素の sp² 混成軌道の形成.

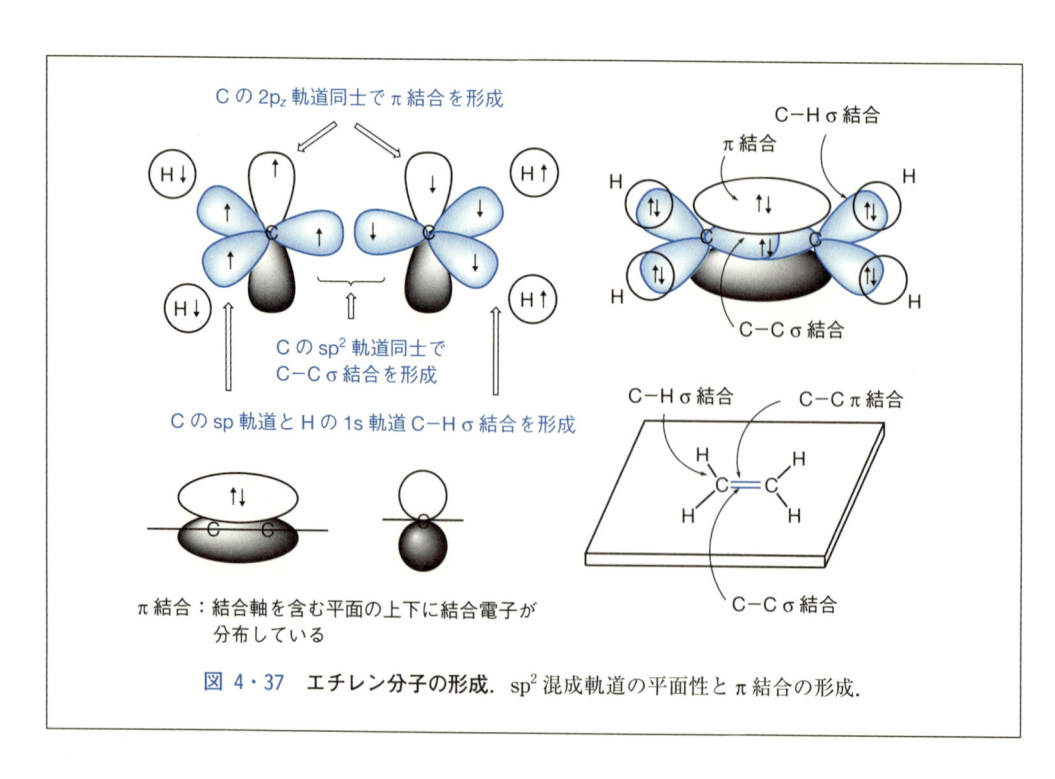

図 4・37 エチレン分子の形成. sp² 混成軌道の平面性と π 結合の形成.

4・9 有機化合物の結合は炭素の混成軌道を使う

C(sp²) が平面上に 6 個環状に並ぶとベンゼン環の骨格となる．6 個の C(2p) 軌道は環平面上下に垂直に互いに平行に並ぶ．2p 軌道 2 個で 1 対の π 軌道ができるから，計 3 組の π 結合ができる．残りの環平面上に出た C の sp² 軌道と H の 1s 軌道から C−H σ 結合ができればベンゼンとなる（図 4・38）．π 結合のつくる組合わせ方は 2 通りあるのでベンゼンをケクレ構造で書くと，A，B の 2 通り書ける．実際のベンゼンの構造は二重結合と一重結合が互い違い

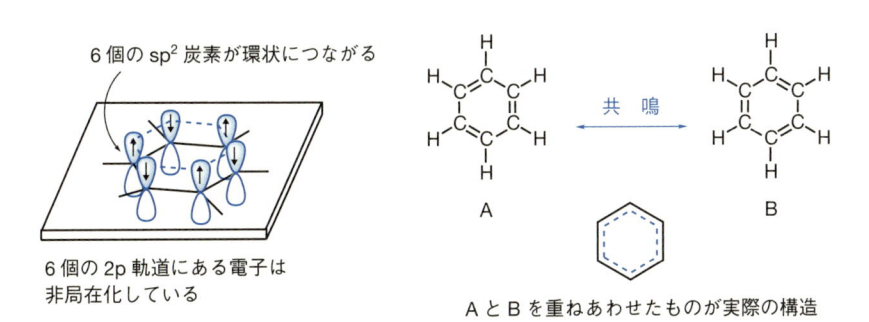

図 4・38 ベンゼンの構造と共鳴．A，B は同じものを異なる電子構造で表記しただけである．別々に存在していて，これらが平衡関係にあるというのではない．

にある A でも B でもなく，A，B を重ねあわせた構造である．A，B のような構造を**共鳴構造**とよぶ．C(sp²) 炭素が 6 員環の編み目構造を形成しながら 2 次元に広がったもの（グラフェンシートとよぶ）がファン デル ワールス相互作用で層状に積み重なったものがグラファイト（黒鉛）である．サッカーボール型化合物のフラーレンは sp² 混成の炭素 60 個からできあがる．カーボンナノチューブはさらに多くの sp² 炭素のみからできている（図 4・39）．ダイヤモンド，グラファイト，フラーレン，カーボンナノチューブはいずれも炭素の同素体である．**同素体**と

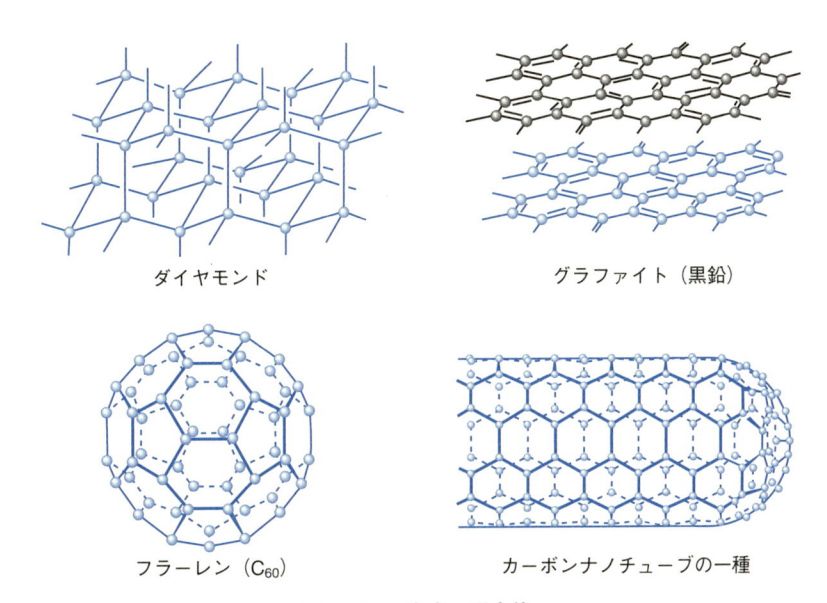

図 4・39 炭素の同素体．

は同じ元素の単体で，互いに性質や構造の異なる物質をいう．

C=O 二重結合は C の sp² 軌道 1 個と O の 2p 軌道 1 個からできた 1 本の σ 結合と C の 2p 軌道 1 個と O の 2p 軌道 1 個が重なってできた π 結合からなる（図 4・40）．残りの C の sp² 軌道 2 個が H の 1s 軌道と 2 個と重なればホルムアルデヒド分子ができる．C-C 単結合と同様，

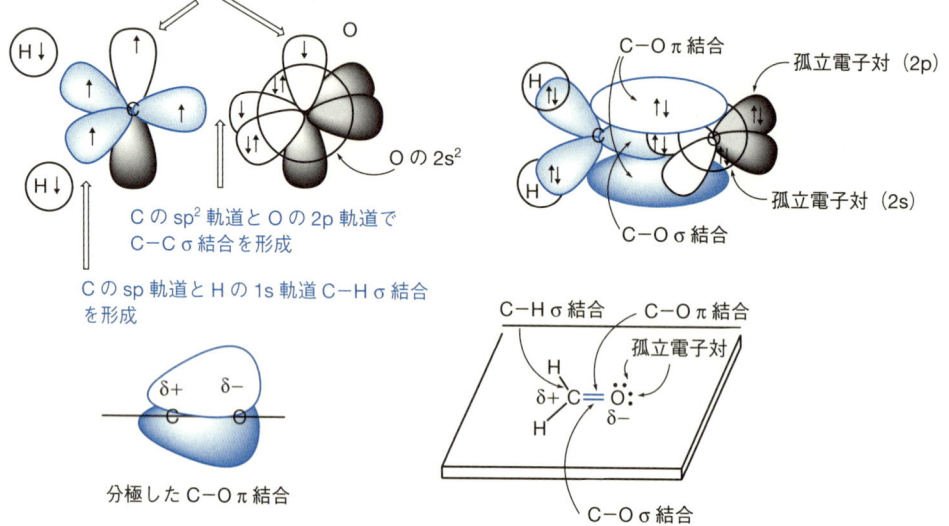

図 4・40 ホルムアルデヒド分子の形成．分極した C-O π 結合の形成．

C=C 二重結合も分極はしていない．しかし，C=O 二重結合は酸素原子の電気陰性のため C-O 単結合と同様，分極構造（$C^{\delta+}=O^{\delta-}$）をしている．C=O 二重結合の酸素原子が水素結合するのもこの分極に起因する（図 4・41）．

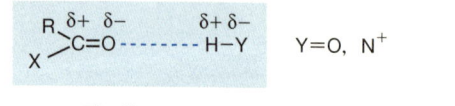

アルデヒド　X=H
ケトン　　　X=R（アルキル基）
カルボン酸　X=OH
アミド　　　X=NH₂

図 4・41 アルデヒド，ケトン，カルボン酸，アミドの C=O 極性二重結合と水素結合．

4・9・3 sp 混成軌道のつくり方と形

1 個の 2s 軌道と 1 個の 2p 軌道から 2 個の等価な sp 軌道ができる（図 4・42）．残りの 2 個の p 軌道はそのままである．4 個の価電子を最も電子間反発のない状態に置くには，まず 2 個の sp 軌道は 180° 開いた直線上に置く．ついで残りの 2 個の p 軌道を直線となった sp 軌道に対し垂直に，互いに 90° 開いて置くのが最も電子間反発が少ない．2 本の sp 軌道は別の炭素の

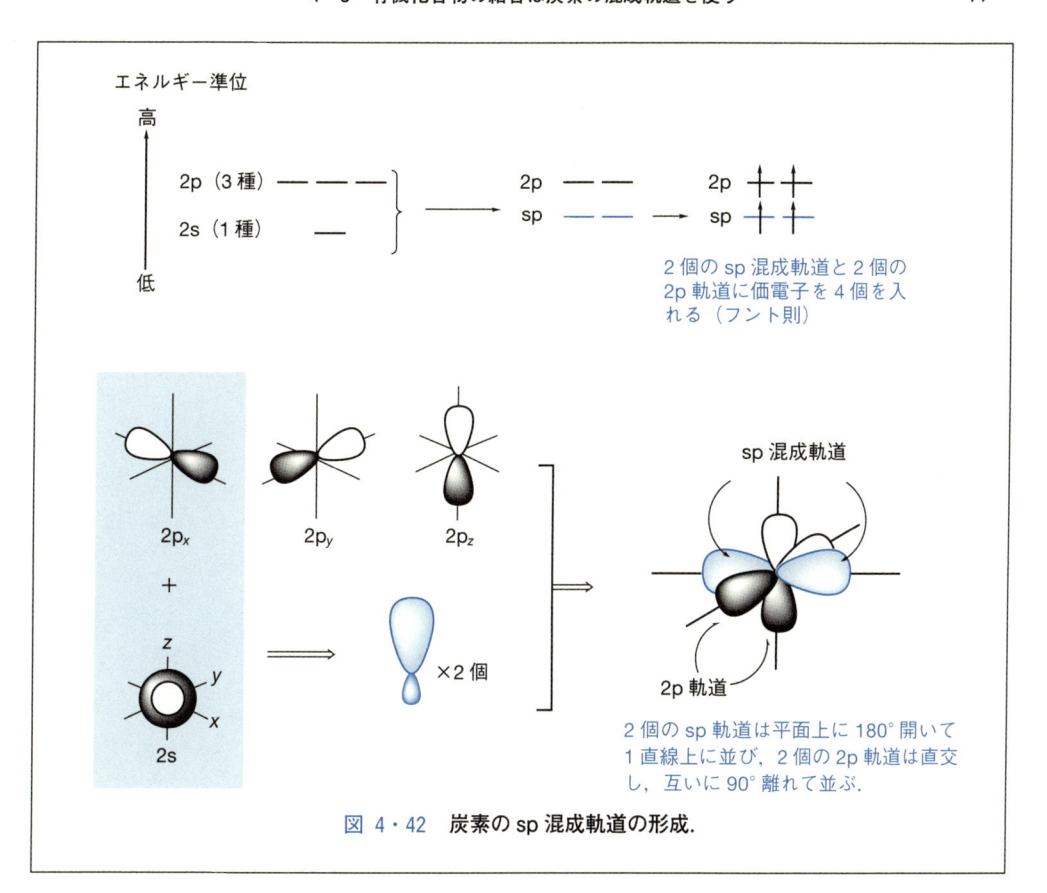

4・9 有機化合物の結合は炭素の混成軌道を使う　　77

図 4・42　炭素の sp 混成軌道の形成.

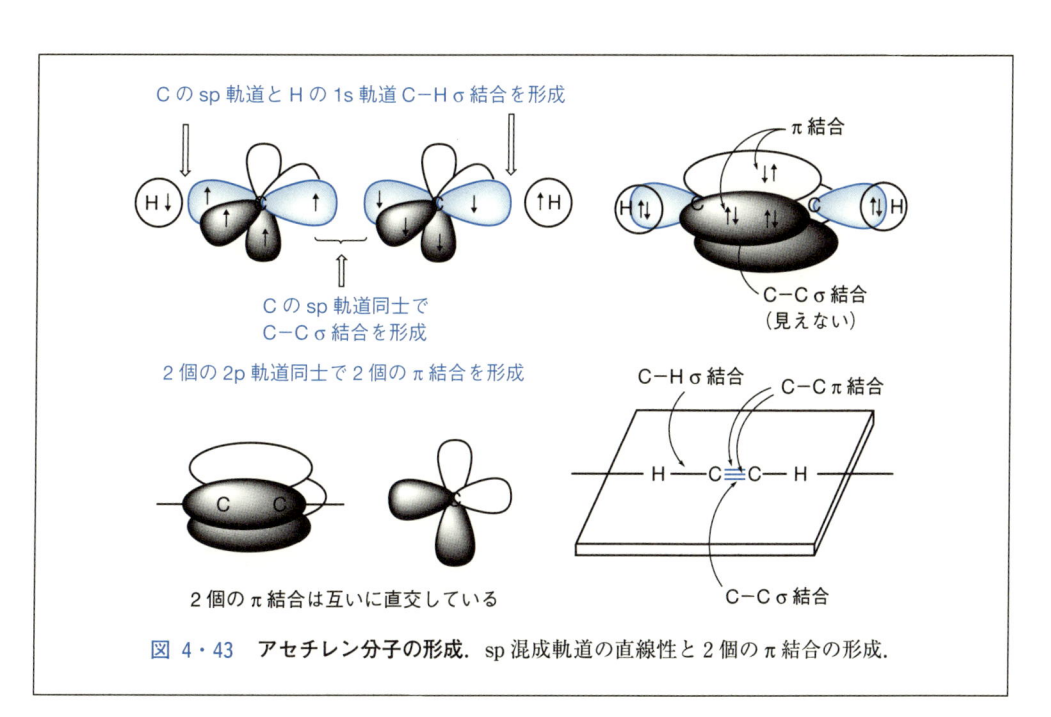

図 4・43　アセチレン分子の形成. sp 混成軌道の直線性と 2 個の π 結合の形成.

sp^3, sp^2, sp 軌道と σ 結合を形成する．sp 軌道をもつ炭素同士が同一直線上でその sp 軌道を重ねあわせて σ 結合を形成すると，二組の 2p 軌道同士が平行に並ぶと互いに直交する 2 対の π 結合ができあがる．残りの sp 軌道が 2 個の水素 1s と結合すると直線形のアセチレン分子ができあがる（図 4・43）．アセチレン分子をケクレ構造で書くと C≡C と書くが，1 本は σ 結合であり，2 本は π 結合である．

4・10 有機化合物には異性体がある

同一分子式をもっていても構造（結合の順序）や立体化学（3 次元的配列）が異なるものを**異性体**という．異性体は**構造異性体**と**立体異性体**に分類される．

4・10・1 構造異性体

分子式が同じでも構成原子の結合順序が異なるものを**構造異性体**とよぶ．構造異性体はまったく別な物質であり，物理的・化学的性質がまったく異なる（図 4・44）．

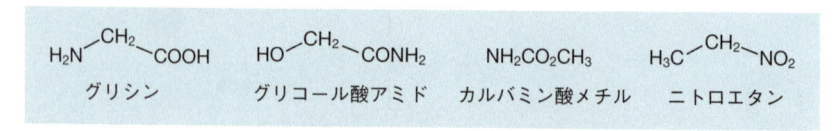

$H_2N\text{-}CH_2\text{-}COOH$ $HO\text{-}CH_2\text{-}CONH_2$ $NH_2CO_2CH_3$ $H_3C\text{-}CH_2\text{-}NO_2$
グリシン　　　　グリコール酸アミド　　カルバミン酸メチル　　ニトロエタン

図 4・44　分子式 $C_2H_5NO_2$ を有する構造異性体．

4・10・2 立体異性体：静的立体化学

原子の結合順序が同じだが空間的な配置が異なるものを**立体異性体**とよぶ．立体異性体には**鏡像異性体**（エナンチオマー）と**鏡像異性体でないもの**（ジアステレオマー）に分けられる．

a. 鏡像異性体とキラリティー　　四面体結合を形成する炭素（sp^3 混成炭素）が四つの異なる基（原子または原子団：官能基）と結合する場合，この炭素を**キラル炭素**（**不斉炭素**，もっと一般的には**キラル中心**）とよぶ（図 4・45 および図 4・11 参照）．キラル炭素をもつ化合物は右手と左手のように互いに鏡に映った関係にある鏡像異性体が存在しうる．右手と左手と同様に，鏡像異性体は互いに重ねあわせることができない．分子が右手と左手の関係（鏡像関係）になる性質のことを**キラリティー**という．鏡像異性体が存在しうる分子のことを**キラリティーがある**，あるいは**キラル分子**とよび，鏡像異性体が存在しない（書けない）分子を**アキラル分子**とよぶ．図 4・45 にキラルな L-酒石酸と D-酒石酸の構造を示す．

鏡像異性体は平面偏光に対して正反対の挙動を示す．光は"電磁波"の一種である（10 章参照）．通常の光は進行方向に対して垂直に，あらゆる方向で振動しているが，偏光子を通過した光はある方向にだけ振動する偏光となる．この光を**平面偏光**という．この平面偏光が一方の鏡像異性体の溶液を通過すると，振動方向（偏光面）が元の偏光にくらべてある方向に回転した平面偏光が出てくる．もう一方の鏡像異性体は偏光面を反対の方向に同じだけ回転させる．このような偏光面を回転させる性質を**旋光性**という．旋光性を示す化合物を**光学活性**という．互いに鏡像異性の関係にある化合物は物理的性質（融点，沸点，双極子モーメントなど）や化

学反応性はまったく同じであるが，偏光に対する挙動のみ正反対となる．キラル炭素を有していても鏡像異性体が存在しない（鏡像異性体が書けない）分子もある．メソ酒石酸は2個のキラル炭素をもつが，分子内に対称面があるため鏡像をつくることができない（図4・45）．このように2個以上のキラル中心をもつにもかかわらず分子内に対称面があるため鏡像異性体が存在しない化合物を**メソ化合物**とよぶ．

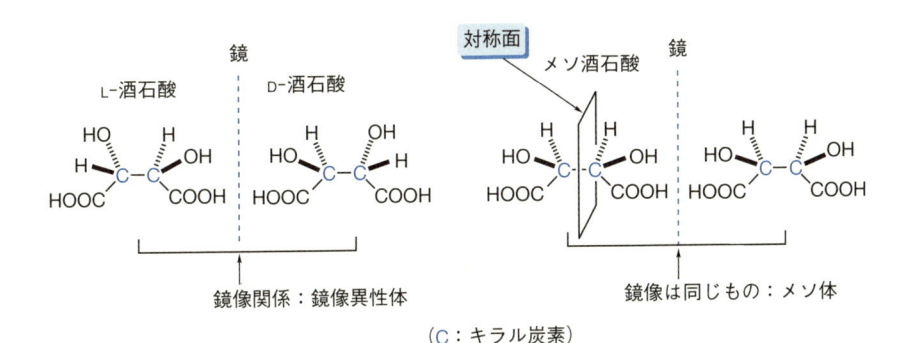

図 4・45　D,L-酒石酸とメソ酒石酸．キラル炭素（中心）があっても，分子内に対称面があれば鏡像異性体は存在しない．このような化合物をメソ体（化合物）とよぶ．D,L-酒石酸とメソ酒石酸は互いにジアステレオマーの関係にある．

キラル炭素がないにもかかわらず鏡像異性体が書ける（存在する）（キラルな）化合物もある．キラル炭素がなくても分子全体の形がキラルとなることを**分子不斉**とよぶ．分子不斉の例を図4・46に示す．

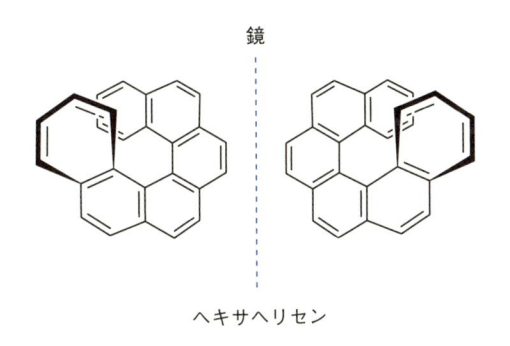

図 4・46　キラル中心をもたないキラル化合物：分子不斉．鏡の左右にあるものは互いに鏡像異性体の関係にある．

b. ジアステレオマー　メソ酒石酸と D-酒石酸あるいはメソ酒石酸と L-酒石酸の関係のように，鏡像異性の関係にない立体異性体を**ジアステレオマー**とよぶ（図4・45）．グルコースの α-アノマーと β-アノマー（図4・17）や，グルコースとガラクトースとマンノース（図4・19）も互いにジアステレオマーの関係にある．ジアステレオマー同士は鏡像異性体とは異なり，物性や化学的性質がまったく異なる．

C-C 二重結合を有する化合物や環状化合物にはシス/トランス異性体が存在しうる．"シス"は環の平面や二重結合の「同じ側」，"トランス"は「反対側」という意味である．シス/トラ

ンス異性体も広義のジアステレオマーである．シス，トランス異性体の例を図4・47に示す．

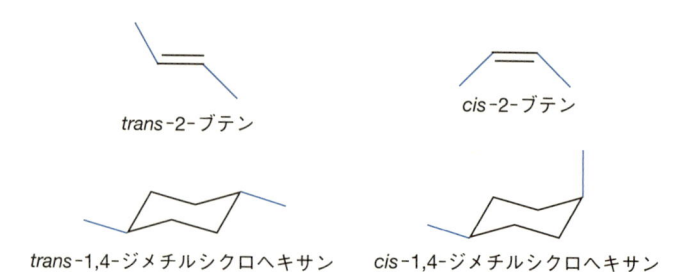

trans-2-ブテン   cis-2-ブテン

trans-1,4-ジメチルシクロヘキサン   cis-1,4-ジメチルシクロヘキサン

図 4・47　**ジアステレオマー**．アルケンや環状化合物のシス/トランス異性体もジアステレオマーとよばれる．

c. 動的立体化学　エタンやブタンのようなC–C単結合は通常室温では自由に回転している．図4・18に示したような環状グルコースやシクロヘキサン環も常に反転している．鎖状化合物の単結合の回転により生じる回転異性体（配座異性体：コンホーマー）や環状化合物の環の反転に関する立体配座（コンホメーション）については発展学習5で学ぶ．

4・11　生命は有機化合物の存在様式である

　自然界にはさまざまな元素がある．生命は自らの生存と子孫を残すためにきわめて多くの元素を必要としており，その数は天然に存在しているすべての元素の1/3以上と考えられている．しかし，「生命が一体，何種類の元素を必要としているのか」については，まだよくわかってはいない．

　元素を構成する原子の大部分は，イオンや分子などの化学物質として存在している．生命を構成する主な化学物質である有機化合物は，Cを主体とした分子である．Cは無限の分子形成能力，共有結合形成能力をもち，限りない種類の有機化合物の形成が可能である．このような可能性により，有機化合物には低分子量のものから高分子量に至るさまざまなものがある．生命の主要な成分である核酸，タンパク質，多糖類は，高分子有機化合物である．主要な低分子有機化合物としては，高分子有機化合物の構成単位であるヌクレオシド，アミノ酸，単糖類などがある．また，脂質やビタミン類，補酵素，情報伝達物質などのさまざまな生理活性物質には，低分子量のものが多い．一個体を形成する遺伝子の総数（ゲノムという）がつくり出すタンパク質のすべての種類がわかっても生命は理解できない．タンパク質だけでなく，さらに多糖類や，脂質が加わっても生命というシステムはできあがらない．生命は有機化合物を主体として構築されたシステムで，自己組織能を備えており，しかも高度に統御されたシステムである．これを"超分子システム"という．このシステムはエネルギーも物質も不断の出入りがある系であり，このエネルギーや物質の流れは高度に統御されることにより恒常性を維持し，自己複製を行っている．生命とは「有機化合物の存在様式である」といっても過言ではない．

　バイオサイエンスの究極目標のひとつは，「生命とはいかなるものか，どこからやってきて，

どこに向かうのかを追求していくこと」である．ヒトゲノム遺伝子の総数約 2 万 2 千個は，ハエの遺伝子の 1 万 3 千個や，1 千個程度の細胞からしかできていない線虫の 1 万 8 千個と比較しても大差はないといえる．しかも，その線虫の遺伝子の約 40％がヒトの遺伝子と構造と機能が類似したものといわれている．現在知られている化学物質からでは，ヒト，ハエ，線虫の相違を明確に理解するのは難しい．現在知られている生物種は約 150 万種であるが，地球上にいる生物の種類はこの 10 倍～100 倍と見積もられている．生命を構成する化学物質についてはまだわからないことのほうが多いのが事実ではないだろうか．いまわれわれが人工的につくりだしている化学物質も，実は生物がつくり出している可能性もある．有機化合物をはじめとする化学物質を探索し，その化学的性質を調べることは，地味ではあるが生命の理解に重要である．

基本問題

4・1　有機化合物に関する文章として，下記のうち不適当なものはどれか．
　i）炭素を骨格とする化合物を有機化合物という．
　ii）炭素同士の共有結合は容易に形成するので，無限の種類の化合物ができる．
　iii）有機化合物中の炭素の原子価は，2 と 4 である．

4・2　以下の有機化合物の構造式を書き，それらが直線構造，平面構造，四面体構造のどれにあたるのかをいえ．
　i）CH_4
　ii）C_2H_4
　iii）C_2H_2

4・3　炭素同士の結合をしている炭素の数が 5 のとき，考えられる炭素同士のつながり方がいくつあるかいえ．炭素の数が 4 のときを例として以下に示した．

5

生体分子の溶解とその溶液

> 生命に最も多く含まれる分子は水であり,水の中に溶けた生体分子の反応が,生命現象のもとになっている.本章では,**「物質が水に溶解するとはどのようなことか?」**,**「水溶液はどのような性質を示すのか?」**という2点を疑問として,生体物質の溶解と水溶液の性質について学ぼう.

5・1 細胞は液体状態である

5・1・1 血漿と血液

代表的な体液である血液は,液体成分(血漿)と細胞成分(赤血球,白血球,リンパ球,血小板など)からなる.血液の重量の55%を占める血漿は,水の中に低分子イオンやアルブミン,免疫グロブリン,フィブリノーゲンなどのタンパク質が溶けたものである.Na^+やCl^-,あるいはHCO_3^-,HPO_4^{2-},$H_2PO_4^-$などの低分子イオンは,水全体にわたり均一に分子のレベルで分散している(図5・1(a)).このような現象を**溶解**といい,均一な液全体を**溶液**という.また,これら低分子イオンを溶解する水を**溶媒**,溶解している低分子イオンを**溶質**という[*1].

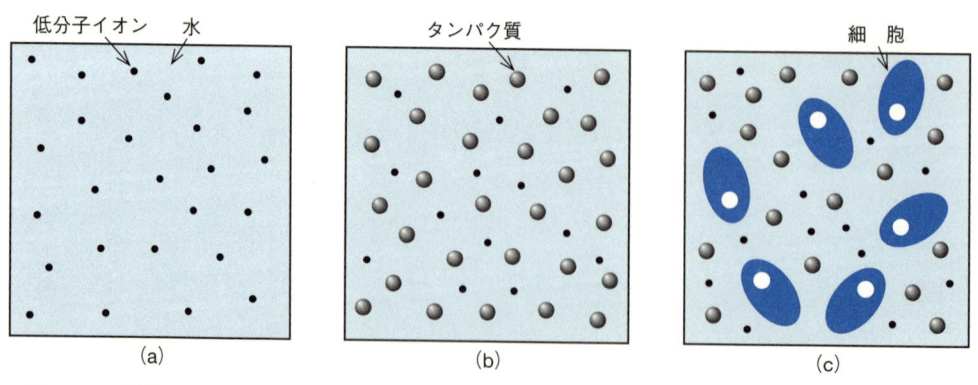

図5・1 **溶液と血漿,血液**. (a) 溶液には低分子や低分子イオンなどが均一に分布, (b) 血漿にはタンパク質が均一に分布, (c) 血液中には細胞(赤血球など)が分散.

[*1] 溶液,溶媒,溶質の英語名称は,それぞれ solution, solvent, solute である.

5・1 細胞は液体状態である

　この低分子イオンの溶液はほぼ中性付近の pH を示し，血漿はこの溶液中にアルブミンなどのタンパク質が分子のレベルで溶解したものである（図 5・1(b)）．しかしながら，タンパク質は低分子イオンの数十倍以上の大きさをもち，溶液中での拡散速度は遅く，セロハンなどの半透膜を透過しない．これらから，タンパク質はコロイド粒子に分類されるので，血漿は一種の**コロイド溶液**である．しかしながら，コロイド粒子の大きさの範囲は広く，タンパク質は最も小さなものなので，本書では低分子溶液に準ずるものとして扱い，タンパク質溶液とよぶことにする．これに対し血液は，この血漿にタンパク質よりもはるかに大きな赤血球や白血球が分散したものである（図 5・1(c)）．このような液全体を**懸濁液**という．細胞質は，細胞質ゾルという溶液に細胞内小器官が不均一に分散した懸濁液ということもできる．このように，分子よりも大きな状態で分散したものを**粗大分散系**といい，水のように物質を分散させるものを**分散媒**，細胞のように分散しているものを**分散質**とよぶ．気体と液体を分散媒とする粗大分散系を表 5・1 にまとめた．コロイド溶液はゾルともよばれ，液体に固体が分散したもの，すな

表 5・1 粗大分散系

分散媒	分散質の状態	分散系の名称	例
気体	液体	煙霧質（エーロゾル）	霧，雲
	固体		煙，粉塵
液体	気体	泡沫（フォーム）	泡
	液体	乳濁液（エマルション）	牛乳，免疫用抗原
	固体	懸濁液（サスペンション）	血液，墨汁

わち，懸濁液の仲間に分類されている．
　表 5・2 は，血漿に含まれる各成分の濃度を示したものである．濃度とは溶液中に存在する

表 5・2 ヒト血漿の主な構成成分の濃度

低分子イオン			
陽イオン	濃度 (mmol/l)	陰イオン	濃度 (mmol/l)
Na^+	153	Cl^-	103
K^+	5	HCO_3^-	27
Ca^{2+}	3	HPO_4^{2-}, $H_2PO_4^-$	2
		SO_4^{2-}	1
低分子非電解質	濃度 (mmol/l)	低分子非電解質	濃度 (mmol/l)
糖	5	尿素	7
タンパク質	濃度 (mg/ml)	タンパク質	濃度 (mg/ml)
アルブミン	40	フィブリノーゲン	3.0
α_1-リポタンパク質	3.5	免疫グロブリン（IgG）	12
α_2-マクログロブリン	2.5	免疫グロブリン（IgA）	2.4
トランスフェリン	3.0	免疫グロブリン（IgM）	1.3
β_2-リポタンパク質	5.5		

特定の溶質の割合で，表5・3のようにいろいろな表し方がある．表5・2では，低分子物質はモル濃度（mol/l），タンパク質は質量濃度（mg/ml）で示されている[*1]．また，微量成分の濃度は 10^{-3}, 10^{-6}, 10^{-9}, 10^{-12} mol/l という値になることも多く，これらは，それぞれ m（ミリ），μ（マイクロ），n（ナノ），p（ピコ）mol/l と表現される．

表 5・3　溶液中の溶質濃度の表し方

濃度の種類	濃度の求め方	単 位
質量分率[†]	$\dfrac{w_B}{w_A+w_B}$	—
モル分率	$\dfrac{n_B}{n_A+n_B}$	—
質量モル濃度	$\dfrac{n_B}{W_A}$	mol/kg
モル濃度	$\dfrac{n_B}{V}$	mol/l
質量濃度	$\dfrac{W_B}{V}$	kg/l (mg/ml)

W_A, w_A, W_B, w_B はそれぞれ，溶媒の質量（kg），溶媒の質量（g），溶質の質量（kg），溶質の質量（g）を示す．n_A と n_B はそれぞれ溶媒と溶質の物質量（mol），V は溶液の体積（l）を示す．
† 質量分率に100を乗じた質量パーセント（百分率）がよく用いられる．

5・1・2　細 胞 膜

図 5・2 は，生命の基本単位である細胞における生体分子の分布を示したものである．核の中には，遺伝情報を担っている核酸 DNA や，DNA の複製や RNA の転写制御に関与している

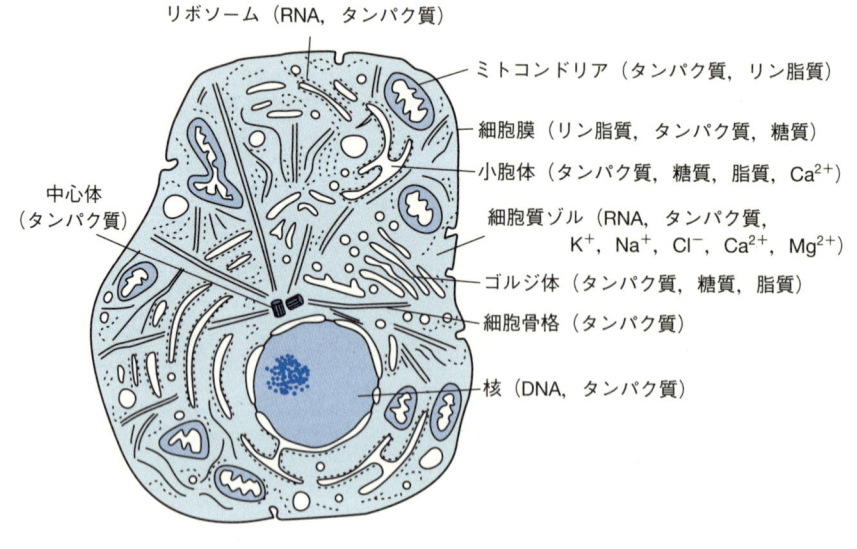

図 5・2　細胞と生体分子．

[*1] リットルの表記には，l のほかにも L や dm³ が用いられる．

5・1 細胞は液体状態である

タンパク質が存在する．細胞質全体は**細胞質ゾル**という液体で満たされ，その中にミトコンドリア，小胞体などの細胞内小器官（オルガネラ）やアクチン線維，微小管といった細胞骨格が存在する．この細胞質ゾルには，物質代謝や生体分子の合成に関与する酵素などのタンパク質や低分子イオンが含まれている．細胞質ゾルと細胞のまわりに存在する細胞外液とよばれる液体とのしきりの役割をはたしているのが**細胞膜**である．細胞膜は，主にリン脂質から構成されている．リン脂質は，一端が非極性で他端が負の電荷を帯びた極性の棒状分子であり，すでに図4・25に示したように，極性の端を外側に，非極性の端を内側にした二重の層（リン脂質二重層）を形成している．これは，**液晶**とよばれる液体の状態で[*1]，膜内のタンパク質分子は比較的自由に動き回ることが可能である．これらの分子の動きは，細胞膜の内側（細胞質側）のタンパ

話題7

細胞膜における水の出入りを調節するアクアポリン

　細胞膜上での水の出入りを考えてみよう．アクアポリンⅠ（図1）の分子モデルをもとに，その機構を説明しよう．細胞膜は，棒状のリン脂質分子から構成されている．この分子の一端は負の電荷をもっているため水になじむ性質をもっており，他端は水をはじく性質をもっている．このため，リン脂質分子は負の端を外側に，他端を内側とする二重層を形成し，水をはじく性質をもっている．アクアポリンⅠは，この細胞膜を貫通する六つのペプチド（ヘリックス構造）からできており，中央に穴（最も狭い部分で3Å）が存在する（a）．水分子の大きさは2.8Åなので，この穴をちょうど通過できる．水素イオンは水素結合により水分子と水和している状態で存在しているが，この結合はペプチド中のアミノ酸残基の正の電荷のために切断される．すなわち，水分子のみが通過し，水素イオンは通過しない（b）．これが，水をはじく性質をもつ細胞膜が，水分子のみを巧妙に通過させるしくみである．

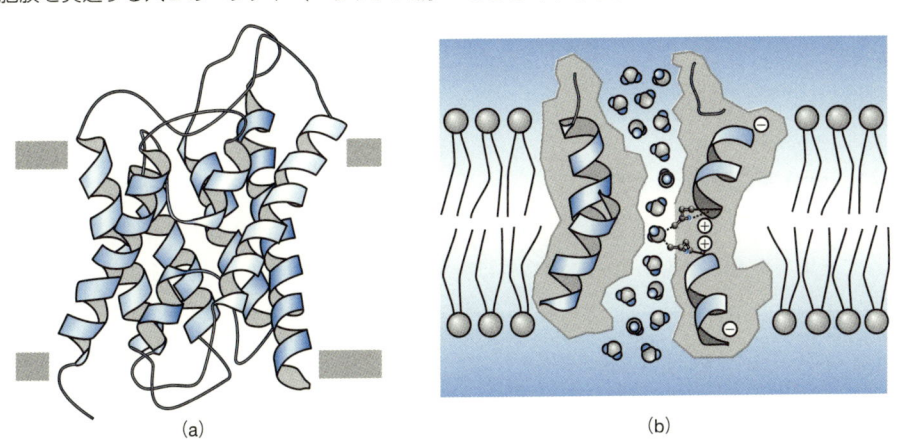

図1　アクアポリンの分子モデル（a）と水分子を通過させるしくみ（b）．（図は京都大学大学院理学研究科　藤吉好則教授のご好意による．）

[*1] 規則的な分子の配列をとる結晶と構造に規則性のない液体は，方向による物理・化学的性質の相違の存在によって区別される．液晶とは，結晶のように規則的な分子配列をもつ液体のことである．

ク質や外側（細胞外）の糖と結合することにより制限されており，その動きの制御が生命現象にとって重要なものとなっている．

液晶には，ネマチック液晶，スメクチック液晶，コレステリック液晶，ディスコチック液晶の4種類に分類される．このうちの2種類を図5・3に示した．スメクチック液晶は，ラテン語のセッケンに由来する名称で，細胞膜のリン脂質二重層はこの液晶の代表的なものである．一方，技術革新のめざましい液晶パネルには，主としてネマチック液晶が使われている．

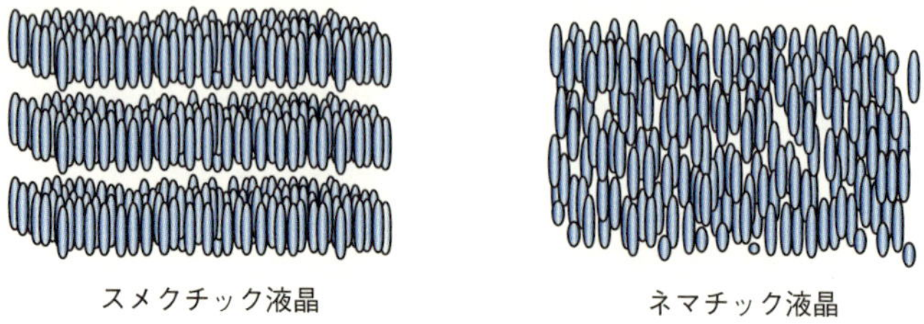

スメクチック液晶　　　　　ネマチック液晶

図5・3　液晶の種類．

このように，生命の基本単位である細胞は，いろいろな生体分子を含む水溶液が液晶につつまれたもの，すなわち液体状態とみなすことができる．水の中に存在する生体分子の大きさは多様で，各分子の存在量もさまざまである．この液体状態である細胞にとって，細胞膜は大変重要な役割をはたしており，さまざまなしくみによって，生体分子の出入りが調節されている．水の出入りも調節されており，これには"アクアポリン"とよばれる特別なタンパク質がその役割を担っている（話題5参照）．

5・2　水は生命にとって不可欠な分子である

水はなぜ生命にとって重要な分子となりえたのだろうか．本節では，水の状態と物質を溶かす性質について学ぼう．

5・2・1　水分子の不思議な性質

水は地球上にごくありふれた分子であり，生命を構成する分子の70％を占める．しかし，きわめて不思議な分子でもある．この性質は，電気的に中性なこの分子のH原子とO原子が，

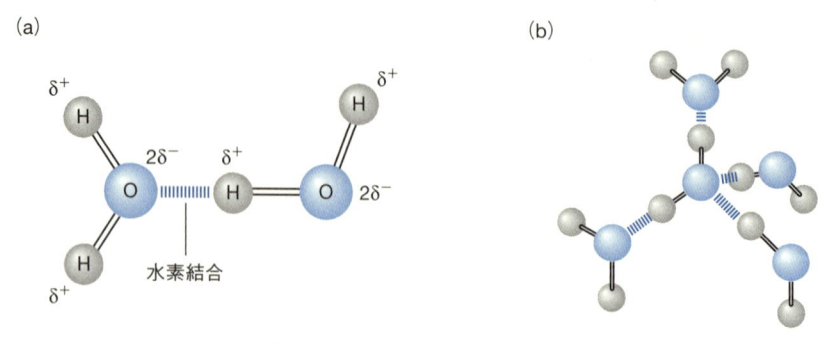

(a)　　　　　　　　　　　　　　　　(b)

水素結合

図5・4　水分子の極性と構造．

それぞれ部分的に正と負に荷電していることに起因する．これを**極性**といい，両原子の部分的な荷電を $\delta+$，$\delta-$ と表す．この極性により，水素原子を介した水分子相互の結合（**水素結合**）が起こり，分子量の大きな分子のような性質をもつのである（図5・4）．

物質の状態は，分子の運動と分子間相互作用のかねあいで決まる．一般に，分子量の小さな分子は，速い運動速度をもつが分子間相互作用は小さいので，気体である場合が多い．これに対して，分子量の大きな分子は液体や固体である場合が多い．分子量が18という低分子である水は，図5・4(b)に示した性質のために，常温（25℃）では液体である．そして，この液体状態の水が，地球上の生命を育んだのである．

5・2・2 溶媒としての水の性質

では，液体状態の水のどのような性質が生命を生み出せたのだろうか．

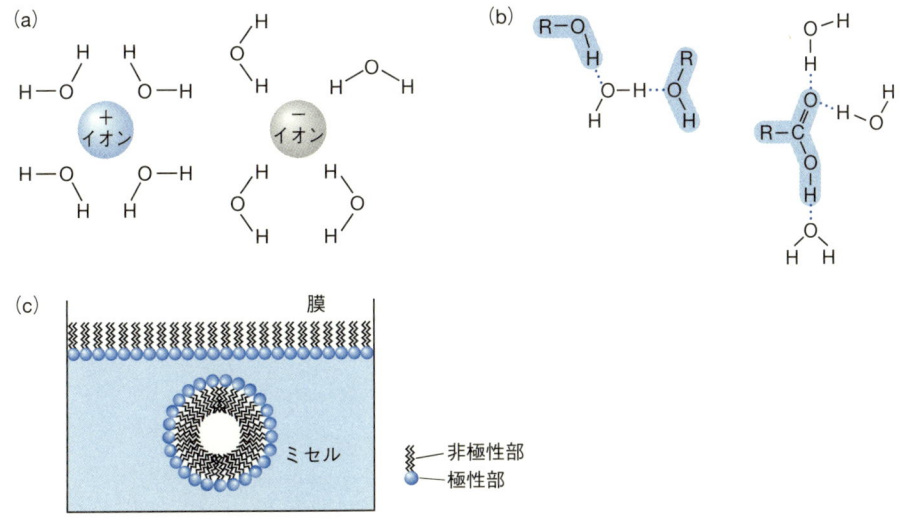

溶解とは物質が分子やイオンのレベルで分散し，その分布が水全体にわたって均一であることである．水の溶媒としての性質を図5・5に示した．陽イオンの場合にはO原子を，陰イオンの場合にはH原子を介して相互作用することにより，これらイオン間にはたらく静電的相互作用を弱め，これらのイオンの存在を安定化する．これをイオンの**水和**という（図5・5(a)）．O原子やH原子を含むアルコールやカルボン酸などの有機化合物の場合は，水分子がこれらの分子と水素結合することにより，分子レベルでの均一な分散を助ける．したがって，これらの基をもつタンパク質などの生体分子をよく溶解させる（図5・5(b)）．また，リン脂質のような極性部と非極性部をもつ分子に対しては，水の中あるいは表面において**ミセル**や**膜**を形成する（図5・5(c)）．ミセルは水に溶けない物質とこの分子の極性の低い部分がともに水から遠ざかろうとするために生じる疎水性相互作用により形成される（図3・10参照）．前述の細胞膜の**リン脂質二重層**（図4・25参照）は，リン脂質の非極性部がお互いに向かいあって並んだ

図5・5　溶媒としての水の性質．(a) イオンとの水和，(b) 有機分子との水素結合，(c) ミセルおよび膜の形成．(b) のRはアルキル基を示す．

ものであり，これも疎水性相互作用の結果である．

以上述べたように，水は常温において液体であり，低分子イオンも極性のある有機化合物もよく溶解させることが，生命のもとになった理由であるということができる．

5・3　溶液の性質にとって溶質の濃度は重要である

物質の溶解性は，どのように表すと便利なのだろうか．また，溶解する物質の量や分子の大きさによって溶液の性質はどのように変化するのだろうか．本節では，物質の溶解性の表し方と水溶液の性質を中心に学ぼう．

5・3・1　溶解度と溶解度積

水に溶けやすい物質の溶解性は，通常，100 g の水に溶解しうる物質の質量で表される．これを**溶解度**という．これに対し，水に溶けにくい塩の場合に用いられるのが**溶解度積**である．塩 BA の溶解（(5・1)式）を例にとろう．

$$BA \longrightarrow B^+ + A^- \tag{5・1}$$

溶解度は 100 g の水に溶ける BA の質量であるのに対し，溶解度積 K_{sp} は，(5・2)式のように塩を構成するイオン濃度の積で表される．

$$K_{sp} = [B^+][A^-] \tag{5・2}$$

表 5・4 に，主なカルシウム塩とバリウム塩の溶解性を示した．溶解度積の理解を深めるた

表 5・4　主なカルシウム塩の溶解度と溶解度積

カルシウム塩	溶解度（g / 100 g 水）	溶解度積（$(mol/l)^2$）
$CaCl_2$	45.3	—
$CaSO_4$	—	2.4×10^{-5}
$CaCO_3$	—	4.7×10^{-9}
$BaCl_2$	27.1	—
$BaSO_4$	—	9.4×10^{-11}
$BaCO_3$	—	8.1×10^{-9}

めに，溶解度積と溶解度の関係を確かめよう．

例題 5・1　$CaCl_2$ の飽和溶液の質量モル濃度を求めよ．また，$CaCO_3$ の溶解度積から溶解度を求めよ．

解　表 5・4 より，$CaCl_2$ は 1 kg の水に対して 453 g 溶解するので，質量モル濃度 m_B は，

$$m_B = \frac{453}{111} \text{mol/kg} = 4.08 \text{ mol/kg}$$

$CaCO_3$ 飽和溶液の濃度を x とすると，

$$K_{sp} = [Ca^{2+}][CO_3^{2-}] = 4.7 \times 10^{-9} \text{mol}^2/\text{l}^2 = x^2$$

と書ける（表 5・4）．したがって，

$$x = 7 \times 10^{-5} \text{mol/l} = 7 \times 10^{-5} \times 100 \text{ g/l} = 7 \text{ mg/l} = 0.7 \text{ mg/100 ml}$$

溶解度積は，水に溶けにくい物質の溶解性を表すのに便利なだけだろうか．例題 5・2 を考えてみよう．

例題 5・2 純水と 1 mmol/l $BaCl_2$ 溶液に対する $BaSO_4$ の溶解性を比較せよ．

解 純水と $BaCl_2$ 溶液に溶解する $BaSO_4$ の濃度を，それぞれ x, y とする．表 5・4 より，
$$[Ba^{2+}][SO_4^{2-}] = x^2 = 9.4 \times 10^{-11} \text{mol}^2/\text{l}^2 \qquad x = 9.7 \times 10^{-6} \text{mol/l}$$
$$[Ba^{2+}][SO_4^{2-}] = (1 \times 10^{-3} \text{mol/l} + y)y = 9.4 \times 10^{-11} \text{mol}^2/\text{l}^2$$
明らかに $y < 10^{-3}$ なので，
$$1 \times 10^{-3} \times y = 9.4 \times 10^{-11} \text{mol/l} \qquad y = 9.4 \times 10^{-8} \text{mol/l}$$
すなわち，1 mmol/l $BaCl_2$ 溶液に対する溶解性は，純水の約 1% である．

易溶性の $BaCl_2$ が存在するために，難溶性の $BaSO_4$ がますます溶けにくくなる現象は**共通イオン効果**とよばれる．このように，陽イオンあるいは陰イオンが共通な塩の溶解性を論じる場合に，溶解度積は大変便利である．

5・3・2 溶液中の溶質分子の数と濃度の表記

水溶液の性質に与える溶質の分子数の影響を考えるまえに，表 5・3 に示した各濃度と溶液中の溶質の分子数との関連をみてみよう．実験においては，ピペットやシリンダーを用いて一定量の溶液をとることが多いため，溶液の体積あたりの溶質の物質量や質量で表すモル濃度や質量濃度は便利である．しかし，溶液の体積は，水に溶ける物質の量によって変化し，しかも物質によってその変化の程度が異なるので，これらは溶質の分子数の議論に不適当である．表 5・3 から明らかなように全分子数に対する溶質の分子数を最も精確に反映しているのは，**モル分率**である．では，**質量分率**や**質量モル濃度**はどうだろうか．

例題 5・3 分子量 50 の溶質分子の質量分率 1% の溶液がある．この溶液の質量モル濃度 m_B とモル分率 x_B を求めよ．また，溶媒分子数に対して溶質分子数が無視できるとして，モル分率を計算せよ．さらに，このモル分率と質量モル濃度との関係を求めよ．ただし，水の分子量を 18 として計算せよ．

解
$$\text{質量分率} = \left(\frac{w_B}{w_A + w_B}\right) \times 100 = 1$$
より，$w_A = 990 \text{ g}$, $w_B = 10 \text{ g}$ の溶液として，以下の濃度を求めよう．
$$m_B = \frac{n_B}{W_A} = \frac{n_B}{w_A/1000} = \frac{10/50}{990/1000} = 0.202$$
$$x_B = \frac{n_B}{n_A + n_B} = \frac{0.200}{(990/18) + 0.200} = \frac{0.200}{55.0 + 0.200} = 0.00362$$
溶質分子数が十分小さいときには，$n_A + n_B = n_A$ なので，x_B は，
$$x_B = \frac{n_B}{n_A} = \frac{0.200}{55.0} = 0.00364 = \frac{18 \times m_B}{1000}$$
と書ける．

この例題からわかるように，溶質分子数が十分小さい条件下では，モル分率 x_B と質量モル濃度 m_B は比例する．

$$x_B = \left(\frac{M_A}{1000}\right) \times m_B \tag{5・3}$$

ここで M_A は溶媒の分子量である．

5・3・3　溶質分子の数と溶液の蒸気圧降下，凝固点降下，沸点上昇，浸透圧

ある物質系においてその一部が物理的・化学的に均一の性質を示すとき，その部分を**相**という．氷水の入った容器を例にとると，ここには，氷(固相)，水(液相)，水蒸気(気相) という三つの相が存在する．図 5・6 は，水(実線)と水溶液(破線)の状態変化を模式的に示したものである．まず，水をみてみよう．A, B, C の三つの線が 1 点に介する点 D を**三重点**というが，ここでは三つの相が共存しうる．線 A，線 B，線 C はそれぞれ，気相と液相，液相と固相，気相と固相の平衡を示している．気体と液体が平衡にあるときの圧力を**水蒸気圧**というので，線 A は水蒸気圧を示している．また，1 気圧のときの線 A と線 B 上の点 T_b と T_f は，水の**沸点**と**凝固点**である．

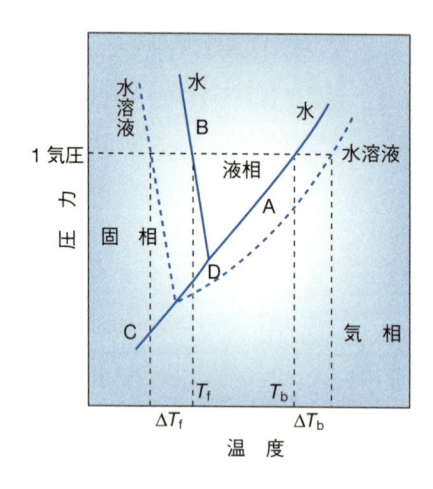

図 5・6　水と水溶液の状態変化．模式的に示したもので，温度と圧力の表示は任意．

水の状態変化と不揮発性の溶質が溶解した水溶液の状態変化と比較してみよう．同一温度のとき，実線が常に上にある．すなわち，水の蒸気圧に比べて，水溶液の蒸気圧は降下する．この降下の割合は，溶液中に存在する溶質分子の割合に依存する．水と水溶液の蒸気圧をそれぞれ P_A° と P_A，溶質のモル分率を x_B とすると，**蒸気圧降下**は (5・4)式で表される．

$$蒸気圧降下 = \frac{P_A^\circ - P_A}{P_A^\circ} = x_B \tag{5・4}$$

水溶液の沸点は水に比して上昇する．これを**沸点上昇**という．沸点上昇を ΔT_b で示すと，

$$\Delta T_b = K_b m_B \quad (K_b：モル沸点上昇定数) \tag{5・5}$$

の関係がある．一方，凝固点は ΔT_f だけ降下する．これを**凝固点降下**という．ΔT_f と質量モル濃度の間には，

$$\Delta T_\mathrm{f} = K_\mathrm{f} m_\mathrm{B} \quad (K_\mathrm{f}: \text{モル凝固点降下定数}) \tag{5・6}$$

の関係がある．なお，水の K_f と K_b は 1.86 ℃ と 0.51 ℃ である．

(5・3)式をみれば，(5・4)式と(5・5)，(5・6)式がいずれも，**溶液の蒸気圧降下，沸点上昇，凝固点降下は，溶液中の溶質分子の数に依存する**ことを示していることが理解できるだろう．

セロハン膜や生体膜は，水分子は通過できるが溶質分子は通さない．このような膜を**半透膜**という．半透膜を隔てて溶液と純水が接していると，純水から溶液側に水が移動する．これを**浸透**という．この浸透を抑えるために溶液側に加える圧力を**浸透圧**という．この溶液の浸透圧 $\varPi$ は溶質の数（粒子数）に依存し[*1]，**ファント ホッフの法則**にしたがう．

$$\varPi V = n_\mathrm{B} R T \tag{5・7}$$

ここで V，T，R はそれぞれ溶液の体積，濃度，気体定数を示す．なお，R については 5・4・1 節で述べる．(5・7)式はモル濃度 c_B を用いて (5・8)式のように書き換えることもできる．

$$\varPi = c_\mathrm{B} R T \tag{5・8}$$

$\varPi$ を気体の圧力 P に置き換えると，(5・7)式は理想気体の状態方程式（後述）と同一の式になる．

5・4 気体の性質は希薄溶液のモデルになる

浸透圧の式は気体の状態方程式ときわめて類似している．この節では，気体の状態方程式を学ぼう．

5・4・1 理想気体

分子間の相互作用のない気体，すなわち理想気体を考える．気体の挙動は，圧力 P，体積 V，温度 T で記述される．このもとになるのが，1660 年に見いだされた**ボイルの法則**，

$$PV = \text{一定} \quad (T \text{が一定の条件下}) \tag{5・9}$$

と 1777 年に見いだされた**シャルルの法則**，

$$V = k_\mathrm{C} T \quad (P \text{が一定の条件下}) \tag{5・10}$$

の二つである．ここで，T（単位は K）は絶対温度で，セルシウス温度（℃）+273 である．一方，ゲイ リュサックはこの二つの法則の関係を考えて実験を行い，

$$P = k_\mathrm{G} T \quad (V \text{が一定の条件下}) \tag{5・11}$$

という**ゲイ リュサックの法則**を見いだした．これらの法則から，P と V の積は T に比例するという理想気体の式が導かれる．この式は，1 mol のときの比例定数を R（気体定数とよぶ）として，n mol の気体に対し，

$$PV = nRT \tag{5・12}$$

と表される．R に温度を乗じるとエネルギーの単位になり，その大きさは 8.32 J/K mol である．圧力を気圧（atm），体積をリットル（l）で示すと，0.082 atm l/K mol である．この理想気体の状態方程式は，個々の分子の運動から求めることができる（発展学習 6 参照）．

[*1] 溶質の数は，非電解質ではその物質量（単位は mol），電解質では解離した陽イオンと陰イオンの物質量の和に等しい．

5・4・2 実在気体

実在の気体の場合には，分子間相互作用も存在するし，体積に比べて気体分子の占める空間も無視できない．そこで，**ファン デル ワールス**は以下のような補正を考えた．気体の分子間引力は濃度 (n/V) に依存して増大し，分子間相互作用による圧力 P の減少分を $P + a(n/V)^2$ と補正した．また，容積 V は気体分子の存在しうる空間と考えて，V を $V - nb$ と補正した．その結果，以下の**状態方程式**を提案した（1873 年）．

$$\left(P + \frac{an^2}{V^2}\right)(V - nb) = nRT \qquad (5 \cdot 10)$$

(5・10)式は，(5・11)式のように変形してももちいられる．

$$P = \left(\frac{nRT}{V - nb}\right) - a\left(\frac{n^2}{V^2}\right) \qquad (5 \cdot 11)$$

本式中の a と b は**ファン デル ワールス定数**とよばれ，実験結果にあうように決められたものである．

P がきわめて小さいときは，分子間相互作用も気体の占める体積も無視しうるので，実在気体の性質は理想気体の式で説明することができる．溶液の場合にも，溶質の濃度が低いとき，すなわち，希薄溶液のときには，理想気体をもとに誘導された式が有効である．

5・5 溶液の性質は生命現象を理解する鍵となる

生命において，溶液の凝固点降下や浸透圧に重要な役割をはたしているのはどんな分子であろうか．また，タンパク質などの高分子は，溶液中ではどんな形をとっているのであろうか．この節では，生命と水溶液について考えてみよう．

5・5・1 細胞内液の凝固と浸透圧

液体状態にある生命にとって，細胞内液の凝固は死を意味する．そのため，極寒の地に生きる生命は，細胞内の水の凝固を防ぐしくみを備えている．レンゲツツジは気温が水の凍結点をはるかに下回る環境の中で冬を越し，春になると花を咲かせる．NMR（核磁気共鳴）顕微鏡[*1]は，固体状態の水の像はとらえないので，液体状態の水を画像として観察することができる．図 5・7 は，この NMR 顕微鏡を用いて，レンゲツツジ花芽の凍結の有無を観察したものである．+1 ℃ では，液体状態にある花芽の各器官の水が観察される（図 5・7(a)）．翌春の開花に必要な小花に注目してみよう．花芽の凍結は −7 ℃ で開始しているが，小花は −21 ℃ でも凍結しない（図 5・7(b)）．この凍結を免れる機構には，小花の水に溶解している溶質の影響は大きくなく，開花に必要でない外側の組織が凍結する器官外凍結が大きく関係している．小花の水に溶質が溶けていても凝固点は低くならないのだろうか．血清アルブミンをはじめとするタンパク質が多量に溶解し，その濃度が 60 mg/ml 以上に達するヒト血漿を例に考えてみよう．

[*1] 医学的診断にもちいられる MRI と同じ原理のものである．

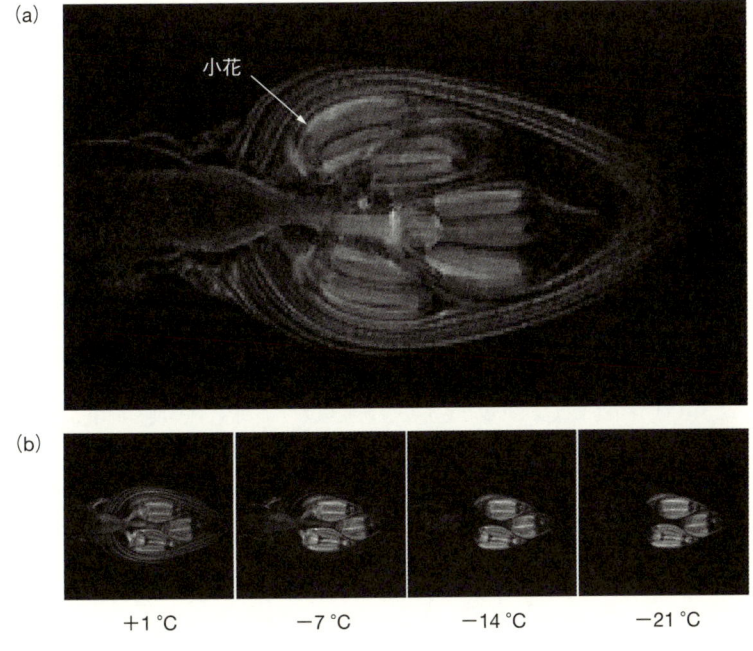

図 5・7 植物花芽の凍結の NMR イメージング．(a) レンゲツツジ花芽の NMR イメージング（測定温度は +1 ℃），(b) レンゲツツジ花芽の凍結の NMR イメージング．白く見えるところが各器官に存在する水を示している．写真は独立行政法人農業資源研究所 石川雅也博士のご好意による．

例題 5・4 血漿に含まれるタンパク質濃度を 68 mg/ml (g/kg) とし，しかもそのすべてが分子量 68 000 のアルブミンであるとして，血漿の凝固点を計算せよ．もし，分子量 68 の物質の 68 mg/ml 溶液であるとしたらどうなるか．K_f は 1.86 ℃ として求めよ．

解 アルブミンの質量モル濃度を計算しよう．

$$m_B = 68 (g/kg) / 68\,000 (g/mol) = 1/1000 (mol/kg)$$

凝固点降下は，

$$\Delta T_f = K_f m_B = 1.86\,℃ \times 0.001 = 0.00186\,℃$$

一方，分子量 68 の物質の凝固点降下は，

$$\Delta T_f = 1.86\,℃ \times 68/68 = 1.86\,℃$$

したがって，$-0.00186\,℃$ と $-1.86\,℃$ となる．

血漿はきわめてタンパク質濃度の高い体液であるが，分子量の大きなタンパク質はほとんど凝固点降下に貢献できないことがわかる．凝固点を降下させるには，低分子物質が高濃度に溶解していなければならない．

血液に多量の水を加えると赤血球の膜は破壊されて溶血という現象が起こるが，生理食塩水（表 5・5）を加えた場合には起こらない．前者の場合には，赤血球細胞質ゾルの浸透圧が外液よりも高いために溶血が起こると説明される．例題 5・5 で，浸透圧を計算してみよう．

表 5・5 ヒトの生理食塩水
（リンゲル液）の組成

物 質	質量百分率（%）
NaCl	0.85
KCl	0.02
$CaCl_2$	0.02
$NaHCO_3$	0.002

例題 5・5　血漿に9倍量の水と生理食塩水とを加えたら浸透圧はそれぞれいくらになるか．血漿の浸透圧には Na^+，Cl^-，HCO_3^- とアルブミン，生理食塩水の浸透圧には Na^+ と Cl^- が寄与するとして計算せよ．

解　Na^+，Cl^-，HCO_3^- の濃度は表5・2をもちい，血漿中のアルブミン濃度を例題5・4で求めた濃度で近似する．

$$c_B = 0.153\,\text{mol/l} + 0.103\,\text{mol/l} + 0.027\,\text{mol/l} + 0.001\,\text{mol/l} = 0.284\,\text{mol/l}$$

血漿の浸透圧は，$\Pi = c_B RT = 0.284 \times RT$ となる．

また，血漿に水を加えたときは，

$$\Pi = \left(0.284 \times \frac{1}{10}\right) \times RT = 0.0284 \times RT$$

一方，生理食塩水中の Na^+ と Cl^- の濃度の和は，

$$c_B = 8.5\,(\text{g/l})/58.5\,(\text{g/mol}) \times 2 = 0.290\,\text{mol/l}$$

したがって，生理食塩水の浸透圧は，$\Pi = 0.290 \times RT$ となる．

血漿に生理食塩水を加えたときには，

$$\Pi = (0.284 \times RT) \times 0.1 + (0.290 \times RT) \times 0.9 = 0.289 \times RT$$

生理食塩水の浸透圧が，血漿の浸透圧とほぼ等しいことがわかると思う．凝固点降下と同様，アルブミンはほとんど浸透圧には寄与していない．

5・5・2　溶液中のタンパク質の形

微小管は，チューブリンというタンパク質が重合してできた線維状の構造物である．チューブリンから微小管が形成する過程は，光散乱強度（濁度[*1]）の増加により調べることができる（図5・8）．チューブリンや数個のチューブリンからなるチューブリンオリゴマーのときには散乱強度は小さいが，多数のチューブリンが集まって微小管になると散乱強度は大きくなる．微小管の長さが長くなると，散乱強度はさらに増加する．微小管中のチューブリンは分子間相互作用で結合しているので，厳密な意味では分子量ではないが，見かけ上の分子量は著しく増加して分子数は減少する．溶質分子の大きさが影響するものとしては，溶液の粘度がある．微小管の重合は，粘度の上昇によっても調べることができる．このように，生体分子の溶液の性質には，分子の大きさも大きく影響する．

[*1] 細胞などの懸濁液は"濁って"みえる．これは細胞が入射した光をいろいろな方向に散乱させるためである．この散乱の大きさは溶液内に分散している粒子の大きさに比例する．タンパク質のレベルで分散している場合には，その散乱は小さいが，タンパク質が多数集まった集合体になると散乱は大きくなる．

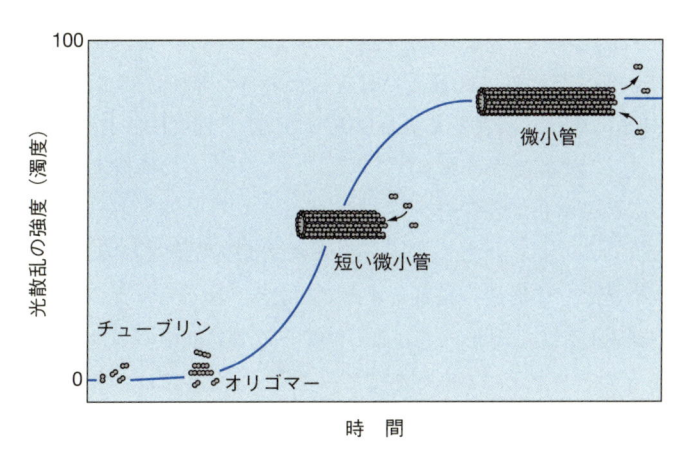

5・5 溶液の性質は生命現象を理解する鍵となる

図 5・8 微小管の重合と光散乱強度.

光散乱や粘度は，分子の大きさだけではなく，分子の形も関係する．タンパク質分子の形は，機能を考えるうえで大変重要である．骨格筋の収縮は，アクチンを主成分とする細い線維とミオシンからなる太い線維の間の滑りによって起こる．この滑りにはATPとCa^{2+}が必要である．図5・9に，細い線維の構造と，その主成分であるアクチンの立体構造を示した．細い線維は，球状タンパク質のアクチンの重合体であるアクチン線維を基本骨格とし，これに線維状のトロポミオシンと三つの球状タンパク質からなるトロポニン複合体が結合している（図5・9(a)）．ミオシンと直接相互作用するのはアクチン線維で，トロポミオシンはミオシンとアクチン線維の相互作用を阻害している．この阻害は，トロポニンとCa^{2+}の結合により制御されている．アクチンは，αヘリックス，βシートという規則的な構造と規則的な構造をとってない部位が存在する（図5・9(b)）．これらの構造は，アミノ酸の種類と配列で決まる．また，どのよう

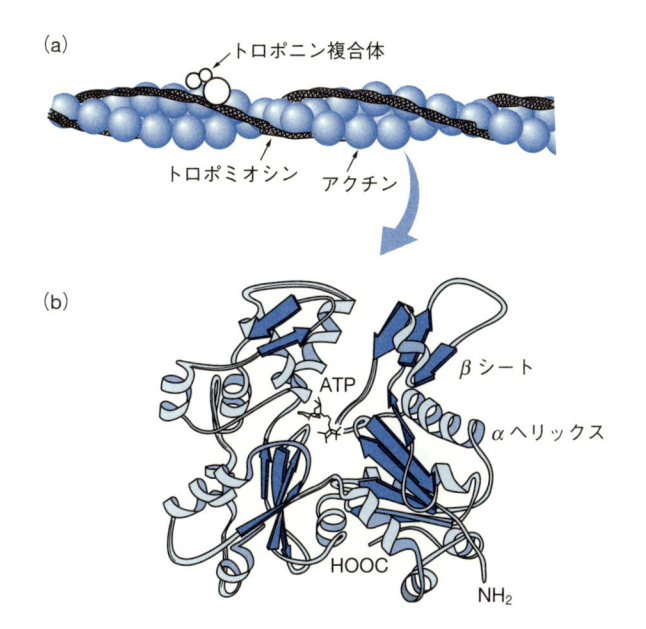

図 5・9 骨格筋の収縮にかかわる細い線維とアクチンの構造.

な極性のあるアミノ酸残基がどのように局在するかは，タンパク質全体の構造に大きく影響する．すなわち，Phe(F)，Ile(I)，Leu(L)，Val(V) といった非極性残基は疎水性相互作用のためタンパク質の内部にあり，極性残基 Asp(D)，Glu(E)，His(H)，Lys(K)，Arg(R) は水と相互作用するのでタンパク質表面にある．これは，タンパク質の構造決定に水分子が大きな役割をはたしていることを示している．

線維状のトロポミオシンは，ほとんどαヘリックスからできている．図5・10より，このタンパク質の一次構造と立体構造の関係を考えてみよう．αヘリックスは，7個からなる類似のアミノ酸配列の繰返しがあると形成される．ニワトリ骨格筋中のトロポミオシンの繰返し配列のアミノ酸に a–g のアルファベットをあててみよう．a と d には，大部分が非極性の非常に強いアミノ酸（F, I, L, V）とやや強いアミノ酸である Met(M)，Ala(A)，Tyr(Y) が多い（図5・10(a)）．図5・10(b) に a–g の位置を示した．

(a)

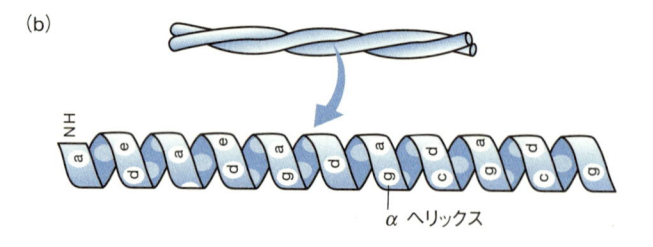

```
g a b c d e f g a b c d e f g a b c d e f g a b c d e f
  M-D-A-I-K-K-K-M-Q-M-L-K-L-D-K-E-N-A-L-D-R-A-E-Q-A-E-A
  D-K-K-A-A-E-E-R-S-K-Q-L-E-D-E-L-V-A-L-Q-K-K-L-K-G-T-E-D
  E-L-D-K-Y-S-E-S-L-K-D-A-Q-E-K-L-E-L-A-D-K-K-A-T-D-A-E-S
  R-V-A-S-L-N-R-R-I-Q-L-V-E-E-E-L-D-R-A-Q-E-R-L-A-T-A-L-Q
  K-L-E-E-A-E-K-A-A-D-E-S-E-R-G-M-K-V-I-E-N-R-A-Q-K-D-E-E
  K-M-E-I-Q-E-I-Q-L-K-E-A-K-H-I-A-E-E-A-D-R-K-Y-E-E-V-A-R
  K-L-V-I-I-E-G-D-L-E-R-A-E-E-R-A-E-L-S-E-S-K-C-A-E-L-E-E
  E-L-K-T-V-T-N-N-L-K-S-L-E-A-Q-A-E-K-Y-S-Q-K-E-D-K-Y-E-E
  E-I-K-V-L-T-D-K-L-K-E-A-E-T-R-A-E-F-A-E-R-S-V-T-K-L-E-K
  S-I-D-D-L-E-D-E-L-Y-A-Q-K-L-K-Y-K-A-I-S-E-E-L-D-H-A-L-N
  D-M-T-S-I
```

(b)

図 5・10 トロポミオシンの一次構造と立体構造．

このように，水は単にタンパク質を溶解させるだけでなく，溶液中のタンパク質の形を決めるうえで重要な役割をはたし，生命現象のもとになる生体分子の反応に大きな影響を与えているのである．

基 本 問 題

5・1 蒸発と凝固について説明せよ．
5・2 溶解度とは何か説明せよ．
5・3 圧力の単位はパスカル（Pa）で表される．1気圧は何パスカルか．

6

生体液の性質──酸・塩基と緩衝液

前の章で述べたように,血液(血漿)の水素イオン濃度は一定に保たれており,その尺度である pH の値は 7.4 である.また,リンパ液や細胞内液などの他の生体液もほぼ中性に保たれている.われわれのからだはこのように pH を一定に保つことで生命が維持されている.本章では,まず,「pH とは何か」について復習した後で,「何が pH を一定に保つのか?」,「pH を一定に保つしくみとはどのようなものか?」という 2 点を疑問として,pH 概念のもととなる酸・塩基と,pH を一定に保つ pH 緩衝作用および緩衝液について学ぼう.

6・1 体液・細胞内液の pH は一定に保たれている

からだを構成する生体液には,その果たすべき役割に応じて胃液のように酸性のものもあるし,唾液のようにほぼ中性のもの,すい臓から分泌されるすい液のようにアルカリ性のものもある.しかし,これらの pH はそれぞれほぼ一定である.すでに述べたように代表的な体液である血漿の pH は 7.4 で一定であるし,リンパ液,細胞内液などの生体液もほぼ中性で一定である(表 6・1).この pH 一定の条件下で,体内で繰り広げられているさまざまな生化学反応

表 6・1 臓器の分泌液,体液の pH

分泌液,体液	pH
唾 液	6.8
胃 液	1.5〜2.0
すい液	8.0,または,それ以上
胆 汁	6.9〜7.7
血 液	7.40 ± 0.05
リンパ液	7.37
尿	6.0(4.6〜7.8,食餌に依存)

が維持されている.

水素イオン濃度の尺度である pH の大小は生体内の諸反応に重大な影響を与える.したがっ

て生命維持にとって，pHを制御することは必須条件である．このpHを制御し，定まった値に保持する作用は，体液・細胞内液に溶けた炭酸H_2CO_3，炭酸水素イオンHCO_3^-，リン酸二水素イオン$H_2PO_4^-$，リン酸一水素イオンHPO_4^{2-}などの性質に基づいている．このようなpHを一定に保つ性質をもった溶液を"緩衝液"というが，この溶液がなぜpHを一定に保つことができるのだろうか．実は，これらは，酸・塩基の解離平衡とその平衡定数である解離定数なる概念で理解することができる．そこで，まずはこの概念のもととなる酸と塩基について取上げよう．

6・2 酸と塩基は水素イオンのやりとりで定義できる

水溶液のpH，酸性・塩基性の強弱は水溶液中に含まれる酸・塩基の強弱と密接な関係がある．強い酸とはH^+をたくさん放出するもの，弱い酸とはH^+を少ししか放出しないものである．食酢の成分である酢酸CH_3COOHは弱酸であり，生体液中に溶けているHCO_3^-，$H_2PO_4^-$，HPO_4^{2-}のもとである炭酸H_2CO_3，リン酸H_3PO_4はそれぞれ弱酸，中くらいの強さの酸である．一方，硫酸H_2SO_4や硝酸HNO_3，胃液の成分である塩酸HClは強酸である．生命活動の結果，タンパク質（アミノ酸）の代謝産物として生じるアンモニアNH_3は弱塩基であり，水酸化ナトリウムNaOHは強塩基である．では，この酸・塩基の強弱は，どのようにして定量的に表されるのだろうか．この議論をするために，まず，酸・塩基の定義から始めよう．

6・2・1 酸・塩基の定義

HClとNaOHは，水溶液中では（6・1），（6・2）式のように完全に解離して，それぞれH^+とOH^-を放出する．

$$HCl \longrightarrow H^+ + Cl^- \qquad (6・1)$$

$$NaOH \longrightarrow Na^+ + OH^- \qquad (6・2)$$

アレニウスは，**解離してH^+を放出するものを酸，解離してOH^-を放出するものを塩基**と定義した．一方，OH^-をもたないNH_3は，この定義では塩基とされないが，水溶液は塩基性を示す．これは，NH_3が（6・3）式で示されるように，水分子からH^+を引き抜き（H^+が$\ddot{N}H_3$に配位結合して），OH^-を生じるためである．（配位結合に関しては6・7節を参照のこと．）

$$NH_3 + H_2O \rightleftharpoons NH_4^+ + OH^- \qquad (6・3)$$

そこで，ブレンステッドとローリーは，**酸とはH^+を放出するもの，塩基とはH^+を受け取るもの**と定義した．この定義ではNH_3が塩基でH_2Oは酸となるのみならず，逆反応を考えればOH^-そのものも塩基，NH_4^+は酸となる．また，気相中で塩化水素分子HClがアンモニア分子NH_3と反応して$NH_4^+Cl^-$なる塩を生成する場合も，酸・塩基反応となる．水を含まない非水溶媒中（氷酢酸中）で起こる，OH^-を生成しないH^+の移動反応である酢酸とNH_3との反応（(6・4)式），酢酸の自己イオン化反応（(6・5)式）なども酸・塩基反応となる．

$$CH_3COOH + NH_3 \longrightarrow CH_3COO^- + NH_4^+ \qquad (6・4)$$

$$2CH_3COOH \rightleftharpoons CH_3COO^- + CH_3COOH_2^+ \qquad (6・5)$$

このように，ブレンステッド・ローリーの定義では，酸・塩基反応を広く説明できるので，現在ではもっぱらこの定義が用いられている．

6・2・2 酸・塩基と共役酸・共役塩基

つぎに示す CH_3COOH の水溶液中における酸解離反応とその逆反応（(6・6)式）について考えてみよう．

$$CH_3COOH \rightleftarrows CH_3COO^- + H^+ \qquad (6・6)$$

この式，および (6・1)式で，H^+ は独立に存在するように書き表してあるが，実は H^+ は水溶液中では水分子に付加した形である H_3O^+（**オキソニウムイオン**）として存在する[*1]．したがって，(6・6)式は，正確には (6・7)式で示さなければならない．

$$CH_3COOH + H_2O \rightleftarrows CH_3COO^- + H_3O^+ \qquad (6・7)$$

この解離反応においては，H^+ を放出する CH_3COOH は酸，H^+ を受け取る H_2O は塩基である．一方，逆反応においては，H^+ を放出する H_3O^+ は酸，H^+ を受け取る CH_3COO^- は塩基である．CH_3COO^- を CH_3COOH の**共役塩基**，H_3O^+ を H_2O の**共役酸**という．(6・3)，(6・7)式から，H_2O 分子は酸にも塩基にもなることがわかる．

この議論から明らかなように，H_2O のイオン解離反応（(6・8)式）は酸・塩基反応（自己イオン化反応）（(6・9)式）である．

$$H_2O \rightleftarrows H^+ + OH^- \qquad (6・8)$$

$$\underset{\text{塩基}}{H_2O} + \underset{\text{酸}}{H_2O} \rightleftarrows \underset{\text{酸}}{H_3O^+} + \underset{\text{塩基}}{OH^-} \qquad (6・9)$$

CH_3COOH と H_2O，NH_3 と H_2O，CH_3COOH と NH_3，CH_3COOH と HCl など対の物質が存在する場合，両者を比較して，H^+ を放出する力がより強いものが酸としてはたらき，より弱いもの（H^+ を受け取る力が強いもの）が塩基としてはたらく．水溶液中では H^+ を放出する力が水より強いものが酸，水より弱いものが塩基となる（図6・1）．

酸	塩基	共役塩基	共役酸

$CH_3COOH + H_2O \longrightarrow CH_3COO^- + H_3O^+$
　CH_3COOH は H_2O より H^+ を放出する力が強い

$H_2O + NH_3 \longrightarrow OH^- + NH_4^+$
　NH_3 は H_2O より H^+ を放出する力が弱い

$CH_3COOH + NH_3 \longrightarrow CH_3COO^- + NH_4^+$　（水溶液中）
　CH_3COOH は H_2O, NH_3 より H^+ を放出する力が強い

$HCl + CH_3COOH \longrightarrow Cl^- + CH_3COOH_2^+$　（酢酸溶媒中）
　HCl は CH_3COOH より H^+ を放出する力が強い

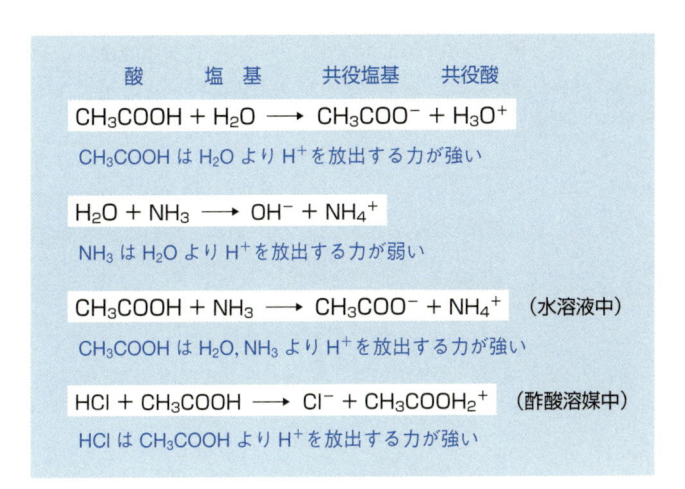

図 6・1　**酸・塩基反応の例**．

[*1] 水素原子の原子核である H^+ は，極微小粒子であり，単位体積当たりの電荷がきわめて大きい．したがって H^+ 単独では存在せず，H_2O の O 原子上の非共有電子対に配位結合する形で存在する．$H^+ + H_2O \rightarrow H_3O^+$（オキソニウムイオン）

6・2・3 水素イオン濃度と水溶液の pH

では，酸や塩基が水に溶解したさいの水溶液の液性である酸性・アルカリ性の強弱はどのように表せばよいだろうか．酸性のもとは水素イオン H^+（オキソニウムイオン H_3O^+）であるから，酸性の強弱はその濃度 $[H^+]$ で表すことができる．しかし，$[H^+]$ は，1.0 mol/l HCl 水溶液の 1.0 mol/l から，純水の 1×10^{-7}（= 0.0000001）mol/l，1.0 mol/NaOH 水溶液の 1×10^{-14}（= 0.00000000000001）mol/l まで，大きく変化するので，このままでは不便である．そこで，水素イオン（正確にはオキソニウムイオン）濃度の対数値にマイナスをつけた次式で定義される **pH**（ピーエイチ）・**水素イオン指数**が導入された．

$$\mathrm{pH} = \log \frac{1}{[H^+]} = -\log [H^+] \tag{6・10}$$

$$[H^+] = 10^{-\mathrm{pH}} \tag{6・11}$$

pH = 7，すなわち $[H^+] = 10^{-7}$ mol/l，が中性ということは読者の多くが既知のことであろう（解説 6・1）．

解説 6・1　雨水の pH はいくつだろうか？

水は中性だから雨水の pH は 7.0 である，というのは正解に思えるが，実際には必ずしも正しくない．雨水は空気中の二酸化炭素が溶け込んだ薄い炭酸溶液となっている．

$$H_2CO_3 \rightleftharpoons H^+ + HCO_3^-$$

この酸解離平衡のために pH は 5.6 ～ 5.7 である（(6・26)式で $C = 1.02 \times 10^{-5}$ mol/l，$pK_a = 6.4$ とすればこの値が得られる）．石灰岩台地における鍾乳洞の形成が雨水の炭酸と石灰岩 $CaCO_3$ との反応，

$$CaCO_3 + H_2CO_3 \longrightarrow Ca^{2+} + 2HCO_3^-$$

によりもたらされていることは承知していよう．また，環境問題のひとつとしてよくとりあげられる酸性雨とは，単に pH 7.0 より酸性側の雨水ということではなく，5.6～5.7 以下の雨水のことをいう．自動車の高温のエンジン中で空気中の窒素と酸素が反応して生じる窒素酸化物，火山活動や，石炭・石油を燃焼させるさいに生じる硫黄酸化物が雨水に溶ければ薄い硝酸，亜硫酸，硫酸の水溶液となり，pH 4 以下の強い酸性を示すこともまれではない．強い酸性条件下では通常の生物の生存は困難である．たとえば，火山の火口湖は酸性湖である場合が多く，ほとんどの種類の魚は生存できない．pH 4.0 以下の水中で生息できる魚はドジョウくらいである．

なお，pH 7.0 が中性であるのは水のイオン積 $K_w = [H^+][OH^-] = 10^{-14.0}$（すなわち，(6・15)式の解離平衡定数 $K = 10^{-17.5}$）となる室温近辺においてのみである．たとえば，80 ℃においては $[H^+][OH^-] = 10^{-12.6}$．したがって，この場合は pH = 6.3 が中性（$[H^+] = [OH^-] = 10^{-6.3}$）ということになる．

6・3 平衡を考えるには平衡定数が重要である

前節で述べた酸・塩基の強さの大小は，後述のように平衡定数の一種である酸解離定数を用いて定量的に表すことができる．また，pH もこの平衡定数と密接な関係がある．そこで，ここではこれらを議論する準備として平衡定数について学ぼう．

6・3・1 化学平衡と平衡定数

化学平衡の概念を理解するために，図 6・2 に示した NH_3 の生成・分解反応をみてみよう．反応開始時点で H_2 と N_2 だけが存在し，$NH_3 = 0$ の場合が図中の下の曲線である．この系では時間とともに $N_2 + 3H_2 \rightarrow 2NH_3$ なる反応が進行するために NH_3 は増大し，最終的には NH_3 は一定値となっている．一方，反応開始時点で NH_3 だけが存在し，$H_2 = 0$，$N_2 = 0$ の場合が上の曲線である．この場合，時間とともに $2NH_3 \rightarrow N_2 + 3H_2$ なる反応が進行するため NH_3 は減少し，遂には NH_3 は下の曲線と同じ値となっている．この時点では NH_3 の生成速度と分解

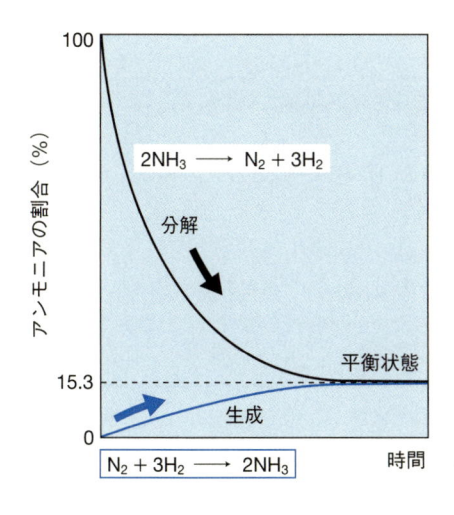

図 6・2 アンモニアの生成・分解反応．

速度とが等しくなっているため，その組成は時間がさらに経過しても変化しない．このように，正反応と逆反応の速度が等しく，組成が一定となった状態を**平衡状態**という．この状態では，温度一定下，(6・12)式の関係式が，個々の成分濃度のいかんにかかわらず，常に成立している．K を**平衡定数**という．

$$\frac{[NH_3]^2}{[H_2]^3[N_2]^1} = 一定値 \equiv K \tag{6・12}$$

一般には反応式(6・13) について，平衡定数と濃度のあいだに (6・14)式が成り立つ[*1]．

$$aA + bB + \cdots \rightleftharpoons cC + dD + \cdots \tag{6・13}$$

$$K = \frac{[C]^c[D]^d \cdots}{[A]^a[B]^b \cdots} \tag{6・14}$$

前章で述べた溶解度積も平衡定数の一つである．

[*1] (6・14)式は正しくは濃度平衡定数 K_C といわれる，条件によって変化する平衡定数であり，K は厳密には**活量（活動度）** a を用いて $K = a_C^c a_D^d \cdots / a_A^a a_B^b \cdots$ と表される．活量（活動度）a とは溶質間の相互作用などを考慮に入れた，いわゆる"実効濃度"であり，溶液中における溶質のふるまいを熱力学的に厳密に取扱う場合に用いる．活量は溶質の濃度 C を用いると，$a = C \times f$ と表される．f は**活量係数（活動度係数）**といわれる理想状態からのずれを表した補正係数であり，実験的に，または希薄溶液中では理論的に求めることができる．無限希釈溶液中では $f \fallingdotseq 1$，すなわち $a \fallingdotseq C$ なので，$K_C \fallingdotseq K$ となる．(6・10)式の pH の定義も厳密には水素イオンの活量 a_H を用いて pH $= -\log a_H$ と表される．

例題 6・1 ここで水の自己イオン化反応式 $H_2O + H_2O \rightleftharpoons H_3O^+ + OH^-$ について考えよう.
a) この反応の平衡定数 K はどのように書き表されるか.
b) また, この K の値はいくつになるか. ただし中性の pH は 7 である.
c) b) で得た K の値をもとに pH = 4 のときの $[OH^-]$ を求めよ.

解 a) 平衡定数はその定義 (6・14)式をもとに次式で書き表される.

$$K = \frac{[H_3O^+][OH^-]}{[H_2O]^2} \tag{6・15}$$

b) 中性では $[H_3O^+] = [OH^-]$. また pH 7 だから $[H_3O^+] = 10^{-7}$ mol/l. 一方, 水 1 l 中の $[H_2O]$ は 1000 g/(18 g mol^{-1} l) = 55.6 mol/l だから, これらの値を代入すると $K = 3.23 \times 10^{-18} = 10^{-17.5}$.

c) pH 4 では $[H_3O^+] = 10^{-4}$ mol/l だから, $K = 10^{-4} \times [OH^-]/(55.6)^2 = 10^{-17.5}$. よって $[OH^-] = 10^{-10}$ mol/l. このように平衡定数がわかっていれば, この式に既知濃度を代入することにより未知濃度を求めることができる.

通常の条件下では $[H_3O^+]$, $[OH^-] \ll [H_2O]^2$ なので $K[H_2O]^2 \equiv K_w$ とおき, $[H_3O^+] \equiv [H^+]$ と書くと,

$$K_w = [H^+][OH^-] = 10^{-14} \text{ (mol/l)}^2 \tag{6・16}$$

この K_w を水の**イオン積**という. このように K_w は反応式(6・9) の平衡定数 K に由来したものである.
c) のような問題の場合, 通常は (6・15)式を簡略化した (6・16)式を用いて, ただちに pH = 4 のときの $[OH^-] = 10^{-10}$ と求める.

6・3・2 酸・塩基の強さと酸解離平衡

ここで, 6・2・2 節で学んだ酸・塩基の強弱は平衡定数を用いると, どのように表されるか考えてみよう.

CH_3COOH の酸解離平衡 (6・7)式における K は, (6・17)式のように書き表される.

$$K_a' = \frac{[CH_3COO^-][H_3O^+]}{[CH_3COOH][H_2O]} \tag{6・17}$$

ここで希薄水溶液では溶質に比べて水は多量にあり, 反応する水の量もわずかなので, 水の濃度 $[H_2O]$ は一定とみなせる. そこで $K_a'[H_2O] = K_a$ と表し, $[H_3O^+]$ を $[H^+]$ と書くと, (6・17)式は次式で表される. この K_a を**酸解離定数**という.

$$K_a = \frac{[CH_3COO^-][H^+]}{[CH_3COOH]} = 1.6 \times 10^{-5} = 10^{-4.8} \tag{6・18}$$

一般に, 酸を HA で表すと, K_a は (6・19)式で表される.

$$K_a = \frac{[A^-][H^+]}{[HA]} \tag{6・19}$$

(6・18)式で示した酢酸の K_a 値は, 分母 $[CH_3COOH]$ を 1 とした場合, 分子が高々 0.000016 しかない, すなわち, 酸はごく一部しか解離せず, 酸性を示すもとである H^+ をわずかしか放出しないことを意味する. 一方, 塩酸では $K_a \fallingdotseq \infty$ であり, ほぼすべてが解離し, H^+ をたくさん放出する強い酸ということになる. したがって, 強い酸とは K_a が大きい酸, 弱い酸とは K_a が小さい酸ということができる. 表 6・2 に主な酸の K_a を示した.

このように K_a は解離反応がどれだけ進みやすいかを定量的に示す尺度であり，酸の強弱が K_a の大小で定量的に表示できることがわかる．

表 6・2 主な酸の酸解離定数（25°C）

酸	共役塩基	pK_a
H_3PO_4	$H_2PO_4^-$	2.12
CH_3COOH	CH_3COO^-	4.74
H_2CO_3	HCO_3^-	6.37
$H_2PO_4^-$	HPO_4^{2-}	7.21
NH_4^+	NH_3	9.26
HCO_3^-	CO_3^{2-}	10.3
HPO_4^{2-}	PO_4^{3-}	12.4

6・4 酸・塩基，塩の水溶液の pH を計算で求める

先に学んだ酸解離平衡定数を用いることにより，酸・塩基の強弱のみならず，さまざまな水溶液の pH を計算で求めることができることを以下に示そう．

6・4・1 強酸・強塩基の水溶液の pH

1 価の強酸・強塩基は完全解離して，加えた酸・塩基と同じ濃度の H^+ や OH^- を生じる．したがって，濃度 C の 1 価の強酸水溶液の pH は，(6・20)式で表される．

$$\mathrm{pH} = -\log[\mathrm{H^+}] = -\log C \tag{6・20}$$

例題 6・2 胃液には，0.01〜0.03 mol/l の HCl が存在している．この HCl 濃度で胃液の pH が定まるとして，その pH を求めよ．

解
$$\mathrm{pH} = -\log 0.01 = 2.0 \quad \text{および} \quad \mathrm{pH} = -\log 0.03 = 1.5$$

よって，胃液の pH = 1.5〜2.0 となる．

強塩基水溶液の pH を考えるにあたって，水酸化物イオン濃度の対数にマイナスをつけた pOH を定義しよう．濃度 C の 1 価の強塩基溶液の pOH は，(6・21)式となる．

$$\mathrm{pOH} = -\log[\mathrm{OH^-}] = -\log C \tag{6・21}$$

K_w（(6・16)式）の対数をとれば，(6・22)式の関係が得られる．

$$\mathrm{pH} + \mathrm{pOH} = 14 \tag{6・22}$$

したがって，pH は (6・23)式となる．

$$\mathrm{pH} = 14 - \mathrm{pOH} = 14 + \log C \tag{6・23}$$

例題 6・3 0.1 mol/l の NaOH 水溶液の pH を求めよ．

解 pOH = 1 だから，pH = 14 − 1 = 13．または，水のイオン積 $K_\mathrm{w} = [\mathrm{H^+}][\mathrm{OH^-}] = 10^{-14}$ ((6・16)式) に $[\mathrm{OH^-}] = 0.1$ を代入して $[\mathrm{H^+}] = 10^{-13}$．すなわち，pH = 13．

6・4・2 弱酸・弱塩基の解離反応とその水溶液の pH

弱酸水溶液の pH の例として，0.1 mol/l の CH_3COOH 水溶液の pH を考えよう．(6・7)式において，解離した CH_3COOH の量，すなわち $[CH_3COO^-]$ を x とすると，K_a は (6・24)式のように表される．

$$K_a = \frac{[CH_3COO^-][H^+]}{[CH_3COOH]} = \frac{x \times x}{0.1 - x} = 10^{-4.8} \qquad (6・24)$$

弱酸の解離はわずかしか起こらないので，$x \ll 0.1$ とみなすことができる．したがって，(6・25)式となる．

$$K_a = \frac{x^2}{0.1 - x} \fallingdotseq \frac{x^2}{0.1} \qquad (6・25)$$

(6・25)式より x は $\sqrt{0.1\,K_a}$ すなわち $(0.1K_a)^{1/2}$ となるので，pH は以下のようにして，2.9 と計算される．

$$pH = -\log[H^+] = -\log\sqrt{0.1\,K_a} = -\frac{1}{2}(\log 0.1 + \log K_a)$$

$$= -\frac{1}{2}(-1) - \frac{1}{2}(-4.8) = 2.9$$

同様にして，濃度 C の弱酸溶液の pH は，(6・26)式で与えられる*1．

$$pH = -\log\sqrt{K_a C} = \frac{1}{2}pK_a + \frac{1}{2}pC \qquad (6・26)$$

弱塩基水溶液の pH の例として，NH_3 水溶液を例に考えよう．NH_3 の塩基解離平衡式 ($NH_3 + H_2O \rightleftharpoons NH_4^+ + OH^-$) の平衡定数 K_b' は (6・27)式で表される．

$$K_b' = \frac{[NH_4^+][OH^-]}{[NH_3][H_2O]} \qquad (6・27)$$

酢酸の場合と同様に $K_b'[H_2O] = K_b$ とおくことができるので，

$$K_b = \frac{[NH_4^+][OH^-]}{[NH_3]} \qquad (6・28)$$

この K_b を**塩基解離定数**という．

一般に，塩基を B で表すと，K_b は次式で示される．

$$K_b = \frac{[HB^+][OH^-]}{[B]} \qquad (6・29)$$

弱塩基水溶液の pH も弱酸の場合と同様に考えればよいので，(6・26)式の pH を pOH で，K_a を K_b で置き換えた (6・30)式が成立する．

$$pOH = \frac{1}{2}pK_b + \frac{1}{2}pC \qquad (6・30)$$

(6・16)式と次ページの脚注*2 の関係を用いて (6・30)式を整理すると，(6・31)式となる．

---

*1 $-\log K_a$，$-\log K_b$，$-\log C$ も pK_a，pK_b，pC と表される．

$$\text{pH} = 14 - \text{pOH} = 14 - \frac{1}{2}\text{p}K_\text{b} - \frac{1}{2}\text{p}C = 14 - \frac{1}{2}(14 - \text{p}K_\text{a}) - \frac{1}{2}\text{p}C$$

$$= 7 + \frac{1}{2}\text{p}K_\text{a} - \frac{1}{2}\text{p}C \tag{6・31}$$

6・4・3 塩の水溶液の pH

NaCl のような強酸と強塩基からなる塩の pH は中性である．一方，弱酸と強塩基からなる CH$_3$COONa のような塩の水溶液の pH は弱アルカリ性，強酸と弱塩基からなる塩 NH$_4$Cl では弱酸性を示す．これは弱酸のイオン（共役塩基）CH$_3$COO$^-$，または弱塩基のイオン（共役酸）NH$_4^+$ が水と反応（**加水分解**）を起こすためである．弱酸，弱塩基のイオンを A$^-$，HB$^+$ とすると，加水分解反応は次式で表される．

$$\text{A}^- + \text{H}_2\text{O} \rightleftharpoons \text{HA} + \text{OH}^- \tag{6・32}$$

$$\text{HB}^+ + \text{H}_2\text{O} \rightleftharpoons \text{B} + \text{H}_3\text{O}^+ \tag{6・33}$$

これらの溶液の pH は 6・4・2 節の場合と同様に，弱酸・弱塩基の解離平衡定数をもとに計算で求めることができる．弱酸と強塩基からなる塩の水溶液の pH は (6・34) 式で表される（発展学習 7 参照）．

$$\text{pH} = 7 + \frac{1}{2}\text{p}K_\text{a} - \frac{1}{2}\text{p}C \tag{6・34}$$

また，強酸と弱塩基からなる塩の水溶液の pH は，(6・35) 式で表される（発展学習 7 参照）．

$$\text{pH} = 7 - \frac{1}{2}\text{p}K_\text{b} + \frac{1}{2}\text{p}C \tag{6・35}$$

例題 6・4 われわれの体内のすい臓でつくられ十二指腸で分泌される消化液のひとつであるすい液は，さまざまな酵素タンパク質，その他の有機物のほか Na$^+$，K$^+$，HCO$_3^-$，Cl$^-$ などの無機イオンを含んだ水溶液である．すい液の pH が HCO$_3^-$（NaHCO$_3$）だけで定まるとしたときのすい液の pH を求めよ．ただし [HCO$_3^-$] ≒ 0.10 mol/l であり，この条件下では H$_2$CO$_3$ ⇌ HCO$_3^-$ + H$^+$ において pK_a = 6.1 であるとする．

解 (6・34) 式より pH = 7 + (6.1/2) − (1.00/2) = 7 + 3.05 − 0.50 = 9.55．(すい液の実際の pH は約 8.5 である．HCO$_3^-$ は両性物質であり，(6・32) 式の加水分解により OH$^-$ を生じるだけでなく，HCO$_3^-$ → H$^+$ + CO$_3^{2-}$ のように H$^+$ も生じる．両方を同時に考慮すると，pH は 8.3 となる．

6・5 緩衝作用はなぜ起こる
6・5・1 緩衝液

例題 6・2，6・3 で計算したように，ごく少量の強酸，強塩基が純水に加わると，pH は大

---

*2 （前ページの脚註）NH$_3$ の共役酸 NH$_4^+$ の酸解離定数 K_a と NH$_3$ の塩基解離定数 K_b のあいだには次式が成り立つ．

$$K_\text{a} \cdot K_\text{b} = \left(\frac{[\text{NH}_3][\text{H}^+]}{[\text{NH}_4^+]}\right) \times \left(\frac{[\text{NH}_4^+][\text{OH}^-]}{[\text{NH}_3]}\right) = [\text{H}^+][\text{OH}^-] = K_\text{w}$$

したがって，pK_a + pK_b = pK_w．

きく変化する．これに対して，酸，塩基を加えても pH があまり変化しない溶液を **pH 緩衝液（緩衝液）** という．また，この作用を **(pH) 緩衝作用** という．細胞内液や血漿などの細胞外液が緩衝液の例であり，pH を一定に保つことにより，生体内の反応条件を一定にするはたらきをしている．塩酸または水酸化ナトリウム溶液を加えたときの純水の pH 変化とバイオサイエンスの研究によく使われるリン酸緩衝液の pH 変化とを表 6・3 に示した．

表 6・3 緩衝作用

溶液 (9 ml)	はじめの pH	添加する溶液 (1 ml)	添加後の pH
純　水	7.0	1 mol/l HCl	1.0
純　水	7.0	1 mol/l NaOH	13.0
緩衝液†	6.8	1 mol/l HCl	6.6
緩衝液†	6.8	1 mol/l NaOH	7.0

† 1 mol/l の NaH_2PO_4 と 1 mol/l の Na_2HPO_4 の等量混合溶液．

なぜ，緩衝液ではこのような緩衝作用が起こるのだろうか．この溶液中では (6・36)式の酸解離平衡が成立している．

$$H_2PO_4^- \rightleftharpoons HPO_4^{2-} + H^+ \qquad (6・36)$$

この系に H^+ が添加されても，H^+ は塩基である HPO_4^{2-} と結合して $H_2PO_4^-$ に変化するので，あまり増加しない．すなわち (6・36)式の平衡は左へずれて溶液中の H^+ を減少させる．また，この液に加えられた OH^- は，(6・37)式のように酸である $H_2PO_4^-$ と反応して HPO_4^{2-} と H_2O に変化するので，あまり増加しない．

$$H_2PO_4^- + OH^- \longrightarrow HPO_4^{2-} + H_2O \qquad (6・37)$$

いい換えれば，(6・36)式の平衡が右にずれることにより，加えられた OH^- と (6・36)式の H^+ とが反応し，OH^- を減少させる[*1]．これが緩衝作用の実体である．(6・36)，(6・37)式の反応は，溶液中に酸と塩基が共存し，酸・塩基間の平衡が成り立っていてはじめて起こる現象である．したがって，緩衝作用は弱酸とその塩（共役塩基），あるいは弱塩基とその塩（共役酸）を含む溶液中で観察されることになる．

6・5・2　緩衝液の pH とヘンダーソン-ハッセルバルヒの式

では，緩衝液の pH はどのようにして決まるのだろうか．上述のリン酸緩衝液を例にして考えてみよう．表 6・4 は，pH 6.5 から pH 7.5 までのリン酸緩衝液のつくり方を示したものである．緩衝液の pH が，はじめに加えた NaH_2PO_4 の濃度 $C_{NaH_2PO_4}$ と Na_2HPO_4 の濃度 $C_{Na_2HPO_4}$ との比に依存していることが理解できよう．その理由を考えてみよう．

(6・36)式の $[H^+]$ と K_a のあいだには，(6・38)式の関係がある．

$$K_a = \frac{[HPO_4^{2-}][H^+]}{[H_2PO_4^-]} \qquad (6・38)$$

[*1] 可逆反応が化学平衡にあるとき，その平衡を破るように濃度，圧力，温度の条件を変えると，その条件の変化を和らげる方向に反応が進み新しい平衡状態となる．これを **平衡移動の法則**（ルシャトリエの原理）という．

したがって，$[H^+] = K_a \times ([H_2PO_4^-]/[HPO_4^{2-}])$ より，

$$pH = pK_a + \log\frac{[HPO_4^{2-}]}{[H_2PO_4^-]} \quad (6\cdot39)$$

すなわち，pH は $[H_2PO_4^-]/[HPO_4^{2-}]$ で定まることがわかる．

表 6・4 リン酸緩衝液のつくり方

$C_{NaH_2PO_4}$	$C_{Na_2HPO_4}$	pH	$C_{NaH_2PO_4}$	$C_{Na_2HPO_4}$	pH
0.685	0.315	6.5	0.330	0.670	7.1
0.625	0.375	6.6	0.280	0.720	7.2
0.565	0.435	6.7	0.230	0.770	7.3
0.510	0.490	6.8	0.190	0.810	7.4
0.450	0.550	6.9	0.160	0.840	7.5
0.390	0.610	7.0			

緩衝溶液の濃度条件では，$[H_2PO_4^-]$ と $[HPO_4^{2-}]$ はそれぞれ $C_{NaH_2PO_4}$（加えた酸の濃度）と $C_{Na_2HPO_4}$（加えた塩の濃度）にほぼ等しいとおくことができる（解説 6・2）．したがって，(6・40)式でこの緩衝液の pH を求めることができる．

$$pH = pK_a + \log\frac{C_{Na_2HPO_4}}{C_{NaH_2PO_4}} \quad (6\cdot40)$$

HPO_4^{2-}（Na_2HPO_4）は，酸である $H_2PO_4^-$（NaH_2PO_4）の共役塩基である．したがって，(6・39)，(6・40)式を緩衝溶液一般に成り立つ形に書き換えると，(6・41)式のように表すことが

解説 6・2　酸・共役塩基の濃度，酸とその塩の濃度

なぜ，溶液中の酸・共役塩基の存在量が，緩衝液の成分として加えた酸・塩の量に等しいと近似できるのだろうか．例として酢酸緩衝液 CH_3COOH と CH_3COONa の混合系を考えよう．酢酸の濃度を C_{HA}，酢酸ナトリウムを C_{NaA} とする．加えた酢酸は，

$$CH_3COOH \rightleftharpoons CH_3COO^- + H^+ \quad (1)$$

のように解離するが，解離度 α は大変小さいので（$C_{HA} = 0.1$ mol/l で $\alpha = 0.0126$，$[H^+] = [CH_3COO^-] = 0.00126$ mol/l），正反応（→）はほぼ無視できる．一方，酢酸ナトリウムは塩であり，完全解離して，

$$CH_3COONa \longrightarrow CH_3COO^- + Na^+ \quad (2)$$

したがって，酢酸のみが存在する場合に比べて，酢酸ナトリウムの添加によって水溶液中の CH_3COO^- 濃度は大きく増大し，(1)式では逆反応（←）が進行するように作用する（平衡移動の法則）．すなわち解離度の小さい酢酸の解離はさらに抑えられ，そのほとんどが CH_3COOH のまま存在することになる．一方，酢酸イオンは，

$$CH_3COO^- + H_2O \rightleftharpoons CH_3COOH + OH^-$$

のような加水分解を起こすが，酢酸の添加により，この正反応は上と同様の議論で抑制される．すなわち，$[CH_3COOH] \fallingdotseq C_{HA}$，$[CH_3COO^-] \fallingdotseq C_{NaA}$，溶液中の酸の存在量が緩衝液の成分として加えた酸の量，共役塩基の存在量が加えた塩の量に近似できることになる．

できる．

$$\text{pH} = pK_a + \log\frac{[\text{共役塩基}]}{[\text{弱酸}]} \quad \text{または} \quad \text{pH} = pK_a + \log\frac{[\text{弱酸の塩}]}{[\text{弱酸}]} \quad (6\cdot41)$$

この式を**ヘンダーソン-ハッセルバルヒの式**という．

このように，緩衝液のpHは酸・塩基成分の濃度（混合した酸とその塩の量）ではなく，成分の比によって定まる．

例題6・5 NaH_2PO_4 と Na_2HPO_4 を以下の比で混合した緩衝液のpHを計算せよ．ただし，$H_2PO_4^- \rightleftharpoons HPO_4^{2-} + H^+$ の平衡定数は $K = 10^{-6.8}$ であるとする．$NaH_2PO_4 : Na_2HPO_4 = 1:1$（緩衝液1），$2:1$（緩衝液2），$1:2$（緩衝液3），$10:1$（緩衝液4），$1:10$（緩衝液5）

解 $pK_a = -\log 10^{-6.8} = 6.8$（37℃，体液の条件で6.84）．

緩衝液1：$\text{pH} = pK_a = 6.8$　　緩衝液2：$\text{pH} = pK_a - \log 2 = 6.5$

緩衝液3：$\text{pH} = pK_a + \log 2 = 7.1$　　緩衝液4：$\text{pH} = pK_a - 1 = 5.8$

緩衝液5：$\text{pH} = pK_a + 1 = 7.8$

話題8

バイオサイエンス分野のすぐれた緩衝液 ── グッドの緩衝液

N.E. Goodは，1966年，両性電解質の緩衝剤に水酸化ナトリウムあるいは塩酸を加えてつくられた両性イオン緩衝液を開発した．緩衝剤の主なものを表に示した．これらの緩衝液は，グッドの緩衝液（Good's buffer）とよばれる．多くの pK_a の緩衝剤がそろっているので，低い濃度で強い緩衝作用を示す液の調整が容易であるとともに（解説6・3参照），温度変化による pK_a の変化も少ない．また，生体膜を通過しにくい，種々の陽イオンと錯体を形成しにくいなど，バイオサイエンス研究にとってすぐれた性質をもっている．文字通り，good bufferである．

人名のついた方法に対して類似の方法が開発された場合，その方法の名称が駄洒落的に命名されることがある．遺伝子工学の分野でフィルター上にDNAを移して検出するサザン（Southern）ブロット法は，1975年にE.M. Southernによって開発された方法である．一方，RNAやタンパク質をフィルターに移して検出するノーザン（Northern）ブロット法，ウエスタン（Western）ブロット法は，サザン法をもじったものである．

緩衝剤	pK_a (20℃)	ΔpK_a/℃	緩衝剤	pK_a (20℃)	ΔpK_a/℃
MES	6.15	-0.011	TES	7.50	-0.020
Bis-Tris	6.46	—	HEPES	7.55	-0.014
ADA	6.60	-0.011	Tricine	8.15	-0.021
PIPES	6.80	-0.009	Bicine	8.35	-0.018
ACES	6.90	-0.020	TAPS	8.40	—
BES	7.15	-0.016	CHES	9.50	-0.009
MOPS	7.20	-0.020	CAPS	10.40	-0.009

ΔpK_a/℃ とは温度が1℃上昇するのに従って変化する pK_a 値を示す．

では，緩衝液の緩衝作用の強さは何で決まるのだろうか．この尺度を**緩衝指数**というが（解説 6・3），この値は緩衝液成分の濃度と pK_a に依存する．バイオサイエンスの分野では pK_a の近傍，緩衝作用の強い条件で使う一連の緩衝液がある（話題 8 参照）．

解説 6・3　　緩衝液の強さと緩衝指数

緩衝液の pH は，成分濃度の比で決まる．では，緩衝作用の強さは，何で決まるのだろうか．酸解離定数 K_a の弱酸 HA（濃度 C_a）とそのカリウム塩 KA（濃度 C_s）からなる緩衝液を例にして，考えてみよう．この溶液中では，以下の反応が起こっている．

$$HA \rightleftharpoons H^+ + A^- \quad (1)$$
$$KA \longrightarrow K^+ + A^- \quad (2)$$
$$A^- + H_2O \rightleftharpoons HA + OH^- \quad (3)$$

(1)，(2)式より，

$$[HA] + [A^-] = C_a + C_s \quad (4)$$

したがって，

$$K_a = \frac{[H^+][A^-]}{[HA]} = \frac{[H^+][A^-]}{C_a + C_s - [A^-]}$$

$$[A^-] = \frac{(C_a + C_s)K_a}{[H^+] + K_a} \quad (5)$$

緩衝作用の強さとは，酸や塩基の添加による pH 変化の大小を意味しているので，緩衝指数 β をつぎのように定義しよう．

$$\beta = \frac{d[OH^-]}{d[pH]} \quad (6)$$

(3)式より (6)式は，

$$\beta = \frac{d[A^-]}{d[pH]} = \frac{d[A^-]}{d[H^+]} \times \frac{d[H^+]}{d[pH]} \quad (7)$$

と表される．(7)式の第1項は (5)式より，

$$\frac{d[A^-]}{d[H^+]} = -\frac{(C_a + C_s)K_a}{([H^+] + K_a)^2} \quad (8)$$

(7)式の第2項は以下の微分の公式

$$d \ln x = \frac{dx}{x}$$
$$-2.303 \, d(-\log x) = \frac{dx}{x} \quad (9)$$

において，x を $[H^+]$，$-\log x$ を pH とおくことにより，求めることができる．すなわち，

$$-2.303 \, d[pH] = \frac{d[H^+]}{[H^+]} \quad (10)$$

である．したがって，第2項は，

$$\frac{d[H^+]}{d[pH]} = -2.303[H^+] \quad (11)$$

(8)，(11)式より (7)式は，

$$\beta = 2.303 \frac{(C_a + C_s)K_a[H^+]}{([H^+] + K_a)^2} \quad (12)$$

となる．緩衝指数と pH，pK_a の関係を示したのが，図1である．

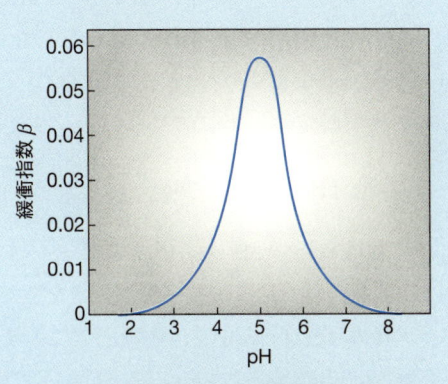

図 1　$pK_a=5$ の酸とその酸の塩をともに 0.1 mol/l 含む溶液の緩衝指数．

この図と (12)式から，緩衝作用は pK_a 近傍の pH で強く，緩衝液の成分の濃度が大きいほど強いことが理解できる．

6・6 緩衝作用は生体にとって重要な役割をはたしている

6・6・1 血液と緩衝作用

血液は肺胞で取込んだ酸素を体組織の末端まで運搬・放出し，代わりに代謝で生じた体組織中の炭酸ガスを取込み肺胞まで運搬・排出する（図6・3）．肺胞中では血液と肺胞中の空気とが平衡状態にある．血液中に溶けた CO_2 は酵素の作用を受けて炭酸 H_2CO_3 へと変化する．

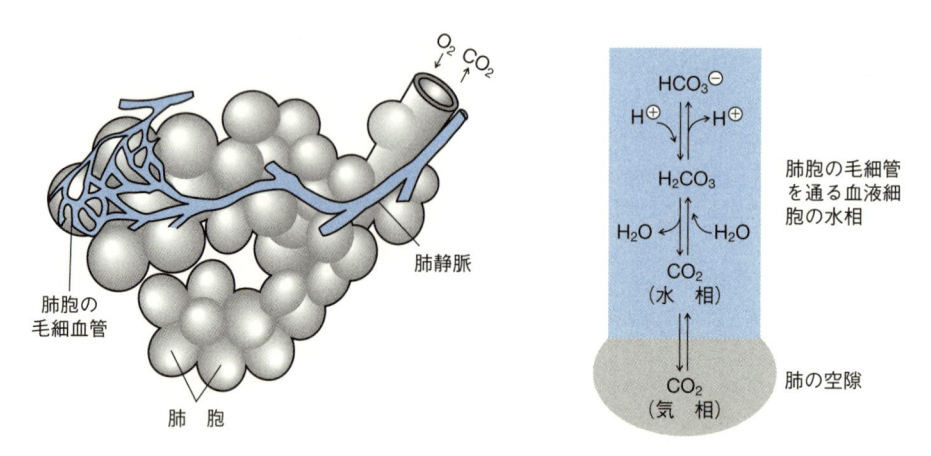

図6・3 肺の構造と血液の pH の制御．

H_2CO_3 は，HCO_3^- と酸解離平衡にある（(6・42)式）．

$$CO_2 + H_2O \rightleftharpoons H_2CO_3 \rightleftharpoons HCO_3^- + H^+ \qquad (6・42)$$

血液中の $[H_2CO_3]$ を，溶解した CO_2 の総濃度 C_{CO_2} に等しいとして定義すると，この値は 1.16×10^{-3} mol/l となり，一方，$[HCO_3^-]$ は 0.023 mol/l である．血液中，37 ℃ における H_2CO_3 の酸解離定数 K_a は $10^{-6.1}$ なので，血液の pH は以下のように求まる．(6・41)式より，

$$pH = pK_a + \log\frac{[共役塩基]}{[弱酸]} = 6.10 + \log\frac{0.023}{1.16 \times 10^{-3}} = 7.40 \qquad (6・43)$$

ヒトの血液は通常 pH = 7.40 ± 0.05 というたいへん狭い pH 範囲に制御されている．これに対し，人体全体の酸・塩基平衡が異常をきたした状態を**アシドーシス（酸性症），アルカローシス（アルカリ性症）**という．呼吸困難により CO_2 濃度が増大すると血液の pH は下降するし（呼吸性アシドーシス），また，糖尿病などで酸性物質が増大すると HCO_3^- 濃度が減少して血液の pH は下降すること（代謝性アシドーシス）も上の議論から容易に理解されよう．一方，過呼吸のときは CO_2 濃度が減少し pH は上昇するし（呼吸性アルカローシス），K^+ 欠乏で尿細管への H^+ 排泄が増加したり細胞内液の K^+ と外液の H^+ とがイオン交換したりすることにより細胞外液から H^+ が失われてしまう場合などの代謝性のものもある（代謝性アルカローシス）．

6・6・2 pHとタンパク質：等電点

体内におけるさまざまな物質変換を支えている酵素反応には，至適 pH といわれる酵素のはたらきが最大になる pH 域が存在する．これは，pH が変わるとタンパク質の形状が変化する

ために，酵素の触媒機能が変化することによる．なぜ，pH により形状変化が起こるのだろうか．タンパク質分子の両末端にはアミノ基 $-NH_2$ とカルボキシル基 $-COOH$ が存在し，タンパク質中にはペプチド結合を構成する酸性アミノ酸残基や塩基性アミノ酸残基が多数含まれている．これらのアミノ酸残基の解離は，溶液の pH に依存している．その結果として生じる電荷の変化により，アミノ酸残基間の相互作用や水との相互作用が変化し，タンパク質の形状・性質・機能も変化することになる．タンパク質全体としての正電荷と負電荷の数が等しくなる pH を "等電点" といい，電気泳動の移動度はゼロ，水に対する溶解度は最小となる．

タンパク質の代わりに，その構成成分であるアミノ酸で酸性基と塩基性基の解離と等電点について考えてみよう．アミノ酸は水溶液中では以下の酸解離平衡にある．

$$\underset{\text{陽イオン}}{R-CH(NH_3^+)-COOH} \xrightleftharpoons{K_{a1}} \underset{\text{双性イオン}}{R-CH(NH_3^+)-COO^-} + H^+ \xrightleftharpoons{K_{a2}} \underset{\text{陰イオン}}{R-CH(NH_2)-COO^-} + 2H^+$$

(6・44)

陽イオンと陰イオンの濃度が等しい pH が，このアミノ酸の**等電点**である．それぞれの反応の平衡定数を K_{a1}，K_{a2} とすると，(6・45)式のように書ける．

$$K_{a1} = \frac{[RCH(NH_3^+)COO^-][H^+]}{[RCH(NH_3^+)COOH]} \quad K_{a2} = \frac{[RCH(NH_2)COO^-][H^+]}{[RCH(NH_3^+)COO^-]}$$

$$K_{a1} \times K_{a2} = \frac{[RCH(NH_2)COO^-][H^+]^2}{[RCH(NH_3^+)COOH]} \quad (6 \cdot 45)$$

等電点では $[RCH(NH_3^+)COOH] = [RCH(NH_2)COO^-]$ だから，

$$K_{a1} \times K_{a2} = [H^+]^2 \quad \text{すなわち} \quad [H^+] = \sqrt{K_{a1}K_{a2}} = (K_{a1}K_{a2})^{1/2}$$

より，等電点の pH は (6・46)式で表される．

$$pH = \frac{1}{2}(pK_{a1} + pK_{a2}) \quad (6 \cdot 46)$$

以上の議論より，タンパク質は等電点より低い pH では陽イオン，高い pH では陰イオンとなっていることが理解できよう．

6・7 錯形成反応は広義の酸・塩基反応である

動物の血色素，植物の葉緑素はそれぞれ Fe(II) イオン，Mg(II) イオンと有機物とが結合した物質であり，これらは "錯体" とよばれる化合物の一群に属する．錯体の生成反応，すなわち，金属イオンと有機物との結合反応は，以下に述べるように，広い意味での酸・塩基反応である．

6・7・1 錯体とは

Cu^{2+} を含む淡青色水溶液に NH_3 溶液を過剰に加えると，深青色溶液が得られる．淡青色は銅イオンに水分子が結合したもの（アクア錯体）$[Cu(H_2O)_6]^{2+}$ の色であり，NH_3 溶液の深青

色は銅イオンに4分子のNH₃が結合したテトラアンミン銅錯体 $[Cu(NH_3)_4]^{2+}$ (より正確には $[Cu(NH_3)_4(H_2O)_2]^{2+}$) の色である (図6・4). 非共有電子対をもった陰イオンや中性分子が金属イオンに結合することを**配位**するといい, その結合を**配位結合**, 結合した陰イオンや中性分子を**配位子**という. また, その化合物のことを**錯体**(配位化合物)という. この化合物がイオンであり, かつそのことを強調したいときは**錯イオン**という.

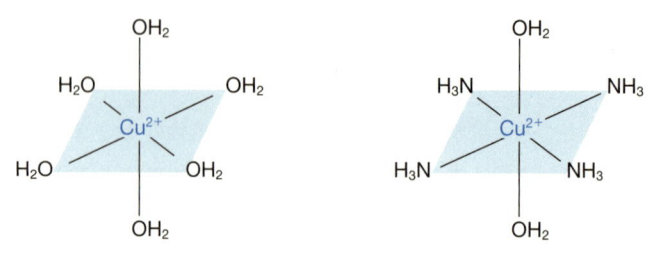

図6・4 $[Cu(H_2O)_6]^{2+}$ および $[Cu(NH_3)_4(H_2O)_2]^{2+}$ の構造.

上述のように血液の赤い色は血色素タンパク質であるヘモグロビン中のヘム部分, ポルフィリン鉄(II)錯体の色であるし, 葉緑素の緑色はクロロフィルというマグネシウム錯体の色である (図6・5). ATPからリン酸基を他の物質に転移する反応の触媒, つまりリン酸化酵素であるキナーゼが機能するには Mg^{2+} を必要とするが, この活性化はMg-ATP錯体の形成による. われわれの身体の中には約1200種類の酵素タンパク質が存在するが, その1/3以上は何らかのかたちで金属イオンを必要としている. 血液中に溶けているさまざまな種類の微量の金属イオンはそのほとんどが錯体として存在している. したがって身体の中の金属イオンの役割を正しく理解するには, 錯体に関する知識が不可欠である. これら金属イオンが生命の維持・人間の健康に大変重要なはたらきをしていることがしだいに明らかになってきている. 現在, 必須元素18種類, 有為元素8種類が知られている. 食品栄養成分表には, 伝統的なFe, Ca, Na, Kだけでなく数年前からMg, Zn, Cuが掲載されるようになったが, 米国の栄養成分表ではこのほかにMn, Co, Cr, Mo, Seが掲載されている.

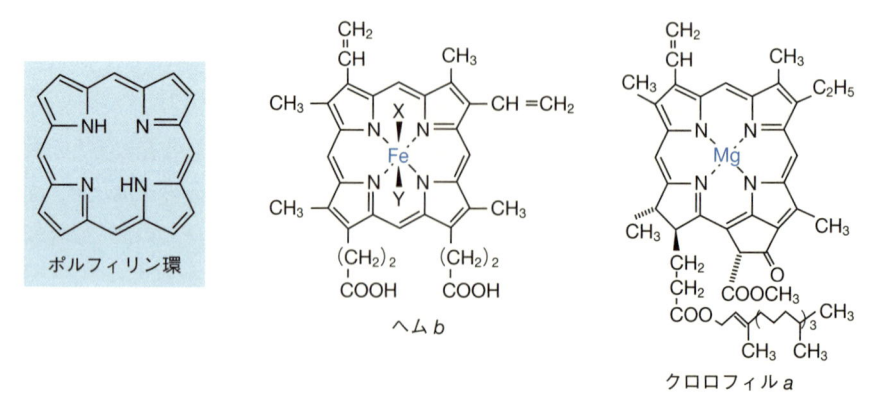

図6・5 **生体におけるポルフィリン錯体**. ヘム b におけるX, Yはヘモグロビンにおいては, それぞれグロビンタンパク質のヒスチジン残基と O_2 (またはCO) である.

6・7・2 ルイスによる酸・塩基の定義――酸・塩基反応の拡張

NH_3 が H_2O から H^+ を引き抜いて OH^- を生じる反応（(6・3)式）は，NH_3 分子の N 原子上の非共有電子対が H^+ に配位することである．そこで，**ルイスは電子対を受け取るものが酸，電子対を与えるものが塩基**であると定義した．この定義では，H^+ を放出するものが酸ではなく，H^+ 自身が酸，NH_3 は塩基ということになり，(6・47)式に示した金属イオンに配位子（金属イオンと結合する非共有電子対をもった物質）が配位結合する金属錯体の生成反応も，この H^+ が NH_3 の電子対を受け取る反応と同様に，酸・塩基反応とみなすことができる．

$$Cu^{2+} + :NH_3 \rightleftharpoons Cu^{2+}:NH_3 \ ([Cu(NH_3)]^{2+}) \tag{6・47}$$

この反応では，電子対を受け取っている Cu^{2+} が酸である．ただし，金属イオンの場合には，H^+ の場合と異なり，複数個の配位子が配位するのが普通である．たとえば Cu^{2+} の場合には (6・47)式に引き続いて，(6・48)式のような反応が起こる．

$$[Cu(NH_3)]^{2+} + :NH_3 \rightleftharpoons [Cu(NH_3)_2]^{2+}$$
$$[Cu(NH_3)_2]^{2+} + :NH_3 \rightleftharpoons [Cu(NH_3)_3]^{2+}$$
$$[Cu(NH_3)_3]^{2+} + :NH_3 \rightleftharpoons [Cu(NH_3)_4]^{2+} \tag{6・48}$$

最終生成物の生成反応を (6・49)式のように 1 段階の反応として書き表すこともできる．

$$Cu^{2+} + 4:NH_3 \rightleftharpoons [Cu(NH_3)_4]^{2+} \tag{6・49}$$

6・7・3 錯形成反応と安定度定数

金属イオンは**ルイス酸**，配位子は**ルイス塩基**であるから，このルイス酸・塩基の反応である金属錯体の生成反応（錯形成反応）についても，K_a と同様の解離平衡定数を定義することができる．しかし，(6・47)式が会合反応であることを考えると，解離定数で表すブレンステッド酸の場合と異なり，錯体の場合はその逆数である**安定度定数**（**錯形成定数**あるいは**生成定数**）で表すのが便利である．(6・49)式の安定度定数を β，(6・47)式の安定度定数を K_1，(6・48)式の安定度定数を上から K_2, K_3, K_4 とすると，β は (6・50)式のように表される．

$$\beta = \frac{[[Cu(NH_3)_4]^{2+}]}{[Cu^{2+}][NH_3]^4} = \frac{[[Cu(NH_3)_4]^{2+}]}{[[Cu(NH_3)_3]^{2+}][NH_3]} \times \frac{[[Cu(NH_3)_3]^{2+}]}{[[Cu(NH_3)_2]^{2+}][NH_3]}$$
$$\times \frac{[[Cu(NH_3)_2]^{2+}]}{[[Cu(NH_3)]^{2+}][NH_3]} \times \frac{[[Cu(NH_3)]^{2+}]}{[Cu^{2+}][NH_3]} = K_1 \times K_2 \times K_3 \times K_4 \tag{6・50}$$

K_1, K_2, … を**逐次生成定数**，β を**全生成定数**といい，一般に $K_1 > K_2 > K_3 > \cdots$ である．多段階の錯形成反応では，β は (6・50)式のように逐次生成定数の積で表される．

6・7・4 キレートとキレート効果

NH_3 が 2 個つながった形をしたエチレンジアミン $NH_2CH_2CH_2NH_2$（en と略記）のように，一つの分子中に 2 個の配位原子をもつものを**二座配位子**，一般に複数の配位原子をもつ配位子のことを**多座配位子**という．

二座配位子が金属イオンに結合すると，金属イオンはいわば蟹の両方のはさみで挟まれたような形になることから（図 6・6），二座配位子や多座配位子を**キレート**（ギリシャ語で蟹のは

さみの意）配位子という．そこで多座配位子からなる錯体を**金属キレート**，**キレート化合物**ともいう．キレート配位子は一般に単座配位子よりも安定な化合物をつくる．この安定化現象を**キレート効果**という．たとえば，ビス（エチレンジアミン）銅(II) 錯体の全生成定数は $\beta = 10^{20.0}$ とテトラアンミン銅(II) 錯体の全生成定数より 10^7 以上も大きい（表 6・5）．

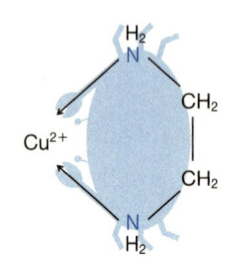

図 6・6 キレート化合物．

表 6・5 錯体の生成定数に及ぼすキレート効果

配位子	NH$_3$		NH$_2$CH$_2$CH$_2$NH$_2$ (en)	
金属イオン	log β_4	log β_6	log β_2	log β_3
Fe^{2+}	—	3.7	—	9.7
Co^{2+}	5.5	4.9	10.6	14.0
Ni^{2+}	7.4	8.7	13.7	18.3
Cu^{2+}	12.6	—	20.0	—
Zn^{2+}	9.0	—	11.2	—

NH$_3$ の β_4, β_6 は，それぞれ en の β_2, β_3 に対応する．

　生体中の金属イオンのほとんどはアミノ酸その他の生体分子とキレート化合物を形成している．また，血液の凝固防止剤として用いられる六座配位子の EDTA (ethylenediamine tetraacetic acid：エチレンジアミン四酢酸) の効果は，EDTA が血液凝固因子のひとつである Ca^{2+} と安定な錯体をつくることに基づいている（図 6・7）．EDTA はキレート滴定法という Ca^{2+}，Mg^{2+} や他の金属の分析法や，生化学的研究に際して生物試料中に混在する微量金属を

解説 6・4　HSAB の考え方

　錯体の安定性に関する配位原子と中心金属の組合わせの経験則として Hard and Soft Acids and Bases，HSAB の概念が提案されている．Mg^{2+}，Ca^{2+}，Al^{3+}，Fe^{3+} などの金属イオンでは各種の錯体の安定性は配位原子が F＞Cl＞Br＞I, O＞S, N＞P の順になり，Cu$^+$，Ag$^+$，Cd^{2+} などではこの逆の順序になる．錯形成反応はルイスの定義では酸・塩基反応とみなすことができるので，この安定な錯体をつくる組合わせに関して，ピアソンは，硬い酸（金属イオン）は硬い塩基（配位子），軟らかい酸は軟らかい塩基と安定な錯体をつくるとする HSAB の概念を提案した．硬い酸とは Mg^{2+} や Al^{3+} のようにイオン半径が小さくて高電荷のもの，その逆が軟らかい酸で Cu$^+$ や Cd^{2+} などがある．硬い塩基とは F$^-$, O^{2-} のように電気陰性度が大きくて分極率が小さい陰イオン，その逆の I$^-$, S^{2-}, Se^{2-} などが軟らかい塩基である．

　この考えは反応の定性的予想などに大変便利であり，生体内の無機元素の振舞いを理解するうえでも有用である．たとえば Cu$^+$, Cd^{2+}, Ag$^+$ などの重金属は重金属の解毒タンパク質であるメタロチオネインなどでみられるように硫黄を配位原子とする安定な錯体を生成するし，Mg^{2+}, Ca^{2+}, Al^{3+}, Fe^{3+} といった硬い酸は，ATP 錯体，ポリフェノール錯体などのように，硬い塩基である酸素を配位原子とする配位子と安定な化合物を形成する．Fe^{2+}, Cu^{2+}, Zn^{2+} などの金属イオンはその中間に属し，各種の金属酵素などでみられるように N および S, O を配位原子とする錯体を形成する．

6・7 錯形成反応は広義の酸・塩基反応である

除くためにも用いられる．食品添加物や薬剤などとしても多用されている．

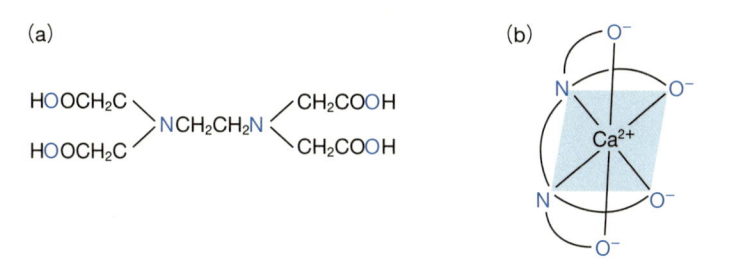

図 6・7 Ca^{2+} と EDTA との錯体．(a) EDTA の構造，(b) $[Ca(EDTA)]^{2-}$ の錯体．

以上のように錯形成反応は広義の酸・塩基反応とみなすことができる．このルイス酸とルイス塩基の反応である錯形成においては，**HSAB** といわれる安定な錯体をつくるための配位原子と中心金属の特別の組合わせに関する経験則が存在している（解説 6・4）．HSAB の考えは生体内の金属イオンのタンパク質などとの錯形成を理解するうえでも有用な概念である．

基本問題

6・1　酸性，アルカリ性とは何か．また，酸性，アルカリ性を示す物質をあげよ．
6・2　水素イオン濃度と pH について述べよ．
6・3　0.01 mol/l の塩酸水溶液の pH はいくつか．
6・4　pH 3 の塩酸水溶液を 10 倍に薄めた水溶液の pH はいくつか．
6・5　0.001 mol/l の NaOH 水溶液の水素イオン濃度と pH はいくつか．

7 ATPと化学エネルギー

> 第1章で述べたように，ATPは地球上の生命を特徴づける物質のひとつである．かつて，生命は物理学の法則に従わないといわれた時代があったが，ATPのもつ化学エネルギーを考慮することにより，生命現象を，自然科学の言葉で合理的に説明することが可能となった．本章では，「ATPのもつ化学エネルギーとは何か？」，「生命現象におけるATPの役割は何か？」という2点を疑問として，化学熱力学の基礎を学ぼう．

7・1 生命の営みとはATPを合成し消費することである

植物は光合成によって太陽の光エネルギーを化学エネルギーに変換し，ATPや糖類などの物質を生産している．一方，動物は糖類などの物質代謝[*1]で得られるエネルギーを利用している．これらのエネルギーから，ATPが合成され，体内のATPを利用してさまざまな生命現象が営まれる（表7・1）．物質代謝の重要な経路である解糖系について示したのが図7・1である．この経路では，4分子のATPが合成されるが，そのために2分子のATPを使っている．

表7・1 生命におけるヌクレオシド三リン酸[†]の関与

現象のタイプ		生命現象
生体有機化合物の合成	（低分子）	核酸塩基，アミノ酸，単糖，脂質の合成
	（高分子）	DNA複製，RNA合成，タンパク質合成
能動輸送		Na^+ポンプ，膜輸送
メカノケミカル反応		筋肉の収縮，べん毛・せん毛運動
スイッチのon/off		情報伝達
細胞骨格の形成		アクチン線維，微小管の形成

† ATP, GTP, UTP, CTPなどはヌクレオシド三リン酸と総称される．

---

*1 食物として摂取した他の生物の構成物質を体内で分解することをいう．

7・1 生命の営みとはATPを合成し消費することである

これはどんな意味をもっているのだろうか．また，摂取したグルコースは，体内で効率的に代謝されている．なぜ，物質の変換が円滑に進行するのだろうか．本章では，エネルギーという点から，以上のことを考えていこう．

ATPのもつ化学エネルギーとは，ATPがADPとリン酸に加水分解されるときに放出されるエネルギーのことである（(7・1)式）．バイオサイエンスでは，リン酸は無機リン酸ともよばれ，P_iと表される．また，本章では，中性付近のpHをもつ細胞質ゾルや血液などにおける反応を考えるので，ATP，ADP，P_iは図4・28とは異なって解離型で示してあることに注意してほしい．(7・1)式を構造式で示したのが図7・2である．

$$ATP + H_2O \longrightarrow ADP + P_i + 化学エネルギー \qquad (7・1)$$

表7・1に示した生命におけるさまざまな化学反応は，この化学エネルギーを利用して進行する．光合成や物質代謝の過程で，化学エネルギーがつくり出され，ADPとP_iからのATP合成に利用される（(7・2)式）．

$$ADP + P_i + 化学エネルギー \longrightarrow ATP + H_2O \qquad (7・2)$$

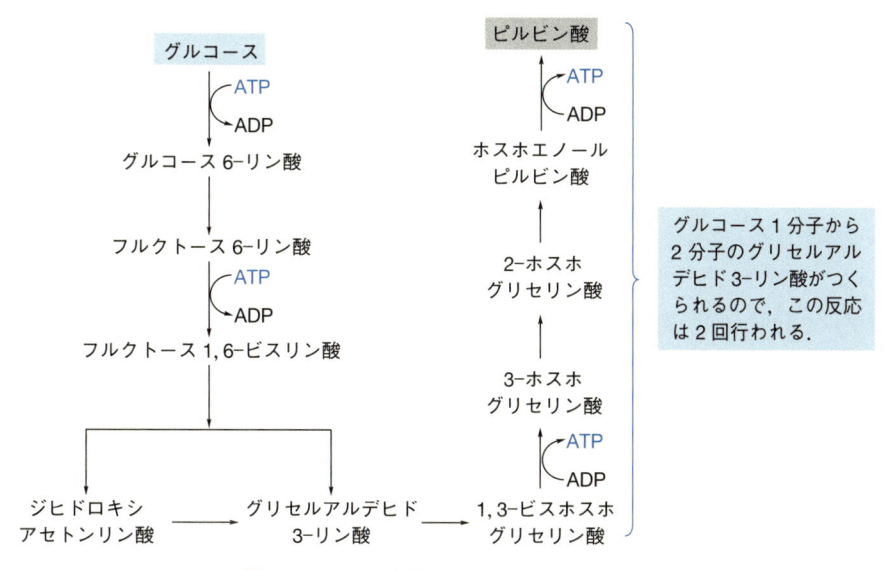

図7・1 ATP合成の主要な経路——解糖系．

図7・2 ATPの加水分解反応．

7・2 化学反応はエネルギーの出入りをともなう

ATPの加水分解によって生じる化学エネルギーとは、どのようなものだろうか．本節では、最も小さい有機化合物であるメタンCH_4の反応を例にして、この化学エネルギーについて考えてみよう．

7・2・1 化学反応と熱の出入り

鳥やほ乳動物は、一定の体温を維持している．この体温のもとになっているのは、生体内で起こる化学反応によって生じる熱である．化学物質の入った試験管の中で化学反応が起こると、試験管が熱くなったり、冷たくなったりする．これは、化学反応のさいに熱の放出や吸収が起こるためである．すなわち、化学反応は、熱の出入りをともなう．この化学反応と熱に関する学問が**化学熱力学**で、熱量という概念から物質の状態変化を認識する熱力学という学問体系を基礎としている．

熱力学では、系と外界における熱と仕事のやりとりを問題とする．系には、外界との物質、エネルギー、仕事のやりとりの有無によって**開放系**、**閉鎖系**、**孤立系**の3種類がある（解説7・1）．たとえば、試験管内の水溶液中の反応を例にすれば、熱や物質の出入りがない周囲と隔離された試験管は孤立系、化学反応による熱の出入りはあるが物質の出入りのない試験管は閉鎖系である．閉鎖系から外界に熱が移動すれば、試験管は冷たくなり、外界から熱が閉鎖系に移動すれば、試験管は熱くなる．また、系は重力、気体の膨張するさいの力、張力、静電的な力などのいろいろな力を受けており、その力によって系が移動することがある．この力と移動距離の積が**仕事**である．熱や仕事に使われる系のもつエネルギーを**内部エネルギー**という．解説7・2に、理想気体を例にして、内部エネルギーについて述べている．

熱力学は、経験的な三つの法則をもとに成立している．**熱力学第1法則**は、孤立系の中で何らかの変化があっても、その孤立系のもつエネルギーの量は一定であるとか、閉鎖系が最初

解説 7・1　熱力学における系

孤立系とは、「物質も仕事もエネルギーも通さない壁をもつ系」のことで、**閉鎖系**とは、「外界との間に、物質のやりとりはできないがエネルギーや仕事のやりとりはできる系」のことである．この孤立系の中に存在する閉鎖系と外界の間における内部エネルギーUの変化ΔU、および熱q、仕事wのやりとりが問題とされる．これを示したのが図1である．

隕石などを無視すると、宇宙が孤立系、地球が閉鎖系、太陽が熱qの供給源とみなすことができる．これに対して、生命のように「外部との間に、物質もエネルギーや仕事と同様にやりとりのできる系」は**開放系**とよばれる．

$$\Delta U = q + w$$

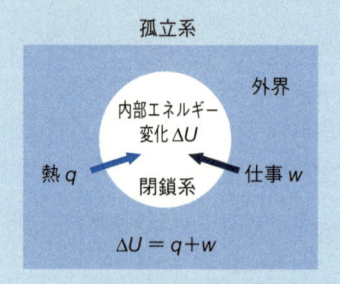

図1　孤立系の中にある閉鎖系．

7・2 化学反応はエネルギーの出入りをともなう

の状態から最後の状態に移る過程で，系が外界から吸収する熱と外界からなされる仕事の和は最初の状態と最後の状態だけで決まり，途中の経路によらない と表現される．これらを数式で表したらどのようになるのだろうか．そのために，孤立系を全体，閉鎖系を系と表し，閉鎖系と外界の間でやりとりされる熱を q，仕事を w，閉鎖系の内部エネルギーを U とする．

最初の状態にある系の内部エネルギーは U_1 で，熱 q を得て，外部に仕事 w を行い，内部エネルギーが U_2 という最後の状態に変化した場合を例にしよう（図7・3）．符号は系からみた

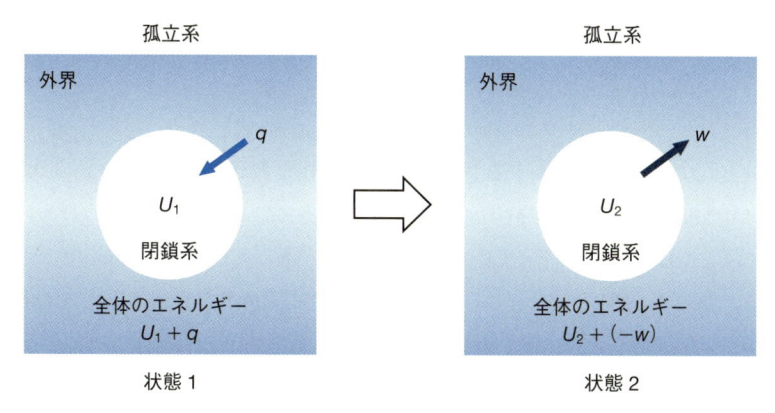

図7・3 閉鎖系の状態変化と孤立系全体のエネルギー．

ものなので，系が得る熱は $+q$，系が外界にする仕事は $-w$ である．したがって，

$$U_1 + q = U_2 + (-w) \quad (7\cdot3)$$

となる．また，内部エネルギー変化を ΔU とすると，(7・3)式は(7・4)式のように書き直せ

解説7・2　　内部エネルギー

質量 m の理想気体（1原子分子）が N 個含まれた閉鎖系を例として，内部エネルギーを説明しよう．この気体分子の運動は並進運動のみであるから，分子のもつエネルギー ε は，速度 u とすると，

$$\varepsilon = \frac{1}{2}(mu_x^2 + mu_y^2 + mu_z^2) \quad (1)$$

であり，閉鎖系の内部エネルギー U は，

$$U = \frac{Nm}{2}(\overline{u_x^2} + \overline{u_y^2} + \overline{u_z^2}) \quad (2)$$

となる．発展学習6で述べたように，

$$\overline{u_x^2} = \overline{u_y^2} = \overline{u_z^2} = \frac{kT}{m} \quad (3)$$

であるので，

$$U = \frac{Nm}{2} \times \frac{3kT}{m} = \frac{3}{2}NkT = \frac{3}{2}nRT \quad (4)$$

となる．

2原子分子になると，並進運動のほかに，振動と回転運動を行っている．振動のエネルギーは並進運動のエネルギーに対し無視できて，回転のエネルギーは NkT に等しいので，内部エネルギー U は，

$$U = \frac{3}{2}NkT + NkT = \frac{5}{2}NkT = \frac{5}{2}nRT \quad (5)$$

となる．

$$\Delta U = U_2 - U_1 = q + w \tag{7・4}$$

これらの (7・3)式と (7・4)式は，それぞれ，「孤立系のもつエネルギー量は一定」と「途中の経路によらず最初と最後の状態で決まる」という表現を数学的に表したものである．

反応熱の測定は，通常，大気圧下で行われる．すなわち，一定圧力のもとでの熱の出入り q が問題とされる．この条件のもとで閉鎖系が外部に対して行う仕事は，体積仕事で，$-P\Delta V$ に等しい（解説 7・3）．したがって，(7・4)式は，

$$q = \Delta U + P\Delta V \tag{7・5}$$

となる．この一定圧力のもとでの熱の出入り q は，ΔH と書かれ，**エンタルピー変化**とよばれる．

具体的な例として，CH_4 が燃焼するさいの熱の出入りを考えてみよう．1 mol の CH_4 を燃焼すると，25 ℃（298 K），1 atm の下で 890 kJ を発熱する．これは，

$$CH_4 + 2O_2 \longrightarrow CO_2 + 2H_2O \qquad \Delta H = -890 \text{ kJ/mol} \tag{7・6}$$

と表現される．反応が**発熱**の場合には，系が熱を失って外界が熱を得ることを意味するので，符号が**負**（$\Delta H < 0$）となる．一方，**吸熱**の場合には，符号が**正**（$\Delta H > 0$）となる．

化学反応のさいの反応熱 ΔH は，測定することができる．しかし，測定値は条件（反応物の物質量，温度，圧力）によって異なるので，一つの化学反応に一つの数値が対応するためには，定まった反応条件としなければならない．この条件が，1 mol の物質が**標準状態**（1 atm，298 K）で反応するというもので，その値は**標準エンタルピー**とよばれ，$\Delta H°$ と書く．

解説 7・3　体積変化のする仕事

図 1 のように断面積 S の容器に入ったピストン内の気体を系として，外界との仕事の出入りについて考える．

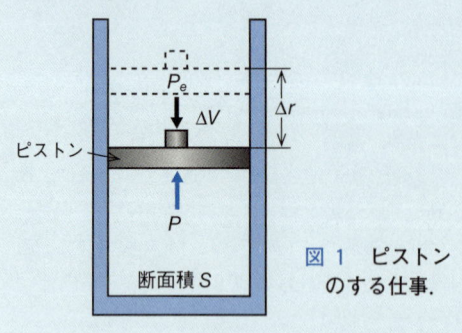

図 1　ピストンのする仕事．

内圧 P よりも小さな外圧 P_e のもとで，系が膨張して距離 Δr だけ移動した場合を考えよう．膨張した気体の体積変化 ΔV は，

$$\Delta V = S \times \Delta r \tag{1}$$

となり，系が受ける力 f は，

$$f = P_e \times S \tag{2}$$

となる．ピストンが系に対して行った仕事を Δw とすると，

$$\Delta w = -f \times \Delta r = -P_e \times S \times \Delta r$$
$$= -P_e \times \frac{\Delta V}{\Delta r} \times \Delta r = -P_e \times \Delta V \tag{3}$$

この外圧 P_e が内圧 P より小さい場合には，与えた仕事以上のエネルギーを与えなければ系がもとの状態に戻らない不可逆な過程である．第 7 章は可逆過程の熱力学を扱っているので，可逆な過程を考えよう．可逆な過程は，P_e が P よりも無限小だけ小さく，系が無限にゆっくりと膨張する場合である．この可逆過程における体積仕事 w は，

$$w = -P \times \Delta V \tag{4}$$

となる．

(7・6)式の反応条件は標準状態なので,

$$CH_4(g) + 2O_2(g) \longrightarrow CO_2(g) + 2H_2O(l) \qquad \Delta H° = -890 \text{ kJ/mol} \qquad (7・7)$$

と書くこともできる．(g) と (l) は，標準状態における物質の状態が，それぞれ，気体と液体であることを示している．固体の場合は (s) と書かれる．

標準状態における化学反応のエンタルピー変化 $\Delta H°$ は，化合物 1 mol が元素から標準状態で生成するときの反応のエンタルピー変化（**標準生成エンタルピー**）$\Delta H_f°$ から予測することができる．$\Sigma \Delta H_f°$（反応），$\Sigma \Delta H_f°$（生成）をそれぞれ反応系，生成系の各物質の標準生成エンタルピーの和とすると，$\Delta H°$ は (7・8)式で表すことができる．

$$\Delta H° = \Sigma \Delta H_f°(\text{生成}) - \Sigma \Delta H_f°(\text{反応}) \qquad (7・8)$$

表7・2に，標準生成エンタルピーの値を示した．なお，O_2 のような安定な単体の $\Delta H_f°$ は 0

表 7・2 標準生成エンタルピー $\Delta H_f°$

化合物	$\Delta H_f°$ (kJ/mol)
$CH_4(g)$	-74.8
$C_2H_6(g)$	-84.5
$C_2H_4(g)$	$+52.8$
$C_2H_2(g)$	$+226.9$
$C_2H_5OH(l)$	-277.6
$C_6H_6(l)$	$+49.0$
$CO_2(g)$	-393.5
$O_2(g)$	0.0
$H_2O(l)$	-285.8

となる．この表の値を使って，メタンの燃焼反応のエンタルピー変化が (7・7)式で与えられることを確かめてみよう．

例題7・1 表7・2に示した $CH_4(g)$, $O_2(g)$, $CO_2(g)$, $H_2O(l)$ の $\Delta H_f°$ の値より，標準状態における CH_4 の燃焼反応のエンタルピー変化を求めよ．

解
$\Delta H° = \Sigma \Delta H_f°(\text{生成}) - \Sigma \Delta H_f°(\text{反応})$
$= \{(-393.5 \text{ kJ/mol} + 2 \times (-285.8 \text{ kJ/mol})\} - \{(-74.8 \text{ kJ/mol}) + 2 \times 0\} = -890.3 \text{ kJ/mol}$

7・2・2 自然に起こる変化とエントロピーの増加

化学反応の熱の出入りの尺度は，エンタルピー変化 ΔH である．では，化学反応の進行を決める尺度は何であろうか．

自然に起こる変化について述べているのが，**熱力学第 2 法則**である．この法則は，自発的に進む変化（不可逆変化）では孤立系のエントロピーは必ず増加すると表現される．図7・4に示した温度 T_1 の熱い固体と温度 T_2 の冷たい固体を接したときのエントロピー変化 ΔS を考えよう．自発的に進む変化では，熱は温度が高い系から温度が低い系に伝わる．移動した熱を q とすると，

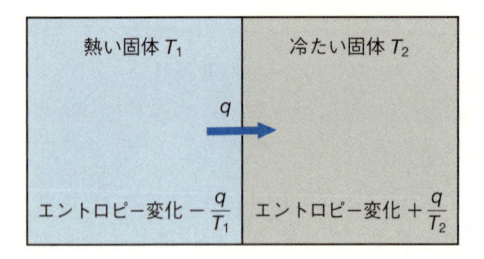

図 7・4　熱の移動とエントロピー変化.

$$\Delta S = \frac{q}{T} \tag{7・9}$$

と定義される．熱い固体，冷たい固体におけるエントロピー変化を，それぞれ ΔS(熱)，ΔS(冷)，全体のエントロピー変化を ΔS(全体) とすると，

$$\Delta S(\text{全体}) = \Delta S(\text{熱}) + \Delta S(\text{冷}) = \frac{(-q)}{T_1} + \frac{q}{T_2} \tag{7・10}$$

ここで，$T_1 > T_2$ であるので，ΔS(全体) > 0 となる．

試験管の中で化学反応が起こり，系と外部にそれぞれ ΔS(系) と ΔS(外界) のエントロピー変化が起こった場合を考えよう．外界は q（つまり $-\Delta H$）の熱を得るので，全体のエントロピー変化 ΔS(全体) は，

$$\Delta S(\text{全体}) = \Delta S(\text{系}) + \Delta S(\text{外界}) = \Delta S(\text{系}) + \frac{(-\Delta H)}{T} \tag{7・11}$$

となる．系のエントロピーが減少する場合でも，発熱反応（$\Delta H < 0$）であれば，全体のエントロピーが増加して，反応が自然に進行する可能性がある．CH_4 の燃焼反応もその例で，標準状態における ΔS(系) は -243 J/K mol であるが，全体の ΔS は正となり，反応は自然に進行する．例題 7・2 で，そのことを確かめよう．

例題 7・2　標準状態における CH_4 の燃焼反応による孤立系全体のエントロピー変化 ΔS(全体) を求めよ．

解　ΔH は -890 kJ/mol であるから，

$$\Delta S(\text{全体}) = \Delta S(\text{系}) + \frac{(-\Delta H)}{T} = (-243 \text{ J/K mol}) + (890 \text{ kJ/mol})/(298 \text{ K})$$

$$= (-243 \text{ J/K mol}) + (2987 \text{ J/K mol}) = 2744 \text{ J/K mol}$$

エントロピー変化は，一つの状態から別の状態に移るさいの値である．生成エンタルピーのように，物質ごとに決まる値が定められたら便利である．それを可能にするのが，**熱力学第3法則**である．この法則は，すべての純物質は 0 K で完全結晶[*1]となり，そのエントロピーは 0 であると表現される．つまり，物質のもつエントロピー S が定義できて，標準状態において各物質固有の S の値を数字で表すことが可能になる．標準状態における値は，**標準モルエン**

[*1]　分子振動のまったくない，つまり熱エネルギーをまったくもたない状態にある結晶.

トロピー $S°$ とよばれる．この S は，ミクロ（原子，分子のレベル）における状態の数と関連する（解説7・4参照）．

化学反応の ΔH が，$\Delta H°$ から計算できる（(7・8)式）ように，化学反応の ΔS（系）も（7・12）式で求めることができる．

$$\Delta S°(系) = \Sigma S°(生成) - \Sigma S°(反応) \tag{7・12}$$

表7・3に標準モルエントロピーを示した．例題7・3で，CH_4 の燃焼反応にともなう

表7・3 標準モルエントロピー $S°$

化合物	$S°$ (J/K mol)
$CH_4(g)$	186.2
$C_2H_6(g)$	229.5
$C_2H_4(g)$	219.5
$C_2H_2(g)$	200.8
$C_2H_5OH(l)$	160.7
$C_6H_6(l)$	124.5
$CO_2(g)$	213.6
$O_2(g)$	205.0
$H_2O(l)$	69.9

解説7・4　エントロピーの概念と無秩序さ

エントロピーを原子や分子のレベルでみたのが，ボルツマンである．彼は，分子レベルでの状態の数を W として，エントロピー S を，

$$S = k \times \ln W \quad (k\text{ はボルツマン定数}) \tag{1}$$

と定義した．この定義から熱力学第2法則と第3法則を考えると，理解しやすい．

W は，重複組合わせ

$$W = {}_nH_r = {}_{n+r-1}C_r \tag{2}$$

で求められる．

5原子からなる系と10原子からなる系を考えてみよう．このようなミクロの系では熱も量子化される．量子化された基本単位を熱エネルギーの単位としよう．熱エネルギーの単位が0の場合は，いずれの場合も，状態は一つである．熱エネルギーの単位が1，2，3と増加するにしたがって，5原子の系の状態の数は5，15，35となり，10原子の系は，10，55，220となる（右表）．すなわち，温度が高くなると，エントロピーは増加する．それぞれエネルギー単位0と1をもつ5原子からなる系が一緒になると，エネルギー単位1をもつ10原子からなる系になる．すると，W は6（=1+5）から10になる．すなわち，熱い固体と冷たい固体の間で熱の移動が起こるとエントロピーは増加する．接触する5原子の系のエネルギー単位が，それぞれ1と2であれば，W は20（=5+15）から220になる．以上のことから，熱力学第2法則でいう自然に進行する変化とは，原子や分子のとりうる状態が増加する方向の変化であると理解できる．

熱エネルギーの単位	W	
	5原子からなる系	10原子からなる系
0	1	1
1	5	10
2	15	55
3	35	220

熱エネルギーの単位が0であれば，原子の数に関係なく W は1である．すなわち，熱力学第3法則でいう0Kにおける完全結晶とは，この熱エネルギーの単位が0の状態なのである．

ΔS(系) を計算しよう.

例題 7·3　表 7·3 に示した $CH_4(g)$, $O_2(g)$, $CO_2(g)$, $H_2O(l)$ の標準モルエントロピー $S°$ の値より, CH_4 の燃焼反応のエントロピー変化 ΔS(系) を求めよ.

解
$$\Delta S°(系) = \Sigma S°(生成) - \Sigma S°(反応)$$
$$= \{(213.6 \text{ J/K mol}) + 2 \times (69.9 \text{ J/K mol})\} - \{(186.2 \text{ J/K mol}) + 2 \times (205.0 \text{ J/K mol})\}$$
$$= -242.8 \text{ J/K mol}$$

7·2·3　化学反応の進行と自由エネルギー変化

$\Delta H°$ を (7·8)式より求め, $\Delta S°$ を (7·12)式より求めれば, (7·11)式を用いて ΔS(全体) を計算できる. すなわち, 表 7·2 や表 7·3 のような $\Delta H_f°$, $\Delta S°$ より, 反応の進行を判断することができる. しかし, 三つの式ではなく, 一つの式から反応の進行が判断できたら便利である. (7·11)式を (7·13)式のように変形してみよう.

$$-T\Delta S(全体) = \Delta H - T\Delta S(系) \tag{7·13}$$

この $-T\Delta S$(全体) が **自由エネルギー（ギブズ自由エネルギー）変化** とよばれるもので, ΔG と書かれる.

$$\Delta G = -T\Delta S(全体) \tag{7·14}$$

すなわち, この ΔG で反応の進行が判断でき, 熱力学第2法則は, 自発的に変化の進行する系の反応では一定圧力下で $\Delta G < 0$ である といい換えることができる. また $\Delta G > 0$ であれば逆向きの反応が進行することを示し, $\Delta G = 0$ であれば平衡状態にあることを示す.

安定な単体からの標準状態における物質の生成の値は, **標準生成自由エネルギー** とよばれ, $\Delta G_f°$ と表記される. 安定に存在する単体の $\Delta G_f°$ は 0 で, 単体よりも不安定な物質の場合には $\Delta G_f° > 0$ となり, 単体よりも安定な物質は $\Delta G_f° < 0$ である.

標準状態における自由エネルギー変化 $\Delta G°$ は, (7·8)式や (7·12)式と同じように, (7·15)式で与えられる.

$$\Delta G° = \Sigma \Delta G_f°(生成) - \Sigma \Delta G_f°(反応) \tag{7·15}$$

表 7·4 に標準自由エネルギー変化 $\Delta G_f°$ をまとめた. 例題 7·4 からわかるように, 表 7·4

表 7·4　標準自由エネルギー $\Delta G_f°$

化合物	$\Delta G_f°$ (kJ/mol)
CH_4(g)	−50.8
C_2H_6(g)	−32.9
C_2H_4(g)	+68.1
C_2H_2(g)	+209.2
C_2H_5OH(l)	−171.4
C_6H_6(l)	+124.3
CO_2(g)	−394.4
O_2(g)	0.0
H_2O(l)	−237.2

の値から容易に反応の進行の判断ができる．

例題7・4　表7・4に示したCH$_4$(g)，O$_2$(g)，CO$_2$(g)，H$_2$O(l)の標準自由エネルギーの値から，CH$_4$の燃焼反応の$\Delta G°$を求めよ．

解
$\Delta G° = \Sigma \Delta G_f°(\text{生成}) - \Sigma \Delta G_f°(\text{反応})$
$= \{(-394.4 \text{ kJ/mol}) + 2 \times (-237.2 \text{ kJ/mol})\} - (-50.8 \text{ kJ/mol}) = -818.0 \text{ kJ/mol}$

7・3　生命における反応の進行方向は自由エネルギー変化で記述される

前節で，自由エネルギー変化が化学反応の進行の尺度となることを学んだ．本節では，この自由エネルギー変化から生体におけるATPの役割を理解しよう．

7・3・1　生命におけるATPの役割

物質代謝において重要なのは，グルコース C$_6$H$_{12}$O$_6$ がピルビン酸になる過程で，2分子のATPがADPに加水分解され，4分子のADPがATPになる反応経路である（図7・1参照）．この経路では，差し引き2分子のATPが合成される．

$$\text{グルコース} + 2\text{ADP} \longrightarrow 2\text{ピルビン酸} + 2\text{ATP} \tag{7・16}$$

この経路におけるATPの加水分解を必要とする反応と，ATPの合成される反応を例として，ATPの合成と分解の意義を考えよう．

このグルコースの代謝経路に関連する主な反応の標準自由エネルギー変化を表7・5に示した．前章で学んだように，多くの生体液のpHはほぼ中性である．したがって，生体反応の標準状態には，物質量，温度，圧力以外にpH 7という条件が加わる．この表において，$\Delta G°$ではなく$\Delta G°'$と表記されているのは，この区別を明確にするためである[*1]．また，バイオサイエンスにおいては，エネルギーの単位としてkcalが用いられる場合もある．

孤立系の中で，$\Delta G_1°$と$\Delta G_2°$の二つの化学反応が起こったときの自由エネルギー変化$\Delta G°$は，

表7・5　主な反応の標準自由エネルギー変化 $\Delta G°'$

反　応	$\Delta G°'$ (kJ/mol)
グルコース + P$_i$ ⟶ グルコース 6-リン酸 + H$_2$O	+13.8
グルコース 6-リン酸 ⟶ フルクトース 6-リン酸	+1.7
フルクトース 6-リン酸 + P$_i$ ⟶ フルクトース 1,6-ビスリン酸	+23.4
フルクトース 1,6-ビスリン酸 ⟶ ジヒドロキシアセトンリン酸 + グリセルアルデヒド 3-リン酸	−23.8
ジヒドロキシアセトンリン酸 ⟶ グリセルアルデヒド 3-リン酸	+7.5
1,3-ビスホスホグリセリン酸 + H$_2$O ⟶ 3-ホスホグリセリン酸 + P$_i$	−49.3
ホスホエノールピルビン酸 + H$_2$O ⟶ ピルビン酸 + P$_i$	−61.9
ATP + H$_2$O ⟶ ADP + P$_i$	−30.5
ADP + P$_i$ ⟶ ATP + H$_2$O	+30.5

[*1] 生物学的標準自由エネルギーともよばれる．

$$\Delta G° = \Delta G_1° + \Delta G_2° \tag{7・17}$$

である．したがって，$\Delta G_1°$ あるいは $\Delta G_2°$ が正であっても，全体の $\Delta G°$ が負であれば反応は進行する．

解糖系のはじめの反応であるグルコースと ATP から，グルコース 6-リン酸と ADP ができる反応

$$\text{グルコース} + \text{ATP} \longrightarrow \text{グルコース 6-リン酸} + \text{ADP} \tag{7・18}$$

は，(7・19)式と (7・20)式の二つの反応が同時に起こったと考えることができる．

$$\text{グルコース} + \text{P}_i \longrightarrow \text{グルコース 6-リン酸} + \text{H}_2\text{O} \quad (\Delta G°' = +13.8\,\text{kJ/mol}) \tag{7・19}$$

$$\text{ATP} + \text{H}_2\text{O} \longrightarrow \text{ADP} + \text{P}_i \quad (\Delta G°' = -30.5\,\text{kJ/mol}) \tag{7・20}$$

したがって，(7・17)式より，

$$\Delta G°' = +13.8\,\text{kJ/mol} + (-30.5\,\text{kJ/mol}) = -16.7\,\text{kJ/mol} < 0 \tag{7・21}$$

となり，(7・18)式の反応が進行することがわかる．すなわち，自然に起こらない (7・19)式の反応と，$\Delta G°'$ が大きく減少する (7・20)式の反応とが同時に起こり，(7・18)式の反応になることによって進行すると理解することができる．

ATP が合成される反応

$$\text{ホスホエノールピルビン酸} + \text{ADP} \longrightarrow \text{ピルビン酸} + \text{ATP} \tag{7・22}$$

は，同様に，

$$\text{ホスホエノールピルビン酸} + \text{H}_2\text{O} \longrightarrow$$
$$\text{ピルビン酸} + \text{P}_i \quad (\Delta G° = -61.9\,\text{kJ/mol}) \tag{7・23}$$

$$\text{ADP} + \text{P}_i \longrightarrow \text{ATP} + \text{H}_2\text{O} \quad (\Delta G° = +30.5\,\text{kJ/mol}) \tag{7・24}$$

の二つの反応が同時に起こったと考えられる．全体の $\Delta G°$ は (7・17)式により，

$$\Delta G°' = -61.9\,\text{kJ/mol} + 30.5\,\text{kJ/mol} = -31.4\,\text{kJ/mol} < 0 \tag{7・25}$$

と計算される．すなわち，$\Delta G°'$ が大きく減少する反応（(7・22)式）を利用して，ATP が合成されるのである．

7・3・2 生命における化学反応の進行と自由エネルギー変化

解糖系の代謝中間体の細胞内濃度の一例を，表 7・6 に示した．栄養状態があまり変わらない

表 7・6 主な代謝中間体の濃度

代謝中間体	濃度(μmol/l)
グルコース	5000
グルコース 6-リン酸	83
フルクトース 6-リン酸	14
フルクトース 1,6-ビスリン酸	31
ジヒドロキシアセトンリン酸	138
グリセルアルデヒド 3-リン酸	19
3-ホスホグリセリン酸	118
ホスホエノールピルビン酸	23
ピルビン酸	51

7・3 生命における反応の進行方向は自由エネルギー変化で記述される

範囲では，一つの細胞内の代謝中間体の濃度はほぼ一定である．なぜ，そうなるのだろうか．

この問題を考えるために，化学平衡と自由エネルギーの関係をみてみよう．なお，生体中の反応を問題としているので，標準自由エネルギーは $\Delta G^{\circ\prime}$ で表す．化学反応

$$A + B \rightleftharpoons C + D \tag{7・26}$$

の反応物質，生成物質が溶液中に，それぞれ [A]，[B]，[C]，[D] の濃度で存在する場合を考えよう．このときの ΔG は，(7・27)式で与えられる．

$$\Delta G = \Delta G^{\circ\prime} + RT \ln \frac{[C][D]}{[A][B]} \tag{7・27}$$

この値が負であれば C や D が生成する側に反応が進み，正であれば A や B が生成する側に反応が進む．反応の結果，ΔG が 0 になったとしよう．これが**平衡状態**である．このとき，

$$\Delta G^{\circ\prime} = -RT \ln \frac{[C][D]}{[A][B]} = -RT \ln K = -2.303\, RT \log K$$

$$K = \frac{[C][D]}{[A][B]} \quad \text{（平衡定数）} \tag{7・28}$$

という関係が成り立つ．すなわち，平衡定数から $\Delta G^{\circ\prime}$ を知ることができる．

例題 7・5 ジヒドロキシアセトンリン酸からグリセルアルデヒド 3-リン酸に変換する反応の平衡定数を求めよ．

解 この $\Delta G^{\circ\prime}$ は，表 7・5 より $+7.5\,\text{kJ/mol}$ である．R は 8.3 J/K mol であるので，$\Delta G^{\circ\prime} = -RT \ln K$ より，$K = \exp(-\Delta G^{\circ\prime}/RT) = \exp\{-(7500\,\text{J/mol})/8.3\,\text{J/K mol} \times 298\,\text{K}\} = \exp(-3.0) = 5.0 \times 10^{-2}$

ΔG° は平衡定数と関係があるのに対し，ΔG は反応の進行と関係がある．反応が生成側に進行するためには，

$$\Delta G = \Delta G^{\circ\prime} + RT \ln \frac{[C][D]}{[A][B]} < 0 \tag{7・29}$$

の関係が満たされればよい．すなわち，$\Delta G^{\circ\prime} > 0$ の場合でも反応系が大過剰に存在して，

$$-RT \ln \frac{[C][D]}{[A][B]} > \Delta G^{\circ\prime} \tag{7・30}$$

となれば，(7・29)式を満たすので反応は生成側に進行する．

例題 7・5 で求めたように，ジヒドロキシアセトンリン酸とグリセルアルデヒド 3-リン酸の平衡は，20:1 と前者の側に片寄っている．一方，表 7・6 には，前者の濃度（138 μM）は後者（19 μM）よりもはるかに高いことが示されている．この理由を，(7・27)式をもとに考えてみよう．

$$\begin{aligned}
\Delta G &= \Delta G^{\circ\prime} + RT \times \ln \frac{[\text{グリセルアルデヒド-3 リン酸}]}{[\text{ジヒドロキシアセトンリン酸}]} \\
&= +7.5\,\text{kJ/mol} + (8.3\,\text{J/K mol} \times 298\,\text{K}) \times \ln(19(\mu\text{mol/l})/138(\mu\text{mol/l})) \\
&= +7.5\,\text{kJ/mol} + (-4.9\,\text{kJ/mol}) = +2.6\,\text{kJ/mol}
\end{aligned} \tag{7・31}$$

すなわち，ジヒドロキシアセトンリン酸の濃度を高く保つことにより，ΔG の正の値を減少させ，この反応の進行を可能としていることが理解される．

各中間代謝物質を水槽で表し，代謝経路を水槽間の水の流れで説明したのが図7・5である．水槽の置かれた台の高さは代謝物質の ΔG_f°，各台の高さの差は反応の ΔG°，水槽の水量が各物質の量に相当すると考えてほしい．

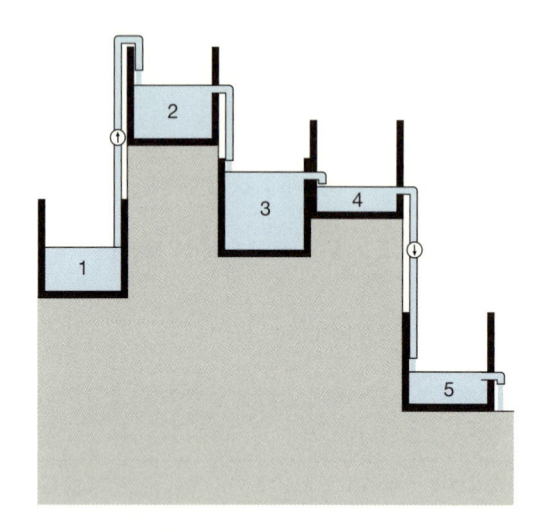

図 7・5 解糖系のモデル．

i) 水槽1から水槽2に水を流すことは，ΔG° が増加する反応を示している．この場合には，ポンプを用いて水をくみ上げる必要がある．このポンプの使用する電気に相当するのがATPである．

ii) 水槽2から水槽3への水の流れは，ΔG° が減少する反応に相当する．この場合には，自然に水が流れる．

iii) 水槽3から水槽4に水を流すことも，i) と同様に ΔG° が増加する反応である．この場合のように高さの差が大きくない場合には，図のように水槽3の水の高さを高くすることにより，水槽4に水を流すことができる．すなわち，細胞内の代謝物質の濃度を高く保つことにより，代謝経路の進行を可能にすることと同じである．

iv) 水槽4から水槽5への水の流れは，ΔG° が大きく減少する反応に相当する．この高さの差のエネルギーを利用して，発電することができる．この発電がATP合成に相当する．

このように，生命は，自然に進行する反応のさいに生じる化学エネルギーからATPを合成し，ATPを利用して生命活動を営んでいるのである．

7・3・3 ATP分解のさまざまな利用

これまで説明してきたATPの利用は，表7・1の「生体分子の合成」におけるATPの役割である．濃度が異なる二つの系では，高濃度の系から低濃度の系への物質の移動が自然の変化として起こる．ところが生命では，低濃度の系から高濃度の系に物質が移動する反応がしばしば起こる．それが**能動輸送**といわれるもので，ATP加水分解のさいの自由エネルギーが利用さ

7・3 生命における反応の進行方向は自由エネルギー変化で記述される 129

れている．その一例が，Na$^+$, K$^+$-ATP アーゼ（Na$^+$, K$^+$ポンプ）の関与する反応である．このタンパク質は，ATP の加水分解と同時に，濃度勾配に逆らって，細胞内の Na$^+$ を細胞外にくみ出し，細胞外の K$^+$ を細胞内にくみ入れるはたらきをしている（図 7・6）．その結果，細

話題 9

ATP，GTP の非水解性アナローグ

ATP，GTP の加水分解酵素や結合タンパク質におけるヌクレオチドの役割を調べるのに有効な方法のひとつは，加水分解を受けないアナローグ（構造類似体）を ATP や GTP の代わりに用いることである．図 1 に，主な GTP の非水解性アナローグとそれらの化学構造を示した．

図 2(a) に示すように刺激がないときには，G タンパク質は GDP と結合しており，スイッチ off の状態にある．ホルモンが受容体に結合すると，G タンパク質の結合ヌクレオチドが GTP に代わり，スイッチ on となり，その情報がアデニル酸シクラーゼに伝えられる．ATP からの cAMP の生産が促進され，細胞内の cAMP が上昇し，その細胞にホルモンの作用が現れる．この on の状態は一過性で，やがて加水分解されて GDP となり，off の状態に戻る．ここで，GTP の代わりに非水解性アナローグ GMP–PNP を加えると，アデニル酸シクラーゼの活性は高く維持されたままで，細胞内の cAMP 濃度は著しく上昇する（図 2b）．すなわち，GTP の加水分解は，cAMP のスイッチ on に必要なのではなくて，再びスイッチ off の状態に戻れるのに必要なのである．スイッチ on は，GTP の結合で起こるのである．この加水分解の役割は，自由エネルギー変化で説明できるのだろうか．興味ある問題である．

図 1 GTP の非水解性アナローグの化学構造．

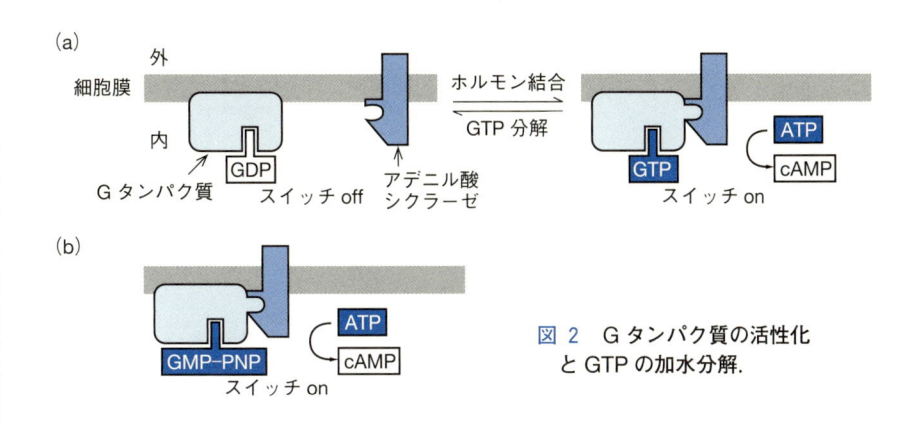

図 2 G タンパク質の活性化と GTP の加水分解．

胞内は K^+ 濃度が高く，細胞外は Na^+ 濃度が高く保たれている．筋肉の収縮の場合には，自由エネルギーが筋肉の行う仕事のエネルギーに変換されていると考えられている．

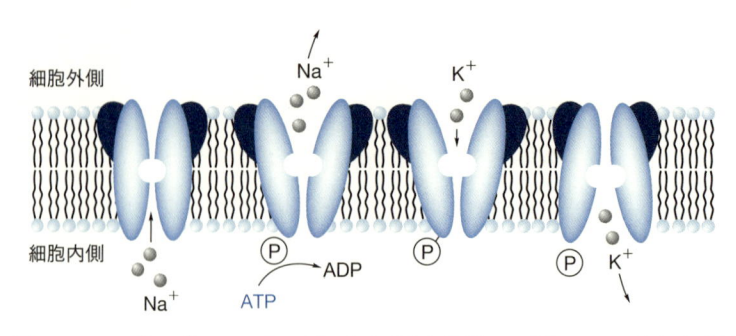

図 7・6　Na^+, K^+-ATP アーゼによるイオン輸送．1 分子の ATP を加水分解するごとに，3 個の Na^+ を放出し，2 個の K^+ を取込む．

それに対し，他の三つのタイプをみてみよう．DNA や RNA の合成は，ヌクレオチド三リン酸の加水分解をともなうので，それによって反応の進行に十分な自由エネルギーの減少が起こる．しかし，この反応に関係する酵素の中には，ATP の加水分解をともなうものが少なくない．では，自由エネルギーは何に使われているのであろうか．また，情報伝達タンパク質である G タンパク質や Ras タンパク質における GTP の加水分解によるスイッチ on/off の制御や，アクチン線維あるいは微小管の形成のさいに起こるアクチン結合 ATP やチューブリン結合 GTP の加水分解はどんな意義があるのだろうか．はたして熱力学の言葉で説明できるのだろうか．これらのことを研究する場合，ATP や GTP の加水分解されない構造類似体（非水解性アナローグ）が使われる．話題 9 で，この非水解性アナローグを利用した G タンパク質の研究例を紹介する．

基 本 問 題

7・1 以下の反応は発熱反応か吸熱反応かをいえ．
　i）硫酸に水を加えると危険なので，大量の水に硫酸を少量ずつ加えることにより希釈する．
　ii）硝酸アンモニウムの溶液を調製するさい，溶液の温度が下がるのでヒーターで暖めながら溶解させる．

7・2 25 °C を絶対温度で表せ．

7・3 自然に起こらない変化はどれか．
　i）熱は熱い固体から冷たい固体に伝わる．
　ii）空気中では，鉄はさびる．
　iii）アミノ酸の溶液から，ペプチドができる．

8

生体反応とその速度

　第5章で述べたように，細胞膜上にも，細胞質ゾル中にもタンパク質は存在し，いろいろな生体反応に関与している．これらの反応の速度は，生命現象を営むうえできわめて重要である．本章では，「**反応の速さはどのように表すのか？**」，「**これらの反応の速さはいかにして決まるのか？**」という2点を疑問として，化学反応の速度について学ぼう．

8・1　タンパク質はいろいろな生体反応に関与している

　タンパク質はいろいろな反応に関与し，生命活動において重要なはたらきをしている．

　細胞膜上では，タンパク質が細胞外の特定の分子と結合し，細胞を取巻く環境の変化をこの情報伝達タンパク質を介して核内に伝えている．これらのタンパク質は，相手分子を特異的に識別して，結合する．特に，図8・1(a) に示すように細胞膜上のタンパク質は**受容体**，結合

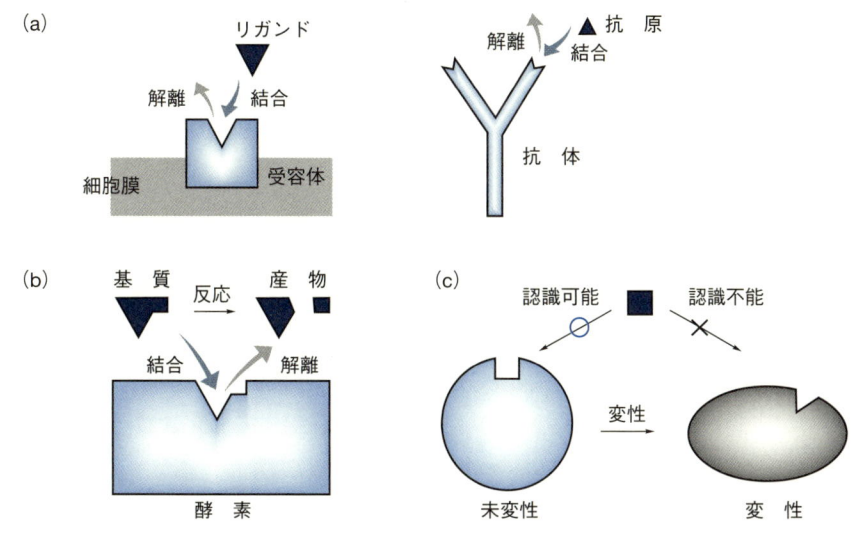

図 8・1　**タンパク質の反応**．(a) 結合反応，(b) 酵素反応，(c) 失活反応．

分子は**リガンド**とよばれる．また，血漿中に存在する抗体は，体内に侵入した物質と特異的に結合し，外敵からの防御に重要なはたらきをしている．受容体とリガンドが結合したもの，抗体と抗原が結合したものは，ともに**複合体**とよばれている[*1]．

細胞質ゾルには，解糖系の諸反応に関与する酵素が存在し，ある中間代謝物質を別の化学物質に変換するはたらきをしている．このほかにも酵素は，生命活動に必要ないろいろな反応を触媒している．図8・1(b)に示すように酵素に認識される物質と反応後の物質は，それぞれ**基質**と**産物**とよばれる．また，酵素と基質が結合したものも，"複合体"とよばれる．触媒と酵素については8・3節と8・4節で述べる．

タンパク質の構造は，構成するアミノ酸側鎖間にはたらく分子間相互作用により一定に保たれ，話題3の抗原抗体複合体のように，タンパク質とその結合分子とは「鍵と鍵穴」の関係をもっている．溶液のpHや温度が変わると，この構造が変化して，結合分子の認識能力が失われることがしばしば認められる（図8・1(c))．これが**タンパク質の失活**という現象である．

8・2 反応速度は反応次数で表される

化学反応の速度は，どのように表されるのだろうか．ここでは，まず反応の次数について述べよう．

8・2・1 反応速度

化学物質AがBに変化する反応

$$A \longrightarrow B \quad (8\cdot1)$$

を考えよう．反応速度vは，反応物質濃度の減少あるいは生成物質濃度の増加の速度で表される．すなわち，

$$v = -\frac{d[A]}{dt} = \frac{d[B]}{dt} \quad (8\cdot2)$$

である．ここで濃度が減少する速度には−の符号がつくことに注意してほしい．

速度vが反応物質や生成物質の濃度にかかわらず一定の値をとる場合は，[A]の減少の速度は，

$$-\frac{d[A]}{dt} = k \ (= k \times [A]^0) \quad (8\cdot3)$$

と書ける．また，Aの濃度に比例する場合は，

$$-\frac{d[A]}{dt} = k[A] \ (= k \times [A]^1) \quad (8\cdot4)$$

である．(8・3)式，(8・4)式を**速度式**といい，この定数kは**速度定数**とよばれる．(8・3)式と(8・4)式の反応において，[A]のべき数0（[A]^0）と1（[A]^1）を**反応次数**とよび，それぞれ

[*1] 複合体の英語名は，錯体と同じcomplexである．受容体結合分子の英語名は，配位子と同じ英語名称ligandが用いられている．

の反応を，**零次反応**，**一次反応**という．

つぎに，AとBが結合する反応

$$A + B \longrightarrow AB \tag{8・5}$$

を考えよう．この場合の反応速度 v は，

$$v = -\frac{d[A]}{dt} = -\frac{d[B]}{dt} = \frac{d[AB]}{dt} \tag{8・6}$$

なので，[AB] の増加が，[A] と [B] の積に比例するとき，

$$\frac{d[AB]}{dt} = k[A][B] \ (= k \times [A]^1 \times [B]^1) \tag{8・7}$$

と書ける．(8・7)式で表される反応は，[A] と [B] のべき数の和 (2 = 1 + 1) から**二次反応**とよばれる．

一般に，反応速度が，

$$v = k \times [A]^a[B]^b \tag{8・8}$$

で表されるとき，**($a+b$) 次の反応**という．

8・2・2 一次反応の速度

時間 $t = 0$ のときのAの濃度すなわち初濃度を $[A]_0$ として，(8・4)式を積分すると，

$$-\int_{[A]_0}^{[A]} \frac{d[A]}{[A]} = k\int_0^t dt \quad \text{すなわち} \quad -\ln\frac{[A]}{[A]_0} = kt \tag{8・9}$$

となり，さらに変形すると $[A] = [A]_0 e^{-kt}$ となる．よって，一次反応では濃度が時間とともに指数関数の形で減少していくのがわかる（図 8・2(a)）．また (8・9)式をもっと便利な形で表せば，

$$\log\frac{[A]}{[A]_0} = -\frac{1}{2.303}kt = -0.434kt \tag{8・10}$$

となる．そこで図 8・2(b) のように $\log([A]/[A]_0)$ を時間に対してプロットしたとき直線が得られれば，この反応は一次反応といえる．さらに，[A] が $[A]_0$ の 1/2 となる時間（**半減期**）

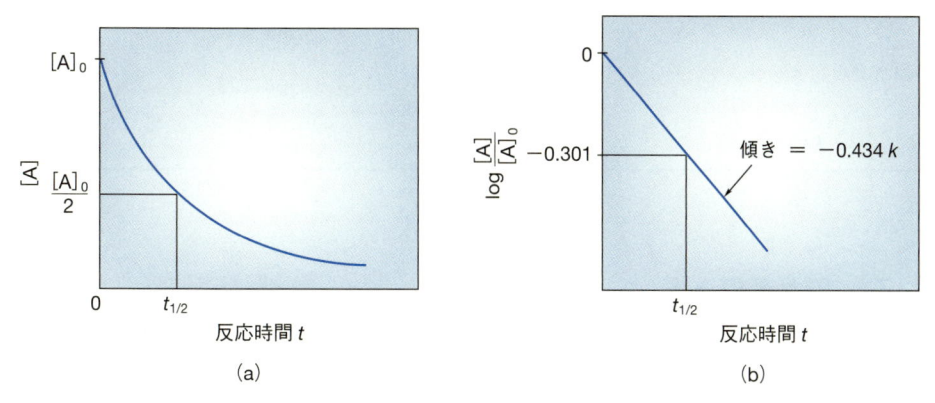

図 8・2 一次反応の速度．

$t_{1/2}$ を考えよう．(8・10)式に $[A] = [A]_0/2$ を代入すると，

$$\log \frac{1}{2} = -0.434 k t_{1/2} \quad \text{すなわち} \quad t_{1/2} = \frac{0.693}{k} \quad (8\cdot11)$$

となる．よって，$t_{1/2}$ は初濃度に関係なく，速度定数にのみ依存し，この値から k を知ることができる（図8・2）．

例題 8・1 過酸化水素の分解反応は，

$$2H_2O_2 \longrightarrow 2H_2O + O_2$$

で表すことができる．ある条件下で，過酸化水素の残存の割合 W （$[H_2O_2]/[H_2O_2]_0$）を測定したところ，下表のような結果が得られた．この反応が一次反応であることを示せ．また，この反応の半減期から，速度定数を求めよ．

H_2O_2 の分解速度

t (min)	W	$\log W$	t (min)	W	$\log W$
0	1.00	0	8	0.292	-0.535
2	0.747	-0.127	10	0.216	-0.665
4	0.545	-0.264	12	0.160	-0.796
6	0.399	-0.399			

解 縦軸に $\log W$，横軸に t をとり，グラフを書くと下図のようになる．直線関係があるので，(8・10)式より，一次反応であることがわかる．図より $t_{1/2}$ は，4.7 min となる．したがって，(8・11)式より，

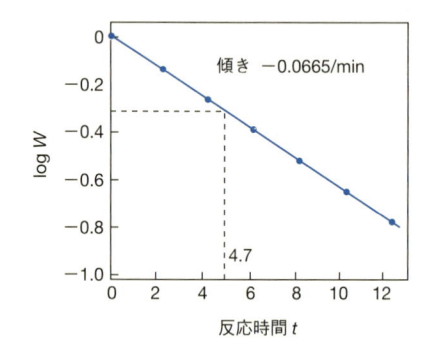

$$k = 0.693/t_{1/2} = 0.693/4.7 \text{ min} = 0.15/\text{min}$$

k は傾きからも求めることができる．傾きは，$-0.0665/\text{min}$ である．(8・10)式より，

$$-0.434 k = -0.0665/\text{min}$$

よって，$k = 0.15/\text{min}$

8・2・3 二次反応の速度

(8・7)式で表される二次反応について，$[A]_0 < [B]_0$ なるときを例にとって，$[AB]$ と t のグラフが，およそどんな形になるか考えてみよう．

t が小さいとき，$[AB]$ の値は $[A]_0$，$[B]_0$ に比べて十分小さいので，

$$[A] = [A]_0 - [AB] \fallingdotseq [A]_0 \quad \text{および} \quad [B] = [B]_0 - [AB] \fallingdotseq [B]_0 \quad (8\cdot12)$$

と近似できる．よって v は，

$$v = \frac{d[AB]}{dt} = k[A][B] \fallingdotseq k[A]_0[B]_0 \quad (8\cdot13)$$

と書ける．$[A]_0$，$[B]_0$ は定数なので $k[A]_0[B]_0 = k'$ とおくと，(8・14)式となる．

$$[AB] = k[A]_0[B]_0 t = k't \quad (8\cdot14)$$

すなわち，このときの v は零次反応である．

つぎに，t がきわめて大きくなると，$[AB]$ の値は $[A]_0$ に近づき，このときの v は 0 に近づく．以上のことから，$[AB]$ と t との関係は，図 8・3(a) のように示される．(8・7)式は，

$$\frac{d[AB]}{dt} = k([A]_0 - [AB])([B]_0 - [AB])$$

$$\frac{([A]_0 - [AB]) - ([B]_0 - [AB])}{([A]_0 - [AB])([B]_0 - [AB])} \times \frac{d[AB]}{[A]_0 - [B]_0} = k\,dt$$

$$\frac{1}{[A]_0 - [B]_0} \times \left(\frac{1}{[B]_0 - [AB]} - \frac{1}{[A]_0 - [AB]}\right) \times d[AB] = k\,dt \quad (8\cdot15)$$

と変形でき，$[A] = [A]_0 - [AB]$，$[B] = [B]_0 - [AB]$ であるので，その積分は，

$$\frac{1}{[A]_0 - [B]_0} \times \log\frac{[A][B]_0}{[B][A]_0} = 0.434kt$$

$$\log\frac{[A]}{[B]} = \log\frac{[A]_0}{[B]_0} + 0.434([A]_0 - [B]_0)kt \quad (8\cdot16)$$

となる．したがって，縦軸に $\log([A]/[B])$，横軸に t をとりプロットすると，直線となる（図 8・3(b)）．

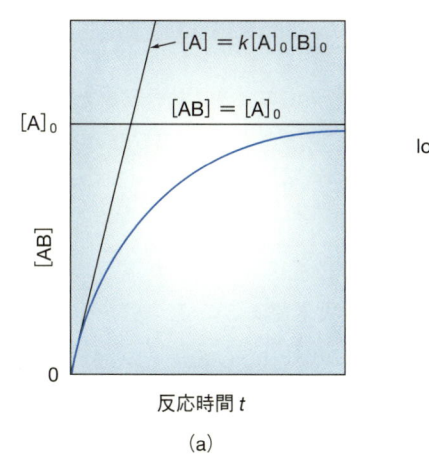

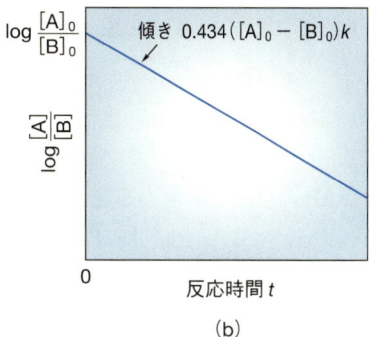

図 8・3 二次反応の速度．

例題 8・2 酢酸エチルを塩基性の溶液中で加水分解すると，
$$CH_3COOC_2H_5 + OH^- \longrightarrow CH_3COO^- + C_2H_5OH$$
の反応が起こる．ある条件下で，時間 t において残存する酢酸エチル濃度 $[CH_3COOC_2H_5]$ と OH^- 濃度 $[OH^-]$ の測定結果および $[CH_3COOC_2H_5]$ と $[OH^-]$ の濃度の比 Q ($[CH_3COOC_2H_5]/[OH^-]$) とその対数値を表に示した．この反応の次数および速度定数を求めよ．

t (min)	$[CH_3COOC_2H_5]$ (mmol/l)	$[OH^-]$ (mmol/l)	Q	$\log Q$
0	12.1	25.8	0.469	-0.329
3.7	8.9	22.6	0.394	-0.405
6.3	7.3	21.0	0.348	-0.458
10.5	5.5	19.2	0.286	-0.544
13.6	4.5	18.2	0.247	-0.607

解　表の $\log Q$ を t に対してプロットすると，下図に示すように直線となる．したがって，この反応は二次反応である．

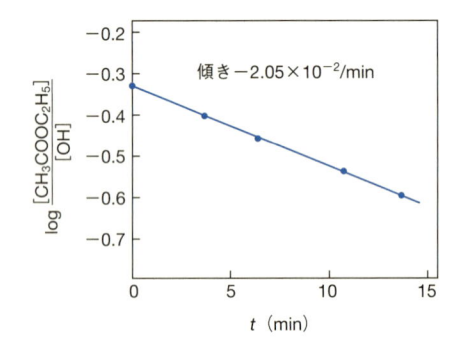

また，直線の傾きは -2.05×10^{-2}/min である．したがって，(8・16)式より，

$$\text{傾き} = 0.434([CH_3COOC_2H_5]_0 - [OH^-]_0)k = 0.434 \times (12.0 - 25.8) \times 10^{-3} \times k$$

よって，

$$k = (-2.05 \times 10^{-2}/\text{min})/(-0.434 \times 13.7 \times 10^{-3} \text{mol/l}) = 3.45 \text{ l/mol min}$$

8・2・4　結合反応速度と解離反応速度

(8・5)式が平衡反応で，[A] < [B] である場合を考えてみよう．結合反応と解離反応の速度定数を k_1, k_{-1} とすると，AB の生成速度 $d[AB]/dt$ と解離速度 $-d[AB]/dt$ は，

$$\frac{d[AB]}{dt} = k_1[A][B] \quad \text{および} \quad -\frac{d[AB]}{dt} = k_{-1}[AB] \quad (8・17)$$

で表される．

平衡とは，AB の生成と解離の速度が等しくなったときであるので，

$$k_1[A][B] = k_{-1}[AB] \quad (8・18)$$

の関係が成り立つ．A の全濃度 $[A]_t$ は，

$$[A]_t = [A] + [AB] \quad (8・19)$$

と表されるので，この式を (8・18)式に代入すれば，

8・2 反応速度は反応次数で表される

$$k_1([\text{A}]_t - [\text{AB}])[\text{B}] = k_{-1}[\text{AB}] \quad \text{すなわち} \quad \frac{[\text{AB}]}{[\text{A}]_t} = \frac{[\text{B}]}{[\text{B}] + K} \quad \left(K = \frac{k_{-1}}{k_1}\right) \quad (8 \cdot 20)$$

となる．これは，**ラングミュアの吸着等温式**（解説8・1）とよばれるものである．

[AB] が [A]$_t$/2 となるときのBの濃度を [B]$_{1/2}$ とすると，

$$\frac{1}{2} = \frac{[\text{B}]_{1/2}}{[\text{B}]_{1/2} + K} \quad \text{すなわち} \quad K = [\text{B}]_{1/2} \quad (8 \cdot 21)$$

となる．よって，[B]$_{1/2}$ から K を知ることができる．平衡定数 K と [B] との関係を示したのが図8・4(a) である．K はまた，以下のようにして求めることができる．(8・20)式の両辺の逆数をとると，

$$\frac{1}{[\text{AB}]/[\text{A}]_t} = 1 + \frac{K}{[\text{B}]} \quad (8 \cdot 22)$$

となるので，$\frac{1}{[\text{AB}]/[\text{A}]_t}$ を 1/[B] に対してプロットして得られる直線の傾きが K となる．平衡定数 K と 1/[B] の濃度との関係を示したのが，図8・4(b) である．

解説8・1　ラングミュアの吸着等温式

気体分子が，図1に示すように固相に単分子層の吸着をする場合を考えよう．このときの気体の圧力を P，固相表面のうち気体分子に覆われている割合を θ，気体の吸着の速度定数を k_a，脱離速度定数を k_d とすると，

$$\text{吸着速度} = k_a P(1-\theta) \quad (1)$$
$$\text{脱離速度} = k_d \theta \quad (2)$$

と表される．平衡状態では両者の速度は等しいので，

$$k_a P(1-\theta) = k_d \theta$$

$$\theta = \frac{P}{K + P} \quad \left(\frac{k_d}{k_a} = K\right) \quad (3)$$

これを**ラングミュアの吸着等温式**といい，このような単分子層の吸着をラングミュア吸着という．この関係をグラフにしたのが図2である．

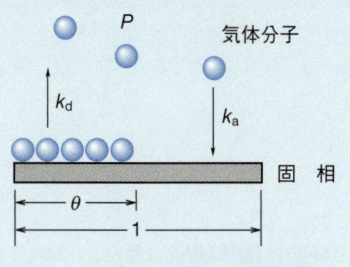

図1　気体分子の単分子層吸着．

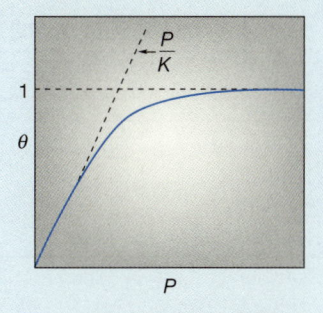

図2　気体分子吸着の飽和曲線．

気体の圧力 P は気体分子の数に比例するので，溶液中では P のかわりに溶質の濃度を考えればよい．AとBの結合反応を考えた場合，θ を [AB]/[A]$_t$，P を [B] におきかえることができるので，(3)式は (8・20)式と同等になる．

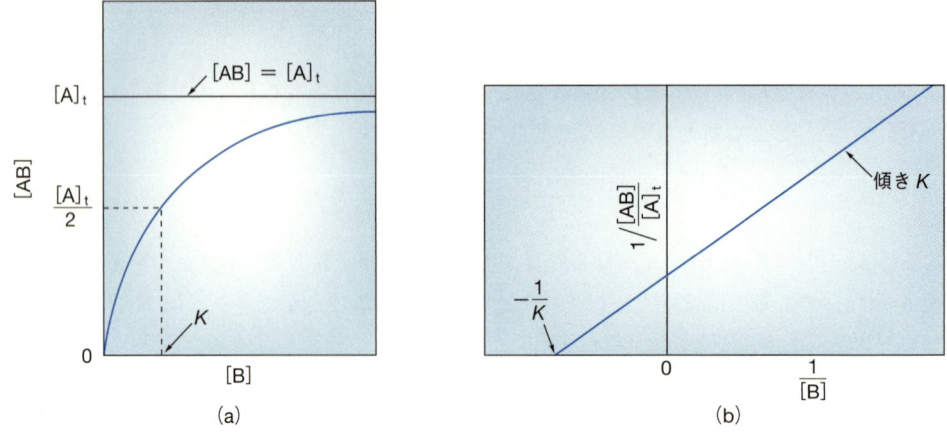

図 8・4 平衡定数 K と反応物質濃度.

8・3 活性化エネルギーは反応速度を大きく左右する
8・3・1 活性化エネルギー

化学反応は，自由エネルギーが減少する方向に進行する（7章参照）．では，反応速度を決めるものは何であろうか．ヨウ化水素の気相における熱分解反応

$$2\text{HI}(g) \longrightarrow \text{H}_2(g) + \text{I}_2(g) \tag{8・23}$$

の反応速度定数は，表8・1のようになる．縦軸に $\log k$，横軸に $1/T$ をプロットすると，図8・5に示すように直線となる．このことは，

$$\log k \propto \frac{1}{T} \tag{8・24}$$

の関係があることを示している．

表 8・1 ヨウ化水素の熱分解反応の速度定数と温度

温度（℃）	k (l/mol s)	$\frac{1}{T}$ (/K)	$\log k$
283	3.52×10^{-7}	1.80×10^{-3}	-6.45
302	1.22×10^{-6}	1.74×10^{-3}	-5.91
356	3.02×10^{-5}	1.59×10^{-3}	-4.52
393	2.20×10^{-4}	1.50×10^{-3}	-3.66

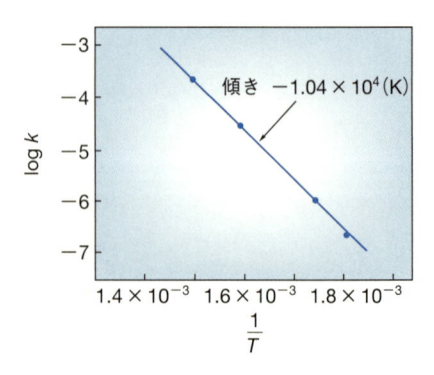

図 8・5 速度定数と温度の関係.

アレニウスは，反応物質が生成物質になる過程で一時的に**遷移状態**をとり，このうち，**活性化エネルギー** E_a 以上のエネルギーをもつものだけが生成物質になりうると仮定した．(8・23)式を例として，遷移状態を $[\text{H}_2 \cdots \text{I}_2]$ と表して，図示したのが図8・6である．なお，アレニ

8・3 活性化エネルギーは反応速度を大きく左右する

ウスはこの仮定に基づいて，k と T のあいだに，

$$\log k = \log A - 0.434 \frac{E_a}{RT} \qquad (k = Ae^{-E_a/RT}) \tag{8・25}$$

の関係があることを示した（発展学習 8 参照）．この式を**アレニウスの式**という．(8・25)式からわかるように，活性化エネルギーが大きければ k は小さくなる．これに対し，A が大きくなると k も大きくなる．A は頻度因子とよばれる．

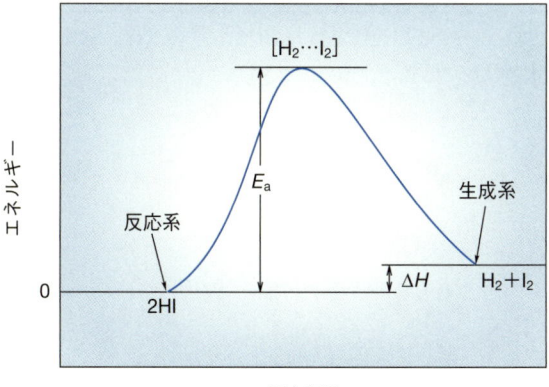

図 8・6 反応経路と活性化エネルギー. HI の分解反応は ΔH が正の反応，すなわち吸熱反応である．

$\log k$ を $1/T$ に対しプロットして得られる直線の傾きから E_a を求めることができる．つまり，(8・25)式の反応の E_a は，図 8・5 から得られる．

$$-1.04 \times 10^4 \,(\text{K}) = -0.434 \frac{E_a}{R} \quad \text{すなわち} \quad E_a = 24.0 \times 10^3 \,\text{K} \times 8.31 \,\text{J/Kmol} = 199 \,\text{kJ/mol} \tag{8・26}$$

活性化エネルギーが E_a^{I} から E_a^{II} に変化したときの反応速度の変化の比 k_2/k_1 は，

$$\log \frac{k_2}{k_1} = \log k_2 - \log k_1 = \left(\log A - 0.434 \frac{E_a^{\text{II}}}{RT}\right) - \left(\log A - 0.434 \frac{E_a^{\text{I}}}{RT}\right)$$

$$= \frac{0.434(E_a^{\text{I}} - E_a^{\text{II}})}{RT} \tag{8・27}$$

で与えられる．

一方，温度が T_1 から T_2 に変化した場合には，

$$\log \frac{k_2}{k_1} = \left(\log A - 0.434 \frac{E_a}{RT_2}\right) - \left(\log A - 0.434 \frac{E_a}{RT_1}\right)$$

$$= \frac{0.434 E_a}{R}\left(\frac{1}{T_1} - \frac{1}{T_2}\right) \tag{8・28}$$

である．反応速度定数 k に与える活性化エネルギーと温度の影響を，それぞれ，例題 8・3 と例題 8・4 で計算してみよう．

例題 8・3 表 8・1 によれば，温度が 283 ℃ から 393 ℃ に 110 ℃ 上昇すると，ヨウ化水素の熱分解反応の反応速度 k は 625 倍に上昇する．では，283 ℃ において，E_a が 199 kJ/mol から 100 kJ/mol 減少して 99 kJ/mol になったとき，k は何倍になるか．

解 (8・27)式より，

$$\log \frac{k_2}{k_1} = 0.434 \frac{E_a^{\mathrm{I}} - E_a^{\mathrm{II}}}{RT} = \frac{0.434 \times 100 \times 10^3 \,\mathrm{J/mol}}{8.31 \,\mathrm{J/K\,mol} \times 556 \,\mathrm{K}} = 9.39$$

したがって，k は 2.4×10^9 倍に増加する．

例題 8・4 ヨウ化水素の分解反応において，283 ℃ のときの速度定数の 10^9 倍にするには，温度をどれだけにすればよいか．温度が変化しても頻度因子は同一と仮定する．

解 (8・28)式より，

$$\log 10^9 = 0.434 \frac{E_a}{R}\left(\frac{1}{T_1} - \frac{1}{T_2}\right) = 0.434 \times \frac{199 \times 10^3 \,\mathrm{J/mol}}{8.31 \,\mathrm{J/K\,mol}}\left(\frac{1}{556 \,\mathrm{K}} - \frac{1}{T_2}\right)$$

よって，

$$\frac{1}{T_2} = 9.35 \times 10^{-4} \frac{1}{\mathrm{K}} \quad \text{すなわち} \quad T_2 = 1070 \,\mathrm{K}$$

したがって，1070 K（794 ℃）にするとよい．

8・3・2 触 媒

例題 8・3 からわかるように，活性化エネルギーの変化は，反応速度定数に大きな影響を与える．

化学反応により化学物質を合成するさいに，しばしば**触媒**とよばれるものを加えて，反応速度を調節している．触媒は化学反応に関与しているが，生成系ができるときには反応前の状態に戻るので，生成物の組成には関係がない．この触媒は，活性化エネルギーを変化させるはたらきをしているのである．すなわち，活性化エネルギーを下げることにより反応速度を速めたり，上昇させることにより反応速度を遅くしたりするのである（図 8・7）．

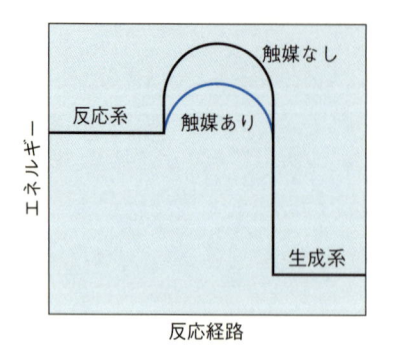

図 8・7 触媒と活性化エネルギー．

表 8・2 過酸化水素の分解の速度

触 媒	E_a (kJ/mol)
な し	75
Fe^{3+}	42
カタラーゼ	7.1

例題 8・1 で取上げた，H_2O_2 の分解反応のさいに，Fe^{3+} を加えると反応速度は著しく上昇する．表 8・2 に示したように，触媒がないときのこの反応の活性化エネルギーは，75 kJ/mol である．Fe^{3+} が存在するときの活性化エネルギーは 42 kJ/mol である．37 ℃ のときの反応速度定数 k は (8・27)式より，

$$\log \frac{k_2}{k_1} = 0.434 \frac{E_a^{I} - E_a^{II}}{RT} = \frac{0.434 \times 33 \times 10^3 \mathrm{J/mol}}{8.31 \mathrm{J/K\,mol} \times 310\,\mathrm{K}} = 5.56 \quad (8 \cdot 29)$$

となるので，k は 3.6×10^5 倍になる．過酸化水素の分解にはたらいている酵素カタラーゼは，活性化エネルギーを 7.1 kJ/mol に下げる．この場合は，

$$\log \frac{k_2}{k_1} = 0.434 \frac{E_a^{I} - E_a^{II}}{RT} = \frac{0.434 \times 68 \times 10^3 \mathrm{J/mol}}{8.31 \mathrm{J/K\,mol} \times 310\,\mathrm{K}} = 11.46 \quad (8 \cdot 30)$$

となるので，k は 2.9×10^{11} 倍も変化する．すなわち，Fe^{3+} の場合よりも，反応速度は 10^6 倍も速くなる．いかに，酵素の触媒作用が強いかわかるだろう．

8・4 タンパク質の反応速度を考える

前の二つの節で学んだ反応速度についての知識をもとに，本節では，図 8・1 に示したタンパク質の反応について考えよう．

8・4・1 失活反応と抗原抗体結合反応

微小管は図 1・4 に示したような細胞内の微細な線維で，溶液状態にある細胞を支える骨格としての役割をはたしている．その構成タンパク質であるチューブリンを試験管の中に取出すと，4 ℃ に保っておいても，半日で GTP 結合活性は 1/2 になる．その様子を示したのが図 8・8 である．この図は図 8・2 と同一なので，この失活反応が一次反応であることが示されている．溶液中にグリセロールを加えると著しく安定になり，さらに GTP を添加すると，失活はほぼ完全に抑えられる．

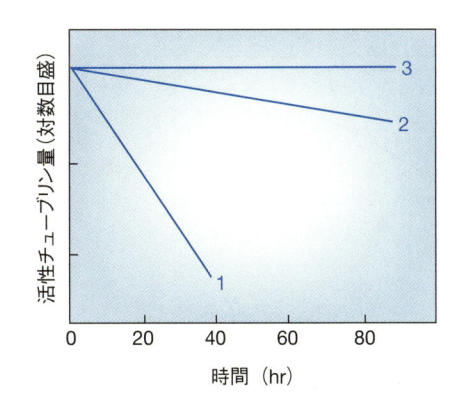

図 8・8 チューブリンの失活反応．1：グリセロールも GTP もなし，2：グリセロールのみ，3：グリセロール + GTP．

抗原抗体複合体の形成は，いろいろな方法で調べることができる．その一つが，複合体を形成している抗原を遊離の抗原と分離して，複合体中に含まれる抗原量を測定する方法である．

抗原分子には，通常，放射性同位体や蛍光色素あるいは酵素などで標識をしておき，これらの標識のもつシグナルを特異的に検出することにより，複合体を形成している抗原を定量する（図8・9）．図8・10は，これらの方法により調べた形成した複合体量の時間依存性である．図8・3(a) と比較することにより，抗原抗体結合反応は，二次反応であることがわかる．

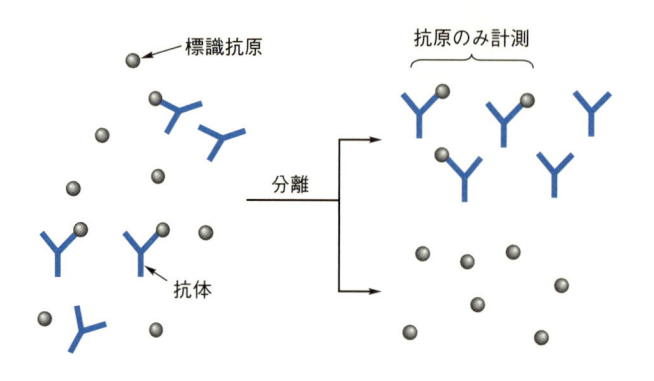

図 8・9　**標識抗原を利用した抗原抗体複合体の測定法．**抗原と抗体を一定時間反応させた後，適当な方法で抗原を除き，抗体と抗原抗体複合体からなる抗体画分を得る．この画分中に存する標識抗原量を測定すれば，抗原抗体複合体の量を知ることができる．

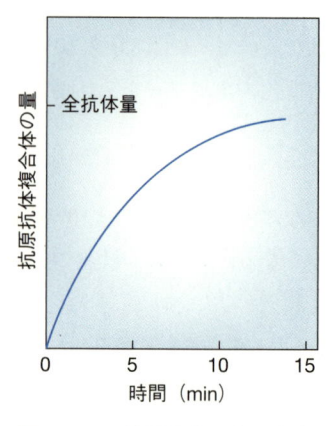

図 8・10　**抗原抗体反応の速度．**

8・4・2　酵素反応とミカエリス–メンテンの式

酵素反応は，二つの反応が続いて起こっているとみなすことができる．

$$S + E \underset{k_{-1}}{\overset{k_1}{\rightleftarrows}} ES \qquad ES \xrightarrow{k_2} E + P \qquad (8・31)$$

ここでSとPは基質と産物，EとESは遊離の酵素と酵素基質複合体である．これらの濃度，

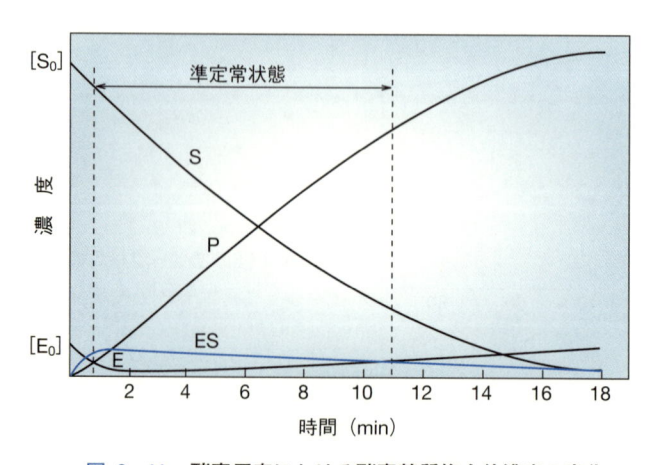

図 8・11　**酵素反応における酵素基質複合体濃度の変化．**

[S], [P], [ES], [E] の変化を模式的に示したのが図 8・11 である．この図の [ES] の時間変化と図 8・3(a) の [AB] の変化を見くらべてみよう．[AB] は時間とともに増加するのに対し，[ES] は初期に増加後，ほぼ一定の時期を経たあと，終期には減少する．この [ES] がほぼ一定の時期を一定の状態（定常状態）に近い状態という意味で**準定常状態**という．

[ES] の生成と解離の速度は，(8・32)式で表すことができる．

$$\frac{d[ES]}{dt} = k_1[E][S] \quad \text{および} \quad -\frac{d[ES]}{dt} = (k_{-1} + k_2)[ES] \quad (8 \cdot 32)$$

準定常状態では，生成速度と分解速度が等しいとみなせるので，

$$k_1[E][S] = (k_{-1} + k_2)[ES] \quad (8 \cdot 33)$$

の関係がある．酵素の初濃度 $[E]_0$ は全酵素濃度でもあるので，

$$[E]_0 = [E] + [ES] \quad (8 \cdot 34)$$

の関係があり，K' を

$$K' = \frac{k_{-1} + k_2}{k_1} \quad (8 \cdot 35)$$

とおくと，(8・33)式は，

$$([E]_0 - [ES])[S] = K'[ES] \quad \text{すなわち} \quad [ES] = \frac{[E]_0[S]}{K' + [S]} \quad (8 \cdot 36)$$

となる．酵素反応の速度を V とすると，

$$V = k_2[ES] = \frac{k_2[E]_0[S]}{K' + [S]} \quad (8 \cdot 37)$$

と書ける．ここで，$k_2[E]_0$ について考えてみよう．これは，全酵素が ES 複合体を形成したときの反応の速度を意味するので，最大の速度である．これを V_max とおくと，

$$V = \frac{V_\text{max}[S]}{K' + [S]} \quad (8 \cdot 38)$$

となる．これが，酵素反応の速度式として有名な**ミカエリス–メンテンの式**である．この式で

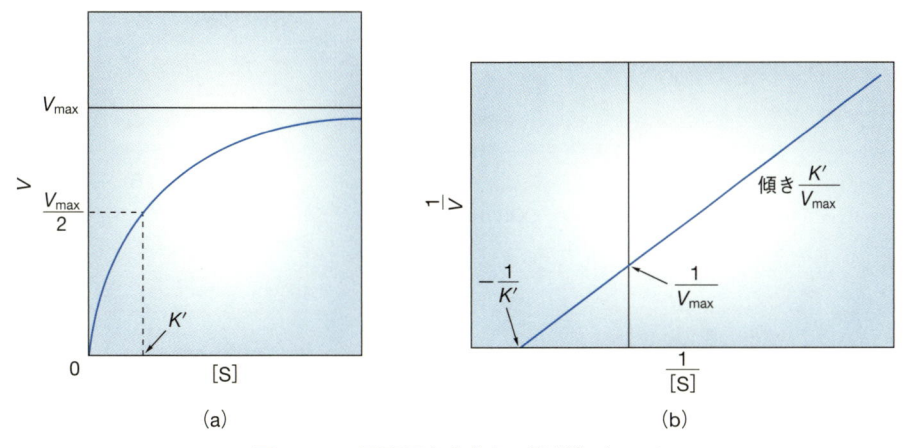

図 8・12 酵素反応速度と二重逆数プロット．

は，通常 K' は K_m と書かれる．

(8・20)式を(8・22)式に変形したように，(8・38)式の両辺の逆数をとってみよう．すると，

$$\frac{1}{V} = \frac{1}{V_{max}} + \frac{K'}{V_{max}} \cdot \frac{1}{[S]} \tag{8・39}$$

となる．$1/V$ を $1/[S]$ に対してプロットして得られる直線の傾きから K'/V_{max} が求まり，x 軸と y 軸の切片より，それぞれ $-1/K'$ と $1/V_{max}$ が求まる．(8・38)式と(8・39)式を示したのが，図 8・12 である．(8・39)式と図 8・12 (b)はそれぞれ**ラインウィーバー・バークの式**，

話題 10

触媒抗体

この章で述べているように，抗原抗体反応は結合反応であり，酵素反応は触媒反応である．図1のような反応を考えてみよう．化合物Aをもちいれば，化合物Aに対する抗体(抗A抗体)が得られる．また，遷移状態と類似の構造をもった遷移状態アナローグ分子が合成できるので，遷移状態と反応する抗体(抗遷移状態抗体)の作製が可能である．この2種類の抗体について考えてみよう．

化合物Aの溶液に抗A抗体を加えると，両者の間でつぎのような結合反応が起こる．

 化合物A ＋ 抗A抗体
  ⇌ 化合物A–抗A抗体複合体 (1)

これは，通常の抗原抗体反応である．つぎに，化合物Aの溶液に抗遷移状態抗体を加えた場合を考えよう．

 化合物A ＋ 抗遷移状態抗体
  ⟶ 遷移状態–抗遷移状態抗体複合体
  ⟶ 化合物B ＋ 抗遷移状態抗体 (2)

すなわち，抗遷移状態抗体は，遷移状態を安定化させることにより，活性化エネルギーを下げるはたらきをし，この反応に対し触媒作用を示す．このような抗体を**触媒抗体**(catalytic antibody)という．触媒抗体の存在は，結合反応と酵素反応がともに，タンパク質による結合分子の特異的認識がその基本になっていることを示している．

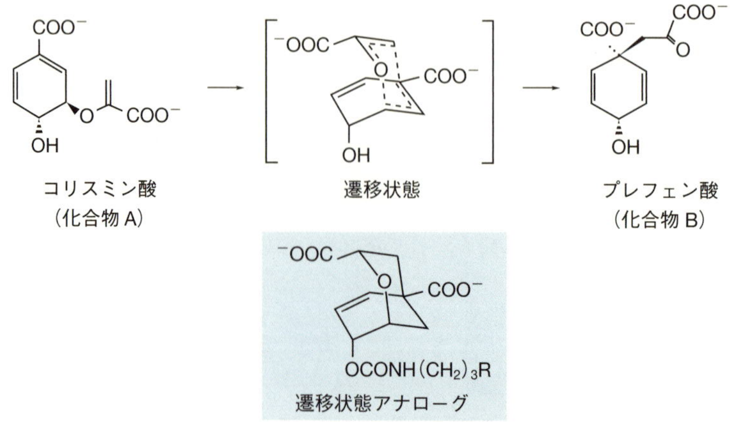

図 1 コリスミン酸の転位反応．

ラインウィーバー・バークプロットという．

8・4・3 触媒反応と結合

cis-2-ブテンの異性化反応について考えてみよう（図 8・13(a)）．この反応においては，I_2 が触媒作用を示す．この触媒作用は，ブテンの二重結合が解離して単結合となり，回転して遷移状態と類似の構造をとりやすくなるためと説明される（図 8・13(b)）．このため，低いエネルギーの分子も反応に参加できる．

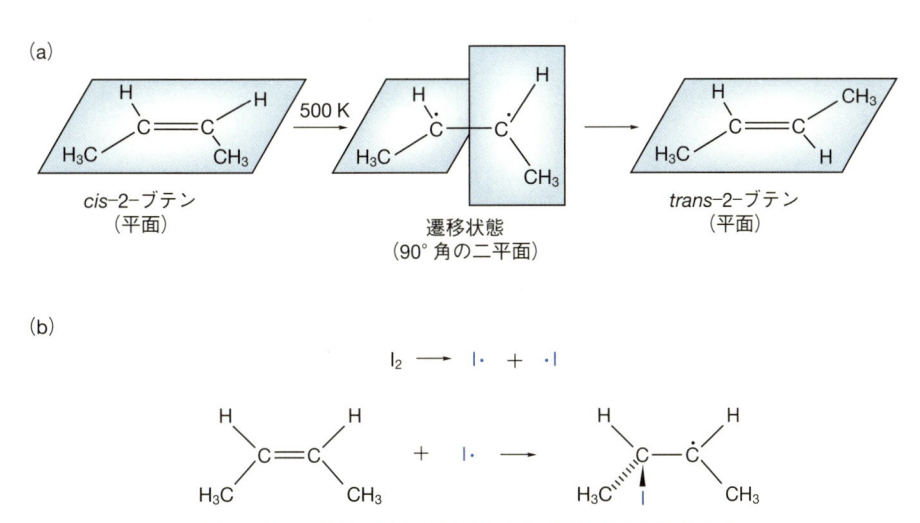

図 8・13 ブテンの異性化反応 (a) とその触媒作用 (b)．

酵素による触媒作用も，酵素に結合した基質が遷移状態を形成しやすい状態にあるためと説明できる．すなわち，酵素反応も，はじめのステップは，抗体が抗原と結合するように，酵素が基質と結合するのである．反応の遷移状態を特異的に認識する抗体があったとしよう．すると，遷移状態の形成が容易となり，この反応を触媒することが期待される．最近，酵素活性をもつ抗体も得られ，**触媒抗体**とよばれている（話題 10 参照）．

基本問題

8・1 AとBからCとDができる化学反応のさい，Aの量を増やしたら1時間後のDの生成量が増加した．この操作は，化学反応の速度と化学平衡のどちらに影響を与えたのだろうか．

8・2 AとBからCとDができる化学反応のさい，反応の温度を上昇させたら1時間後のDの生成量が増加した．この操作は，化学反応の速度と化学平衡のどちらに影響を与えたのだろうか．

9 生体エネルギーと酸化還元反応

　動物は，筋肉を使って激しい運動を行い，筋肉の動きは神経によって調節されている．筋肉と神経のはたらきは，金属イオンの濃度差が関係した電気的現象によるもので，そのためのエネルギーは，酸素と金属イオンを利用した有機化合物の酸化により得られている．この有機化合物の酸化によって得られるエネルギーは，第7章で述べた解糖やある種の細菌の行う無機化合物の酸化で得られるエネルギーより格段に大きい．このように，生命は生きていくために金属を必要としている．本章では，「生命の電気的現象はどのような原理で起こるのだろうか？」，「金属と酸素を利用して，生命はなぜ大きなエネルギーが獲得できるのだろうか？」という2点を疑問として，酸化還元反応の定量的な扱い方と生命のエネルギー獲得について学ぶことにしよう．

9・1　生命は金属を必要とする

　第2章で，生命は金属元素については Na, K, Mg, Ca を主要成分として，遷移元素を微量成分として必要とすることを述べた．これらの元素はどのようなことに必要なのだろうか．イタリアの解剖学者ガルバニは1791年，2種類の金属片をカエルの足に接触させると痙攣が起きることを見いだした（図9・1）．これは，筋肉内部が正に，外部が負に帯電していて，この電荷が中性化されると筋の収縮が起きるという「動物電気説」を唱えた．この説は誤っていたが，この実験がきっかけで生体の電気現象の研究が発展し，ガルバニは電気生理学の創始者といわれている．その後，筋肉の収縮や神経のはたらきは，細胞の内と外に存在する Na^+, K^+, Ca^{2+} の濃度の違いによって起こる電気的現象であることが明らかにされた．9・2節と9・3節では，この金属イオンのつくる生体の電気現象を，電池を例にとって述べる．

　現代では O_2 を利用する生物が繁栄しているが，約35億年前と推定されている生命が誕生した原始の地球大気中に O_2 はほとんど存在しなかった．エネルギーを獲得するのには有機化合物を酸化しなければならない．原始の地球では酸化により生じた H 原子を O_2 ではなく，N_2 にわたしたり，他の有機化合物にわたすなどして処理していた．その後，太陽の光エ

9・2 電池は酸化還元反応のエネルギー変換装置である

ネルギーを利用して糖などの有機化合物を合成する光合成生物が誕生した．光合成生物は廃棄物として大量の O_2 を大気中に排出した．O_2 はそれまでの嫌気性生物にとっては有機化合物を一気に酸化してしまう猛毒なガスであったが，この O_2 を積極的に利用して呼吸という新たな

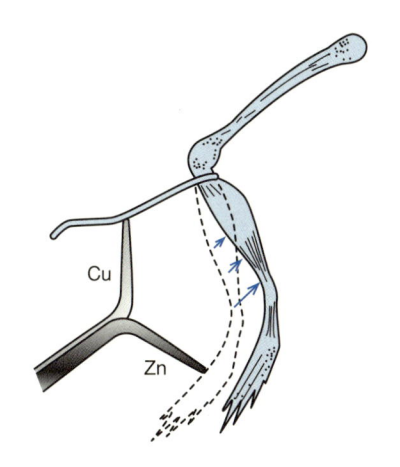

図 9・1 カエルの足の実験．

システムの獲得によりこの O_2 を積極的に利用する生物が誕生した．この好気性生物は，O_2 を消費することにより猛毒である O_2 の生体内での濃度を下げるのと同時に，これまでより格段に大きなエネルギーを獲得することができるようになった．O_2 を H_2O にまで還元する過程では遷移金属を利用し，また O_2 の毒性を消去するためにも遷移金属が使われたのである．9・4 節では，O_2 を利用したエネルギー獲得と金属の役割について述べる．

9・2 電池は酸化還元反応のエネルギー変換装置である

　ガルバニの生物電気説の誤りを指摘したのが，ボルタである．彼は，1794 年に異なる金属の接触によって発生した電気により筋肉の痙攣が起きたと反論し，1800 年には亜鉛板と銅板の間に電解質をしみ込ませた厚紙を挟んだものを積み重ねた「ボルタの電堆（電池）」を発明した．この**電池**とは，酸化還元反応のエネルギーを電流に変換する装置である．ここでは，電池の酸化還元反応からみていこう．

9・2・1 酸化と還元

　酸化還元の考え方はもともと燃焼の研究から生まれてきたものであり，酸化とは酸素と化合することで，還元とは酸素が離脱することとされた．その後，水素の離脱を酸化，水素との化合を還元に含めるように酸化還元の定義が拡張された．さらに，化学結合には電子が関与することから，**酸化**とは電子を失うこと，**還元**とは電子を獲得することと定義されている．酸化還元に関する用語については表 9・1 に示した．

　なお，酸化数は，第 3 章で述べたように，つぎのような規則で決められることを思い出してほしい．

表 9・1 酸化還元の定義

酸 化 ある物質が電子を失ったとき，その物質は酸化されたという．
還 元 ある物質が電子を獲得したとき，その物質は還元されたという．

酸化還元反応 反応で酸化が起こっていれば，同時に還元も起こっている．酸化される物質は相手の物質を還元しているから還元剤であり，還元される物質は相手を酸化しているから酸化剤である．

酸化数 原子の状態に比べたときの電子の増減を示したものが酸化数である．酸化数が増加した場合は酸化されている．酸化数が減少した場合は還元されている．

1. 単体中の原子の酸化数は 0 とする．
2. イオンの場合はその電荷を酸化数とする．
3. イオン性化合物では，各原子の酸化数はその原子がイオンになったときの価数に等しい．
4. 通常，化合物中の原子の酸化数は，酸素の酸化数を -2，水素の酸化数を $+1$ として計算する．
5. 中性化合物の全原子の酸化数の総和は 0 である．多原子よりなるイオンの場合は全原子の酸化数の総和はイオンの電荷に等しい．

例題 9・1 つぎの各反応で Mn の酸化数の変化を示せ．また，それぞれ酸化される物質は何か．

(a) $4HCl + MnO_2 \longrightarrow MnCl_2 + 2H_2O + Cl_2$
(b) $2KMnO_4 + 5H_2S + 3H_2SO_4 \longrightarrow K_2SO_4 + 2MnSO_4 + 5S + 8H_2O$
(c) $MnO_2 + 2FeSO_4 + 2H_2SO_4 \longrightarrow MnSO_4 + Fe_2(SO_4)_3 + 2H_2O$

解 (a) $+4 \longrightarrow +2$, HCl. (b) $+7 \longrightarrow +2$, H_2S. (c) $+4 \longrightarrow +2$, $FeSO_4$

9・2・2 ボルタの電池とダニエル電池

ボルタ型の電池はイオン化傾向の異なる2種類の金属を1種類の電解質に浸したものである．その後，ダニエルによって素焼きの容器の内側に硫酸亜鉛（$ZnSO_4$）の水溶液を入れて亜鉛（Zn）板を浸し，外側に硫酸銅（$CuSO_4$）の水溶液を入れて銅（Cu）板を浸した電池が考案された．

Zn 板を $CuSO_4$ 溶液に浸すと，Zn は溶けて Zn^{2+} となり，Cu が析出する（図 9・2）．

$$Zn + Cu^{2+} \longrightarrow Zn^{2+} + Cu \tag{9・1}$$

この反応では電子2個が Zn から Cu^{2+} に移動している．つまり，Zn は酸化され，Cu^{2+} は還元されている．

この酸化還元反応は自発的に起こる反応であるが，外に対して仕事はしていない．Zn が溶

9・2 電池は酸化還元反応のエネルギー変換装置である

ける反応と Cu が析出する反応を別々に起こさせ，その間を導線で結べば電子の移動を電流として取出すことができ，外に対して仕事をさせることができる．

二つのビーカーのうち一方は $ZnSO_4$ 溶液に Zn 板を浸し，もう一方のビーカーは $CuSO_4$ 溶液に Cu 板を浸す．このような装置は**ダニエル電池**とよばれる（図 9・2）．この二つのビーカーは

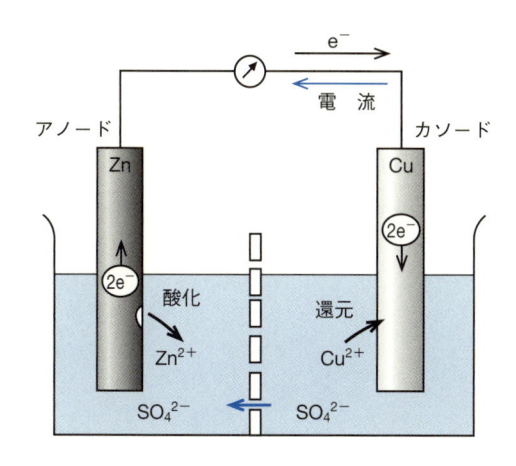

図 9・2 ダニエル電池．

それぞれ**半電池**とよばれ，電池式で表すとつぎのようになる．

$$\text{ビーカー 1}: Zn|ZnSO_4(aq) \quad \text{または} \quad Zn|Zn^{2+}$$
$$\text{ビーカー 2}: Cu|CuSO_4(aq) \quad \text{または} \quad Cu|Cu^{2+}$$

ここで，(aq) は水溶液であること，| は溶液と固体（金属板）との接触をそれぞれ表している．この二つの半電池はそのままではなにも反応は起こらない．この二つを電気的につなぎ，二つのビーカーの液体同士も電気的につなぐ必要がある．液体中では電気は荷電イオンで運ばれるので，多孔性の板（素焼き板など）で仕切るか，KCl などの電解質溶液を寒天で固めた**塩橋**とよばれるもので二つのビーカーをつなぐと，二つの半電池が電気的につながり電流を取出すことができる．電流が流れたときの二つの半電池の反応はつぎのようになる．

$$\text{Zn 電極（ビーカー 1）}: Zn \longrightarrow Zn^{2+} + 2e^- \quad \text{（アノードでの酸化反応）} \quad (9・2)$$
$$\text{Cu 電極（ビーカー 2）}: Cu^{2+} + 2e^- \longrightarrow Cu \quad \text{（カソードでの還元反応）} \quad (9・3)$$

両極で起こっている反応をまとめると，

$$Zn + Cu^{2+} \longrightarrow Zn^{2+} + Cu \quad (9・4)$$

となり，Zn 板を $CuSO_4$ 溶液に浸したときの反応と同じになる．この電池を電池式で表すとつぎのようになる．

$$Zn|Zn^{2+}\vdots Cu^{2+}|Cu \quad \text{（多孔性隔膜の場合）}$$
$$Zn|Zn^{2+}\|Cu^{2+}|Cu \quad \text{（塩橋の場合）}$$

Zn 電極では Zn が溶けて Zn^{2+} になり，あまった電子が導線を通して銅電極に運ばれ Cu^{2+} に電子をわたして Cu となる．このとき同時に SO_4^{2-} が移動して電荷を運ぶので電流を連続的に流すことができる．電流は電子の流れと反対向きに定義されているので，Cu 電極から Zn 電極に流れることになる．この電池の電圧（**起電力**）を測ると 1.10 V となる．Ag と Cu でもダ

ニエル型電池をつくることができる．この場合のカソードは Ag 電極，アノードは Cu 電極で，起電力は 0.46 V となる．一般に組合わせる金属によって起電力が異なる．電気化学では，電池でも電気分解でも酸化が起こる電極を**アノード**，還元が起こる電極を**カソード**とよぶ．アノードについては，電池では"負極"，電気分解では"陽極"といわれることがある．また，カソードは，電池の"正極"，電気分解の"陰極"のことである．混乱しないでほしい．

9・2・3 起電力と電極電位

電池の起電力はどのようにして決まるのかを考えてみよう．高さすなわちポテンシャルエネルギーの違う二つの水槽を管でつなぐと，高さの差に当たる水圧が生じ水が流れる．電池の起電力 ΔE も同様にして考えれば，組合わせた半電池の電気的ポテンシャルの差すなわち電位差である（図 9・3）．山の高さを「海抜○○メートル」というように，適当な基準点を決めれ

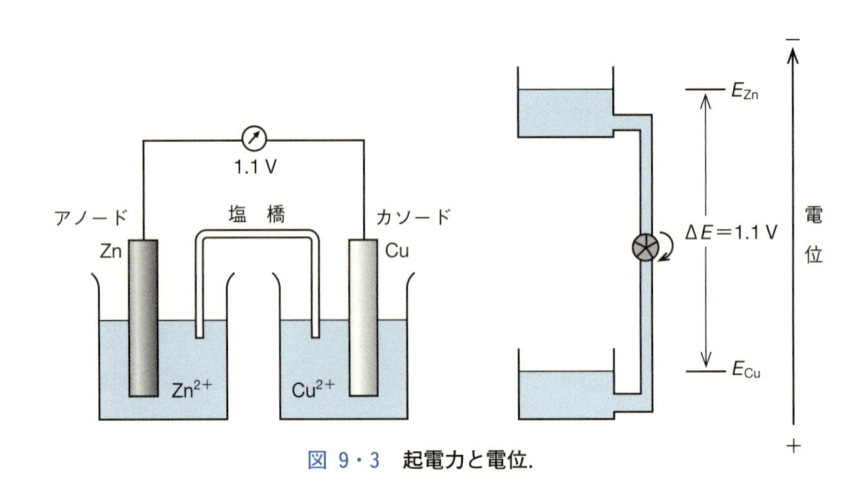

図 9・3 起電力と電位．

ば，水槽の高さすなわち電位を表すことができる．E をこのようにして決めた半電池の電位とすれば，

$$\Delta E = E_{カソード} - E_{アノード} \tag{9・5}$$

により起電力を求めることができる．

このようにして，ある特定の半電池を基準にして種々の半電池の電位を求めておけば，任意の半電池を組合わせたときの電池の起電力を求めることができる．基準となる半電池は水素電極 $Pt, H_2 | H^+$ を用い，水素電極の電位を 0 V に決めてそれぞれの半電池の電位すなわち**電極電位**を求める（図 9・4）．

$$2H^+ + 2e^- \longrightarrow H_2 \tag{9・6}$$

基準となる水素電極として H_2 ガスの圧力は 1 atm で，H^+ の濃度は 1 mol/l のものを使うことになっている[*1]．圧力 1 atm，濃度 1 mol/l の状態を**標準状態**といい，この条件での電極電

[*1] 厳密には濃度 1 mol/l ではなく，活量 $a_{H^+} = 1$ をもちいる．

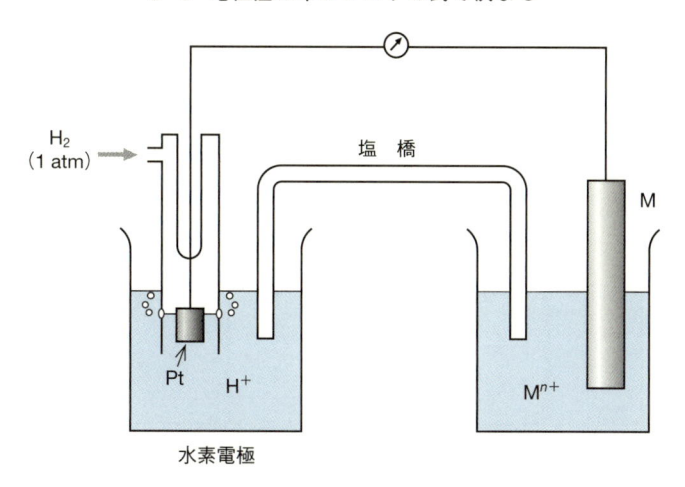

図 9・4 標準電極電位の測定.

位を**標準電極電位**といい，右肩に °をつけて表す．また，電極反応が還元反応での電位を電極電位と約束する．たとえば，$Cu^{2+}|Cu$ 電極の電極反応は，

$$Cu^{2+} + 2e^- \longrightarrow Cu \tag{9・7}$$

で，標準電極電位は 0.337 V である．また，$Zn^{2+}|Zn$ 電極の電極反応は，

$$Zn^{2+} + 2e^- \longrightarrow Zn \tag{9・8}$$

で，標準電極電位は -0.763 V である．

したがって，Cu–Zn 電池の標準状態での起電力，標準起電力 $\Delta E^\circ_{\text{cell}}$ は，

$$\Delta E^\circ_{\text{cell}} = E^\circ_{Cu^{2+}|Cu} - E^\circ_{Zn^{2+}|Zn} = 0.337\,\text{V} - (-0.763\,\text{V}) = 1.10\,\text{V} \tag{9・9}$$

と計算できる．

以上のような酸化型と還元型の両者が溶液中に存在するような電極を**酸化還元電極**とよび，その電極電位を**酸化還元電位**とよぶ．

9・3 電位差はネルンストの式で決まる

前節では，濃度を 1 mol/l，すなわち標準状態での電極電位について考えてきた．それでは，溶液の濃度を変えると電極電位はどのように変化するのだろうか？ 酸化還元電池について考えるまえに濃淡電池について考えてみよう．この濃淡電池は，神経や筋肉における電気的現象と関連がある．

9・3・1 濃淡電池

Zn を $CuSO_4$ 溶液に浸したときの自発的な反応を使って電池を組立て，仕事を外に取出すことができた．自発的な化学反応は金属の酸化還元反応のほかにも種々の反応が考えられる．たとえば，Ag^+ の濃厚溶液を水の中に加えれば希薄溶液になるが，これは自発的な過程である（図 9・5）．

$$Ag^+（濃厚溶液） \longrightarrow Ag^+（希薄溶液） \tag{9・10}$$

この自発的な過程である濃度変化から酸化還元電池の場合と同じようにエネルギーを電流として取出すことができる．

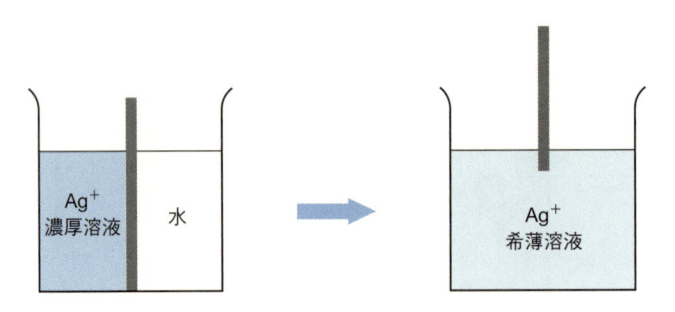

図 9・5 希釈-自発的反応．

AgNO$_3$ の濃度の異なる溶液をつくり，それぞれに電極（Ag）を浸し，それらの電極を導線で接続し電極槽を塩橋でつなぐ（図 9・6）．電池式は以下のようになる．

$$Ag|Ag^+（希薄）\|Ag^+（濃厚）|Ag$$

スイッチを入れるまえには両極とも変化は起こらない．スイッチを入れて両電極をつなぐと希薄溶液槽では Ag が溶けて Ag$^+$ となり，濃厚溶液槽では Ag が析出して両槽の Ag$^+$ の濃度が等しくなる方向に反応が進み電流が流れる．

アノード（希薄溶液槽）：Ag ⟶ Ag$^+$ + e$^-$ （Ag$^+$ の濃度が増加）　　　(9・11)

カソード（濃厚溶液槽）：Ag$^+$ + e$^-$ ⟶ Ag（Ag$^+$ の濃度が減少）　　　(9・12)

このとき，両電極槽の Ag$^+$ の濃度差が大きいほど起電力が大きくなることは容易に想像できるだろう．起電力と濃度の関係を調べてみると表 9・2 のようになる．

両電極槽の Ag$^+$ の濃度差を比で表し，濃度比の対数に対して ΔE を図示すると直線となり，

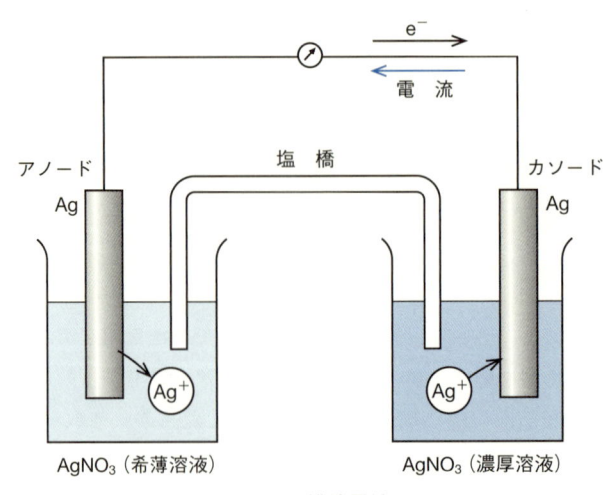

図 9・6 濃淡電池．

傾きは −0.059（V）となる（図 9・7）．したがって，濃度と起電力の関係は，

$$\Delta E = -0.059 \log \frac{[\text{Ag}^+（アノード）]}{[\text{Ag}^+（カソード）]} \tag{9・13}$$

となる．移動する電子数が 2 である Cu^{2+} の濃淡電池の起電力と濃度比の関係は，

$$\Delta E = -\frac{0.059}{2} \log \frac{[\text{Cu}^{2+}（アノード）]}{[\text{Cu}^{2+}（カソード）]} \tag{9・14}$$

となり，Ag^+ 濃淡電池の係数の $\frac{1}{2}$ になっている．

表 9・2 起電力と濃度

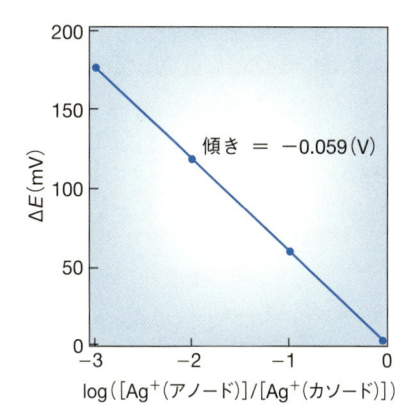

$\dfrac{[\text{Ag}^+（アノード）]}{[\text{Ag}^+（カソード）]}$	ΔE(mV)	$\log \dfrac{[\text{Ag}^+（アノード）]}{[\text{Ag}^+（カソード）]}$
10^{-3}	177	−3
10^{-2}	118	−2
10^{-1}	59	−1
1	0	0

図 9・7 濃度による起電力の変化．

一般に，移動する電子の数を n とすれば，

$$\Delta E = -\frac{0.059}{n} \log \frac{[\text{M}^{n+}（アノード）]}{[\text{M}^{n+}（カソード）]} \tag{9・15}$$

となる．この 0.059（V）は 25 ℃ のときの $2.303 RT/F$（ファラデー定数；1 mol の電子のもつ電気量）に等しい．

9・3・2 ネルンストの式

この関係は酸化還元電池の電極溶液の濃度と起電力についてもあてはまる．銅-亜鉛（Cu-Zn）電池で電極槽の Cu^{2+} と Zn^{2+} の濃度を変化させたときの起電力 ΔE_{cell} は，

$$\Delta E_{\text{cell}} = \Delta E^\circ_{\text{cell}} - \frac{0.059}{2} \log \frac{[\text{Zn}^{2+}]}{[\text{Cu}^{2+}]} \tag{9・16}$$

と書くことができる．この式は**ネルンストの式**とよばれ，$\Delta E^\circ_{\text{cell}}$ は**標準起電力**とよばれる．

例題 9・2　ネルンストの式は電池反応と同じように電極反応についてもあてはめることができる．銀半電池（$\text{Ag}^+ + \text{e}^- \to \text{Ag}$）の標準電極電位，$\Delta E^\circ_{\text{Ag}^+|\text{Ag}}$ は 0.799 V である．$[\text{Ag}^+] = 1 \times 10^{-3}$ mol/l のときの電極電位をネルンストの式から求めよ．固体の金属は標準状態（25 ℃，1 atm）で安定に存在すると考えられるので，常に同じで Ag（固体）= 1 とする．

解

$$(\Delta E_{Ag^+|Ag} = \Delta E°_{Ag^+|Ag} - \frac{0.059}{1} \log \frac{[Ag]}{[Ag^+]} = 0.799 - \frac{0.059}{1} \log 1/(1 \times 10^3) = 0.622\,\text{V}$$

したがって，$[Ag^+] = 1.0\,\text{mol/l}$ と $[Ag^+] = 1.0 \times 10^{-3}\,\text{mol/l}$ との濃淡電池の起電力は，

$$\Delta E_{\text{cell}} = 0.799\,\text{V} - 0.622\,\text{V} = 0.177\,\text{V}$$

となり，表 9・2 の値と一致する．

神経細胞の内側では K^+ が高く，外側では Na^+ の濃度が高い．このため，Ag^+ 濃淡電池と同じように，電位差が生じる．これを K^+ 濃淡電池，Na^+ 濃淡電池とみなして，細胞外の電位を基準として電位差を計算してみよう．

例題 9・3 細胞膜が Na^+ だけを透過させるものとしたとき，細胞内の Na^+ の濃度を 12 mM，細胞外の濃度を 120 mM とすると，細胞外の電位を 0 とした膜電位は何 mV になるか．

解

$$E_{Na^+} = -0.059 \log \frac{[Na^+]_{\text{細胞内}}}{[Na^+]_{\text{細胞外}}} = 0.059 \log 10 = 0.059\,\text{V}$$

よって，膜電位は +59 mV となる．

神経細胞は，静止時には K^+ 濃淡電池，興奮時には Na^+ 濃淡電池に近似することができる．これが，神経の興奮である（解説 9・1）．

ミトコンドリアの酸化還元酵素は，Fe イオンをもっている（9・4 節参照）．Fe イオンの酸化還元反応は，

$$Fe^{3+} + e^- \rightleftharpoons Fe^{2+} \tag{9・17}$$

となる．鉄イオン溶液中に Pt 板を浸して半電池をつくる（図 9・8）と電極電位 E はネルンス

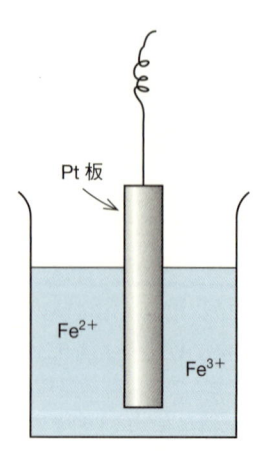

図 9・8 半電池．

> **解説 9・1** ネルンストの式と細胞の膜電位

細胞膜は脂質二重層でできていて，イオンなどの電荷をもった親水性物質は透過しにくい．しかし，細胞膜中にはそのようなイオンなどを選択的に輸送するタンパク質が組込まれていて，各物質を必要に応じて細胞の外から内へまたは内から外へ移動させて生命活動を維持している．たとえば，細胞膜にはNa^+，K^+-ATPaseという酵素が存在していて，Na^+を細胞内から外へくみ出し，K^+を細胞内に取込む．このため，細胞外のNa^+濃度は細胞内の10～40倍高く，逆にK^+濃度は細胞内のほうが20～40倍高い．

このように細胞では膜を介して両側のイオン濃度が異なっているのだから，Ag^+の濃淡電池の場合と同じように電位差が生じる．これが**膜電位**とよばれるものである．

実際の細胞では，Na^+，K^+，Cl^-などの膜透過性の差によるイオン濃度勾配によって膜電位が発生する．神経細胞でも，細胞内のNa^+濃度は外側に比べて低く，逆にK^+濃度は細胞内のほうが高い．このときの膜電位を**静止電位**という．これに対して，神経細胞が興奮し，膜のイオン透過性が変化することによって生じる電位を**活動電位**という．

図1は，ある神経細胞の活動電位の測定と記録された電位（細胞外の電位を0とする）を示したものである．静止電位の$-60\,\mathrm{mV}$という値は，K^+の平衡電位に近い．これは，興奮していないときは，Na^+やCl^-の透過性がないのに対し，K^+がある程度の透過性をもつため，K^+濃淡電池とみなすことができるからである．興奮すると，Na^+の透過性が増大して，K^+の透過性よりもはるかに大きくなり，膜電位はプラス側に変化する．このときの値は，Na^+の平衡電位近くまで達する．すなわち，興奮したときの神経細胞は，Na^+濃淡電池となる．1ミリ秒後にはNa^+の透過性はなくなり，今度はK^+の透過性が増加する．このため，完全なK^+濃淡電池となり，静止電位よりはK^+平衡電位にさらに近い値になる．数ミリ秒後には，K^+の透過性はもとに戻るので，静止電位に戻る．このような膜電位の変化（活動電位）がつぎつぎに神経細胞膜上を伝達して，情報が伝わっていく．すなわち，神経伝達は，細胞内外のイオン濃度勾配の解消に共役する電気エネルギーにより行われている．

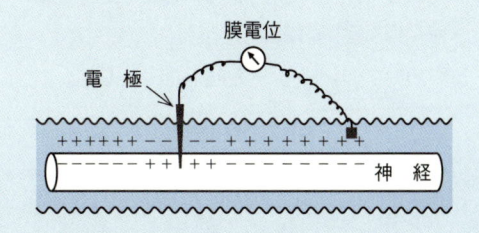

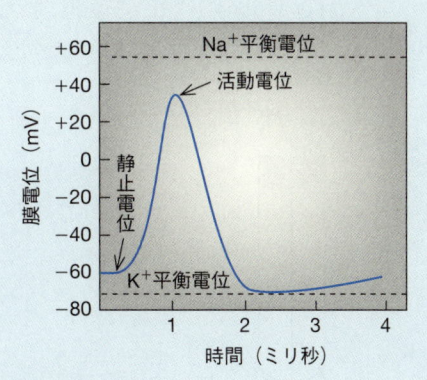

図1　神経の活動電位．

トの式が適用できて，標準電極電位を $E°_{Fe^{3+}|Fe^{2+}}$ とすれば，

$$E = \Delta E°_{Fe^{3+}|Fe^{2+}} - \frac{0.059}{1} \log \frac{[Fe^{2+}]}{[Fe^{3+}]} \tag{9・18}$$

となる．

電極電位は還元反応で表すことになっているから，反応は一般に，

$$[\text{酸化型}] + ne^- \rightleftharpoons [\text{還元型}] \tag{9・19}$$

と書くことができ，電極電位はネルンストの式により，

$$E = E° - \frac{0.059}{n} \log \frac{[\text{還元型}]}{[\text{酸化型}]} \tag{9・20}$$

となる．$E°$ は**標準還元電位**とよばれ，溶質の濃度が 1 mol/l，温度が 25 °C，気体の圧力が 1 気圧の水素電極を基準としたときの電極電位である．生化学反応は，通常中性の pH で起こるので，25 °C，1 気圧，pH 7.0，水素イオン以外の反応物と生成物の濃度が 1 mol/l のときの電極電位を標準還元電位として，この場合プライムを付けて $E°'$ と表して区別する．ネルンストの式はまた，pH メーターの測定原理とも関連する（解説 9・2 参照）．

解説 9・2　ネルンストの式と pH メーター

溶液の pH を正確に測定することは，特に生化学反応では重要なことである．pH メーターは図1のような**ガラス電極**とよばれている電極を測定する溶液に入れ，基準電極（比較電極）に対する電位差を測定して pH を求める．ガラス電極は，球状のガラスの薄膜のなかに KCl で飽和した pH 既知の溶液を入れ，その中に銀-塩化銀電極を差し込んで上を封じたものである．

ガラス薄膜の内側（H^+ 濃度は既知）と外側（測定溶液）の H^+ 濃度をそれぞれ $[H^+]_{内側}$，$[H^+]_{外側}$ とすれば，基準電極に対するガラス電極の電位差 E は，

$$E = E°' - \frac{2.303RT}{F} \log \frac{[H^+]_{外側}}{[H^+]_{内側}} \tag{1}$$

である．ガラス電極内の H^+ 濃度 $[H^+]_{内側}$ は一定なので $E°'$ に繰入れて，

$$\begin{aligned} E &= E_{一定} + \frac{2.303RT}{F} \log \frac{1}{[H^+]_{外側}} \\ &= E_{一定} + \frac{2.303RT}{F} \text{pH} \end{aligned} \tag{2}$$

となる．25 °C で $\frac{2.303RT}{F}$ は 0.0591 であるから，

$$E = E_{一定} + 0.0591 \text{pH} \tag{3}$$

となり，電位が pH に直線応答する．直線の勾配は温度によって異なり，また切片は各電極ごとに異なる．2点を決めれば直線も決まるので，pH メーターを使用するときには，2種類の pH 既知の標準緩衝液を用いて校正すれば，広い pH 範囲にわたって pH を測定することができる．

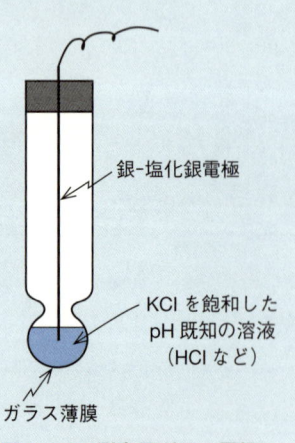

図 1　pH 測定用ガラス電極．
（銀-塩化銀電極，KCl を飽和した pH 既知の溶液（HCl など），ガラス薄膜）

9・3・3 酸化還元電位と自由エネルギー

第7章で反応の方向と自由エネルギーの関係について学んだ．電池の場合でも，もちろん化学反応が起こっているのだから，その自由エネルギー変化と起電力にも何らかの関係があることは容易に想像できる．

自由エネルギーと起電力には，

$$\Delta G = -nFE \qquad (9・21)$$

の関係がある（発展学習9参照）．ここで，n は移動する電子の数である．この関係から起電力を測定すれば，その反応の自由エネルギー変化を求めることができる．このときの起電力は可逆電池の起電力である（解説9・3参照）．

解説9・3　　可逆電池

電池から電流を取出すと電子が移動して反応が進行するので，反応は平衡へ向かって進行する．平衡点では $\Delta G = 0$ なので電流が流れるのにつれて反応の駆動力である自由エネルギー差 ΔG は減少する．これは，電気的仕事量が減少することを意味する．したがって，電流を流すと電池の電圧は低下して，電池の起電力は測定できないことになる．この反応は外から仕事を与えないとには戻らないから不可逆過程である．

そこで，電池の起電力を測定するには外部から電池に電圧をかけて，加えた電圧と電池の電圧が等しいときの加えた電圧の値を求めて起電力とする．このとき電流は流れない．すなわち，外部に仕事をしない．この点では反応は両方向に進めることができ，可逆的な反応となっている．

また，反応の平衡定数と自由エネルギーの間には，

$$\Delta G° = -RT \ln K \qquad (9・22)$$

の関係があるから，

$$RT \ln K = nF\Delta E° \qquad (9・23)$$

$$\Delta E° = \frac{RT}{nF} \ln K \qquad (9・24)$$

温度が25℃のとき，底を10に変えると，

$$\Delta E° = \frac{0.059}{n} \log K \qquad (9・25)$$

となる．

9・4 生体における電子伝達は酸化還元電位と関係する

現在の生命の発展は，呼吸というシステムを備えたことと切り離して考えることはできない．ここでは，エネルギー獲得と酸素の毒性消去における金属イオンの役割を述べる．

9・4・1 生命における酸素の利用とエネルギーの獲得

植物は太陽エネルギー使って CO_2 と H_2O から有機化合物である糖をつくりだし，動物はこのように光合成でつくり出された有機化合物を取入れて，廃棄物として排出された O_2 を使った酸化でエネルギーをつくり出している．このとき，廃棄物として CO_2 と H_2O を排出し，これが再び光合成により利用されている．すなわち，動物は究極的には食料（有機化合物）とエネルギーを植物から獲得し，植物はエネルギーを太陽光から得ている．太陽エネルギーは生体エネルギーの供給源ということになり，われわれ生物は太陽エネルギーにより生かされているといってもよい（図9・9）．

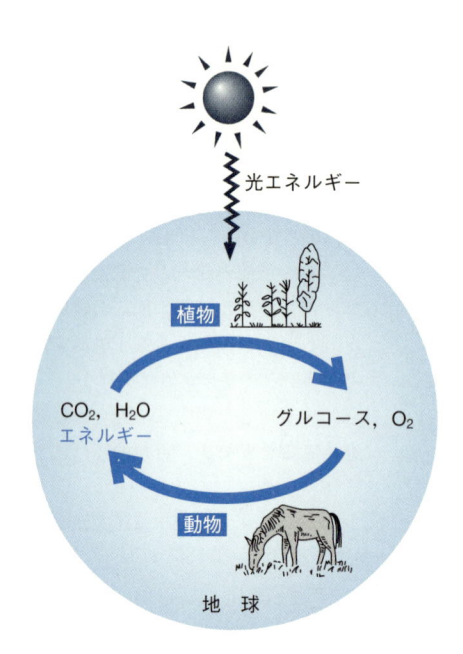

図 9・9　自然界におけるエネルギーの流れ．

グルコースが酸化されて CO_2 と H_2O になる酸化反応は生体中では一気に進むわけではなく段階的に進行する．

グルコースは生体に取込まれると，まず，解糖系とよばれる一連の反応で2分子のピルビン酸になる．この反応はグルコースからピルビン酸への酸化反応で，おもな酸化剤は NAD^+（図9・11参照）である．解糖系では2分子の ATP が合成される．解糖系の全反応はつぎのようになる（7章参照）．

$$C_6H_{12}O_6 + 2NAD^+ + 2ADP + 2P_i \rightleftharpoons$$
$$2NADH + 2CH_3COCOO^- + 2ATP + 2H_2O + 4H^+ \qquad (9・26)$$

酸化剤として使われている NAD^+ は限りがあるので，生じた NADH を絶えず再び酸化して NAD^+ を供給する必要がある．それには三つの方法がある．

NADH は，表9・3 に示された方法などにより NAD^+ に酸化される．このうち，1と2は酸素がない嫌気的条件下で起こり，3は O_2 がある好気的条件下で起こる．

嫌気的条件下では解糖系での2分子の ATP しか得ることができないが，好気条件下では呼

吸によりさらに36分子のATPが生じ，合計38分子のATPにより嫌気的条件下での反応にくらべて格段に大きなエネルギーを得ることができる．

$$C_6H_{12}O_6 + 38ADP + 38P_i + 6O_2 \longrightarrow 6CO_2 + 44H_2O + 38ATP \tag{9・27}$$

表 9・3　NAD^+を供給する主な方法

1. 筋肉におけるホモ乳酸発酵 　　ピルビン酸 + NADH ⟶ 乳酸 + NAD^+
2. 酵母におけるアルコール発酵 　　ピルビン酸 ⟶ アセトアルデヒド + CO_2 　　アセトアルデヒド + NADH ⟶ エタノール + NAD^+
3. 呼吸（クエン酸サイクル+電子伝達系） 　　ピルビン酸 + NADH + O_2 ⟶ $3CO_2 + 3H_2O + NAD^+$

9・4・2　生命における酸化還元と金属イオンの利用

O_2を利用する呼吸では，解糖系とクエン酸サイクルで生じたNADHを細胞内小器官のミトコンドリアで，電子をO_2にわたしてNAD^+を再生する．このような電子移動反応，すなわち酸化還元反応はキノン類，フラビン類などを除いて，一般に有機化合物の不得手とするところである．それに対して，Fe，Cu，Mnなどの金属元素では酸化還元が容易に起こる．たとえば，Feでは，

$$Fe^{3+} + e^- \rightleftharpoons Fe^{2+} \tag{9・28}$$

という酸化還元反応がすみやかに起こる．ミトコンドリアにおけるNADHを酸素で酸化する**電子伝達系**とよばれる一群の酵素はFeを含むタンパク質が多く，またCuもFeとともに電子伝達に大きな役割をになっている（図9・10）．

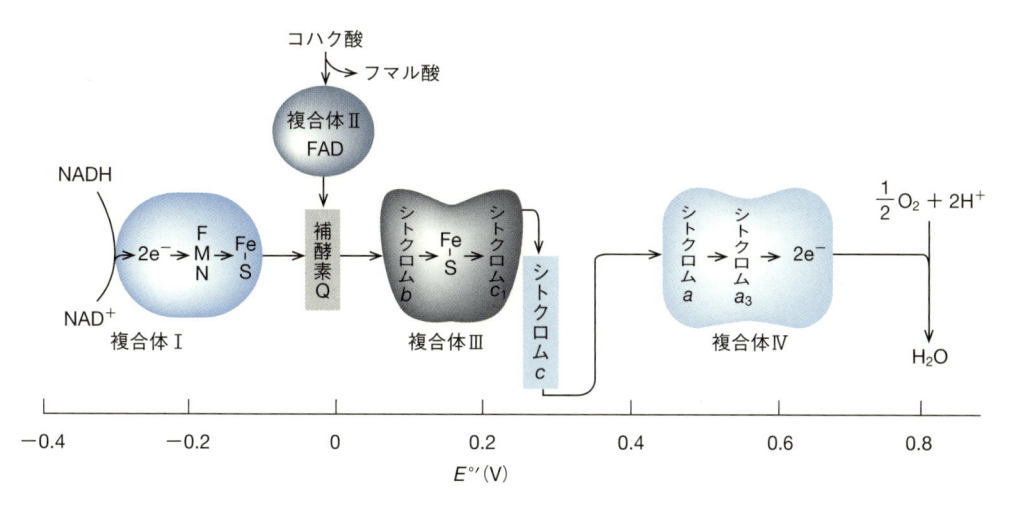

図 9・10　ミトコンドリアの電子伝達系．

ミトコンドリアの電子伝達系では，NADHからわたされた電子は最終的にO_2にわたされる。このときの全体の反応式は，

$$2NADH + 2H^+ + O_2 \longrightarrow 2NAD^+ + 2H_2O \tag{9・29}$$

と書くことができる。この反応は，

$$NAD^+ + H^+ + 2e^- \longrightarrow NADH \quad \Delta E^{\circ\prime} = -0.315\,V \tag{9・30}$$

$$\frac{1}{2}O_2 + 2H^+ + 2e^- \longrightarrow H_2O \quad \Delta E^{\circ\prime} = 0.815\,V \tag{9・31}$$

の二つの半反応が組合わさったものと考えることができる（図9・11）。

NADH が酸化されて生じた電子はまずミトコンドリア膜中のフラビン（FMN）を含むタンパク質と鉄イオンを含むいくつかのタンパク質が集まってできている複合体Iを経て，補酵素Q（CoQ，キノンの誘導体）にわたされる。補酵素Qの標準還元電位は0.045Vである。図9・12に補酵素Qの酸化還元反応を示した。

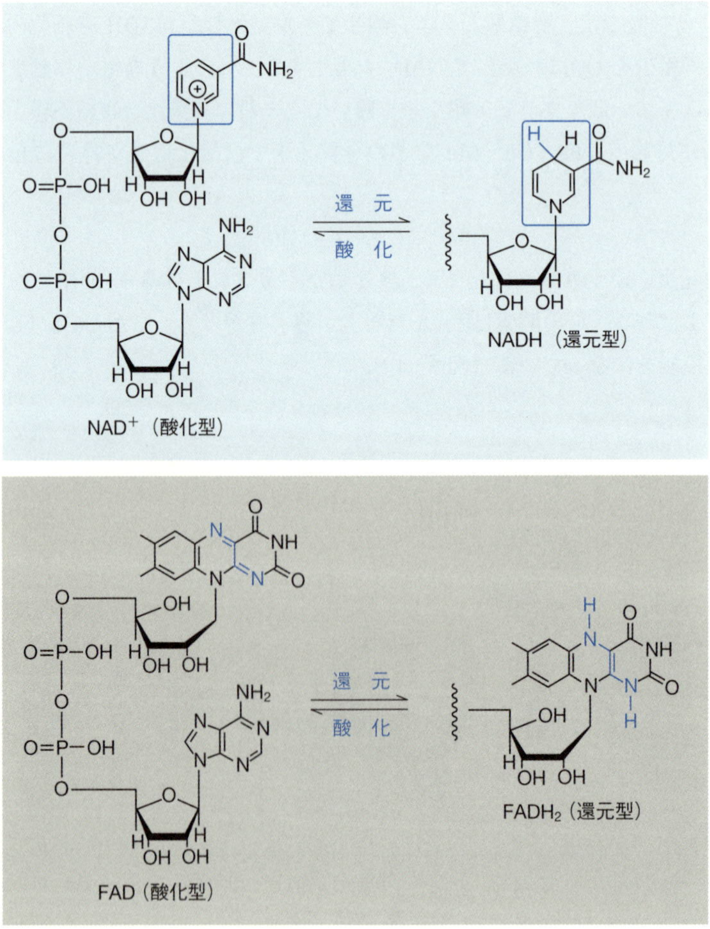

図9・11　NAD^+，NADH および FAD，$FADH_2$ の酸化還元。

9・4 生体における電子伝達は酸化還元電位と関係する

$$\text{補酵素 Q（酸化型）} + 2\text{H}^+ + 2\text{e}^- \longrightarrow \text{補酵素 Q（還元型）} \quad \Delta E^{\circ\prime} = 0.045\,\text{V} \quad (9\cdot32)$$

したがって，NADH から補酵素 Q へ電子がわたされる反応は (9・30) 式および (9・32) 式より，

$$\text{NADH} + \text{補酵素 Q（酸化型）} + \text{H}^+ \xrightarrow{\text{複合体 I}} \text{NAD}^+ + \text{補酵素 Q（還元型）} \quad (9\cdot33)$$

となり，$\Delta E^{\circ\prime}$ は $0.045-(-0.315)=0.360\,\text{V}$ となる．

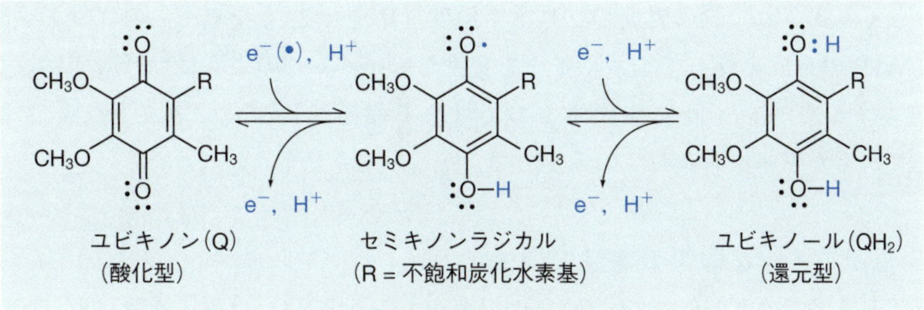

図 9・12 補酵素 Q の酸化還元．

また，コハク酸からフマル酸に酸化するときの電子も FAD と鉄を含む複合体 II を経て補酵素 Q にわたされる．FAD と $FADH_2$ の酸化還元反応は図 9・11 に示してある．

つぎに，補酵素 Q にわたされた電子は，複合体 I と同様に Fe を含むいくつかのタンパク質が集まってできている複合体 III を経て，Fe を含むヘムタンパク質であるシトクロム c（cyt c）にわたされる．シトクロム c の標準還元電位は 0.235 V である．

$$\text{シトクロム } c\,(\text{酸化型}; \text{Fe}^{3+}) + \text{e}^- \longrightarrow$$
$$\text{シトクロム } c\,(\text{還元型}; \text{Fe}^{2+}) \quad \Delta E^{\circ\prime} = 0.235\,\text{V} \quad (9\cdot34)$$

補酵素 Q からシトクロム c への電子伝達反応，

$$\text{補酵素 Q（還元型）} + 2\,\text{シトクロム } c\,(\text{Fe}^{3+}) \xrightarrow{\text{複合体 III}}$$
$$\text{補酵素 Q（酸化型）} + 2\,\text{シトクロム } c\,(\text{Fe}^{2+}) + 2\text{H}^+ \quad (9\cdot35)$$

の $\Delta E^{\circ\prime}$ は (9・32) 式と (9・34) 式より，0.190 V となる．

最後に，電子は Fe および Cu を含むいくつかのタンパク質が集まってできている複合体 IV によって O_2 にわたされる．O_2 が H_2O になる標準還元電位は (9・31) 式に示したように 0.815 V である．

したがって，O_2 によるシトクロム $c\,(\text{Fe}^{2+})$ の酸化反応は (9・31) 式および (9・34) 式より，

$$2\,\text{シトクロム } c\,(\text{Fe}^{2+}) + 2\text{H}^+ + \frac{1}{2}\text{O}_2 \xrightarrow{\text{複合体 IV}} 2\,\text{シトクロム } c\,(\text{Fe}^{3+}) + \text{H}_2\text{O} \quad (9\cdot36)$$

となり，$\Delta E^{\circ\prime}$ は 0.580 V となる．

複合体 I，複合体 III，複合体 IV に含まれている Fe，Cu イオンは，以上のような電子伝達反応を速める触媒のはたらきをしている．

前節で学んだように標準還元電位 $\Delta E^{\circ\prime}$ は自由エネルギー G と (9・21) 式であらわされる関

係にある．第7章で学んだように，化学反応は自由エネルギー変化が負の方向に進むから，電子は標準還元電位 $E°'$ の低いものから高いものへと流れていくことになる．ミトコンドリアの電子伝達系でも，NADH からわたされた電子はその酸化還元電位の低いものから高いものへと順番にわたされている（図9・10参照）．

結局，全体の反応（(9・29)式）では，$\Delta E°' = 1.130\,\text{V}$ となり，このときの自由エネルギー変化は $\Delta G°' = -218\,\text{kJ/mol}$ となる．この自由エネルギーの変化を使って，H^+ が膜の内側から外側へとくみ出され，膜の外側のプロトン濃度 $[H^+]$ が高くなる．このプロトン濃度勾配を使って ATP の合成を行ってエネルギーを産生している．このように，呼吸では，グルコースの燃焼エネルギーを一度に酸化するのではなく段階的に酸化することで，より多くの ATP としてエネルギーを貯蔵している．

9・4・3 金属イオンと酸素の毒性の消去

ミトコンドリアでの電子伝達で，O_2 についてみてみると，O_2 は電子を受け取っているので還元されたことになる．O_2 を H_2O にまで還元するには4電子が必要である．その過程はつぎのようになる．

$$O_2 + e^- \longrightarrow O_2^- \cdot \tag{9・37}$$

$$O_2^- \cdot + e^- + 2H^+ \longrightarrow H_2O_2 \tag{9・38}$$

$$H_2O_2 + e^- \longrightarrow OH^- + \cdot OH \tag{9・39}$$

$$\cdot OH + e^- + H^+ \longrightarrow H_2O \tag{9・40}$$

最後まで到達すれば無害の H_2O ができるだけであるが，途中で生じた $O_2^- \cdot$（スーパーオキシド），$\cdot OH$（ヒドロキシルラジカル）などは不対電子1個をもつ**ラジカル**であり，非常に反応性が高い（発展学習 10）．このような酸素種を**活性酸素**とよぶ．O_2 分子の電子状態については解説 9・4 で述べる．活性酸素は生体中では脂質などと反応してしまい，いわば毒として

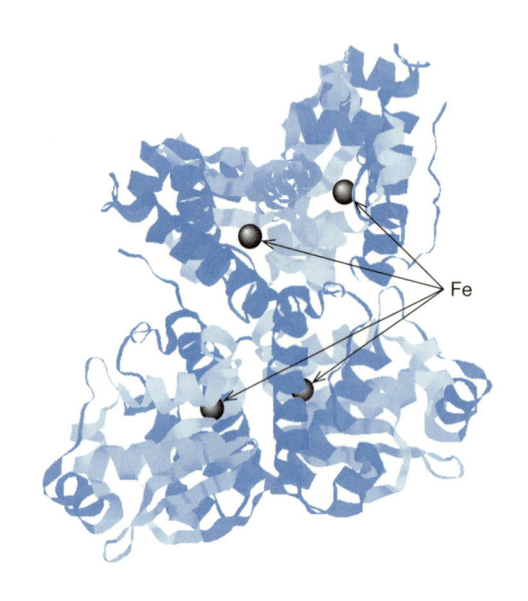

図 9・13 Fe-SOD の立体構造（四量体）．*Porphyromonas gingivalis* という細菌よりとられた鉄を含む SOD の X 線結晶解析による立体構造．各単量体に1個の鉄イオンを含んでいる．生体中では二量体ではたらいている．

9・4 生体における電子伝達は酸化還元電位と関係する

はたらいてしまう．好気性の生物は O_2 を消費することで細胞内の O_2 濃度を低く保って防御しているが，さらに，活性酸素を消去するしくみを備えている．たとえば，スーパーオキシドジスムターゼ（SOD），カタラーゼはつぎのような反応の触媒としてはたらき，酸素毒性の消去において重要なはたらきを担っている．

$$\text{SOD：} 2O_2^- \cdot + 2H^+ \longrightarrow O_2 + H_2O_2 \tag{9・41}$$

$$\text{カタラーゼ：} 2H_2O_2 \longrightarrow 2H_2O + O_2 \tag{9・42}$$

SOD，カタラーゼもタンパク質中に Fe または Cu を含んでいて電子の移動反応を触媒している（図 9・13）．このように生物は金属を利用して酸化還元反応を速やかに起こしていて，さらに酸化還元電位をタンパク質によりコントロールして，さまざまな機能を発揮している．

解説 9・4　酸素分子の電子状態

第 2, 3 章で学んだように O 原子の電子配置は $(1s)^2(2s)^2(2p)^4$ であり，O_2 分子を電子式で表すとつぎのようになる．

$$\ddot{\text{O}}::\ddot{\text{O}} \quad \text{または} \quad \ddot{\text{O}}=\ddot{\text{O}} \tag{1}$$

O_2 分子は $-183\,°C$ で液体になる．液体酸素は淡青色で，磁石を近づけると液体が磁石に引き寄せられる．しかし，液体酸素に鉄を近づけても引力は発生しない．これは O_2 分子それぞれが小さい磁石の性質を示し，磁場がないときにはそれぞれの磁石（O_2 分子）がばらばらの方向を向いていて，それ自身では磁石の性質をもたないが，磁場の中に入れるとばらばらだった分子が一定方向にそろい磁石の性質をもつようになったと考えられる．この性質を**常磁性**とよぶ．解説 2・1 にあるように分子の磁性の大部分は "電子スピン" に起因している．常磁性は分子が不対電子をもつ場合に示す性質である．ちなみに永久磁石では磁性をもつ分子の向きが固定されていて，その性質を**強磁性**とよぶ．

さて，O_2 分子の電子式（1）を見るとすべての電子は電子対をつくっていて，電子スピンは打ち消され不対電子をもたないことになり，常磁性をもつことを説明できない．そこで，常磁性を表すように電子式を書くとすれば，

$$\cdot\ddot{\text{O}}-\ddot{\text{O}}\cdot \tag{2}$$

となるが，原子間の結合の強さは単結合から予測できる値よりはるかに強い．電子式で考えると (1)，(2) のどちらをとっても合理的には説明できない．そこで，第 3 章で学んだ分子軌道の考え方で O_2 分子をみてみよう．

O 原子と O_2 分子の各軌道のエネルギー準位は図 1 のようになり，フントの規則により不対電子の存在が説明できる．また，分子をつくった場合には結合性軌道と反結合性軌道に入っている電子数の差の分だけ安定化するので，その差，電子 2 個分で結合数 1 すなわち 1 本の共有結合と考えれば，O_2 分子の結合数は $(10-6)/2 = 2$ となり O 原子間は二重結合と考えることができる．

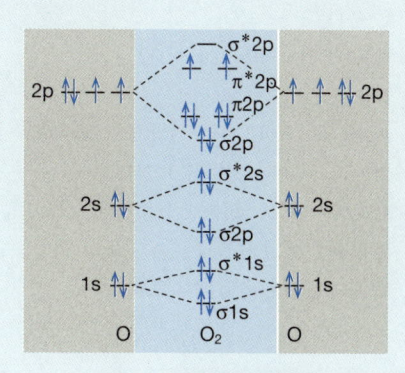

図 1　酸素の電子配置．

活性酸素の消去には，食品も重要である．そのひとつであるワインについては，話題9を参照してほしい．

話題 11

ワインと活性酸素

　心臓病，脳梗塞を引き起こす動脈硬化は，脂肪の多い食事をとり続けるのが主な原因とされ，生活習慣病といわれている．ところが，フランスでは脂肪摂取量が他の欧米諸国に比べて高いにもかかわらず心臓病による死亡率が低いことが知られていて，"フレンチパラドックス"とよばれている．これは，フランスでのワイン，特に赤ワインの消費量の多さに関係していることが疫学調査でわかってきた．

　赤ワインはブドウをそのまま使うため，赤色色素のアントシアニン，タンニン，カテキン，フラボノールなどのポリフェノール類を多量に含んでいる．このポリフェノール類は強力な抗酸化物質で，血中の悪玉コレステロールの低密度リポタンパク質（LDL，タンパク質のまわりを多量のコレステロールなどの脂質が取囲んでいる物質）の活性酸素種による酸化を防いで本当の悪玉コレステロールである酸化LDLの発生を抑制しているため，動脈硬化になりにくいと考えられている．赤ワインを熟成させるとポリフェノールが重合した分子量の大きなものが増えるためさらに抗酸化能が高まる．熟成させた赤身の強い赤ワインが抗酸化能が高い．白，ロゼワインはポリフェノールが少なく抗酸化能も低い．「肉料理には赤ワイン」というのはこの点からはよい食べあわせといえる．カカオにもポリフェノールが多く含まれているので甘党の人はワインの代わりにチョコレートを食べればよい．ワイン好きの人には朗報ではあるが，適量を過ごせばエタノールによる障害の影響のほうが強くなるので，ほどほどにどうぞ！

基本問題

9・1 つぎの反応のうち酸化還元反応はどれか．

　i) $HCl + NaOH \longrightarrow NaCl + H_2O$

　ii) $C + O_2 \longrightarrow CO_2$

　iii) $CuO + H_2 \longrightarrow Cu + H_2O$

　iv) $Mg + Cl_2 \longrightarrow MgCl_2$

　v) $AgNO_3 + NaCl \longrightarrow AgCl + NaNO_3$

　vi) $2H_2S + SO_2 \longrightarrow 3S + 2H_2O$

9・2 希硫酸の中に，銅板と亜鉛板を入れて電池をつくった．

　i) 金属板が溶けるのはどちらか．

　ii) 電流はどちらの方向に流れるか．

10 生命研究に有用な光と放射線

　光や放射線はバイオサイエンス分野における多くの研究に利用され，その発展にきわめて大きな貢献をしてきた．しかしながら，放射線は便利さとともに高い危険性をもっており，その取扱いに厳しい法的規制が設けられている．また，光は生命にとって，生存に必須である一方，生存を危うくする環境問題の原因ともなっている．
　本章では，まず，「光や放射線のどのような性質が，バイオサイエンスの研究に応用されたのか？」を学ぼう．つぎに，放射線の安全な取扱いの考え方をもとにして，現代の環境問題について考察しよう．

10・1　光と放射線はバイオサイエンスの発展に大きく貢献した

　光と放射線を用いた技術は，バイオサイエンスの研究に広く応用されている（表10・1）．
　バイオサイエンスの分野において，光を利用した技術で進歩が著しいのは，顕微鏡である．顕微鏡というと，微生物や細胞の微細構造の形態的な観察を思い浮かべるが，コンピュータの発展と結びついて開発された最近の顕微鏡では，微量にしか含まれない特定の分子が細胞内のどこにどのぐらい局在するのかも観察できるようになってきた．そのひとつである共焦点レー

表 10・1　バイオサイエンスにおける光，放射線

	対　象	方　法
光	細胞内局在	光学顕微鏡，蛍光顕微鏡
	溶液内の微量分析	吸光分析，蛍光分析，化学発光分析
	分子の大きさと形	円二色性，光散乱
放射線	医療，生体内局在	γ線治療，粒子線治療，PET[†]，オートラジオグラフィー
	微量分析	トレーサー技術
	分子構造	X線回折

　†　PET：ポジトロンエミッショントモグラフィーの略．陽電子を放出する核種を利用して脳の活動の様子をみる方法．

ザー蛍光顕微鏡は広範に用いられており，第1章の図1・4にその観察像を示してある．この写真は，チューブリンに対する抗体を蛍光物質で標識したのち，チューブリンからなる微小な線維である微小管に結合させ，放出される蛍光を観察したものである．また，溶液中の生体物質による光の吸収や蛍光は，これらの物質の高感度な検出に利用されてきた．生体分子の大きさや形の研究には，円二色性や散乱という光の性質が利用されている．前者からは，タンパク質における α ヘリックス構造や β シート構造の含量がわかり，後者からは，分子の大きさの変化や球状，棒状などの分子の形に関する情報が得られる．

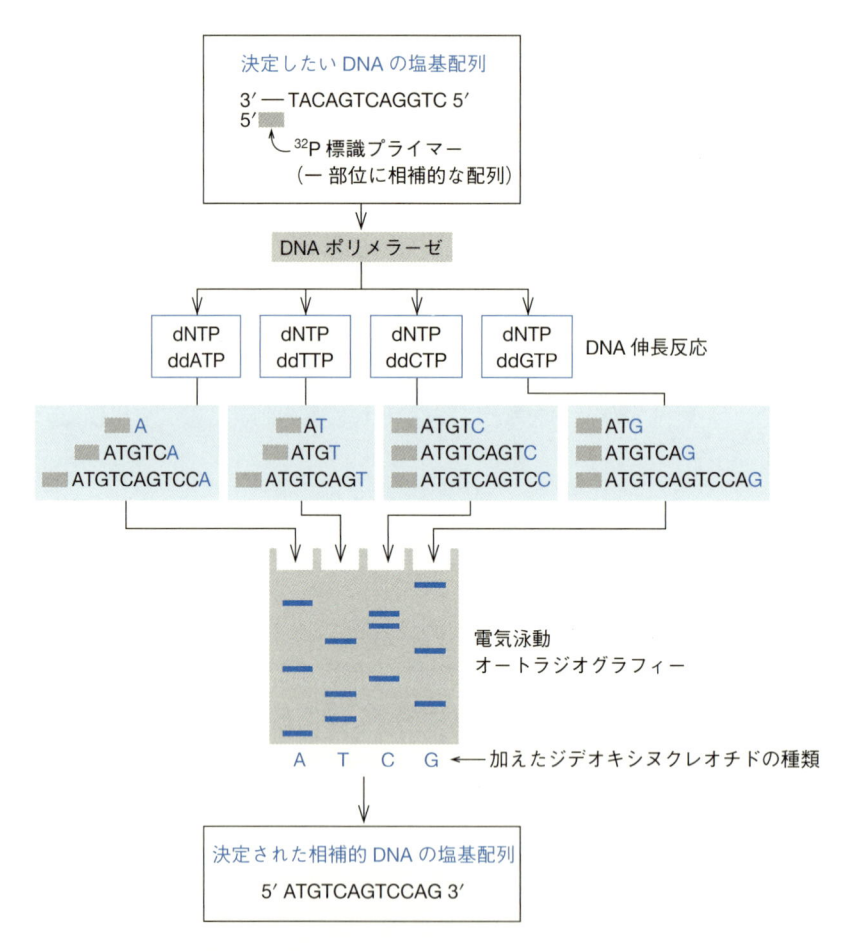

図10・1 **DNA 塩基配列の決定**．dNTP：4種のデオキシヌクレオチド，ddATP，…：各ジデオキシヌクレオチド．塩基配列を調べたい DNA に，その 3′ 端の一部分に相補的な配列（^{32}P で放射標識）と 4種のデオキシヌクレオチドおよび DNA ポリメラーゼを加えると，その DNA を鋳型とした相補的 DNA が合成される．そのさい，1種類のジデオキシヌクレオチドを過剰に加えておくと，5′ 端は放射標識された配列 ■ をもち，3′ 端にそのジデオキシヌクレオチドをもつ，いろいろな長さの DNA 断片が合成される．これらの DNA 断片は電気泳動で分離されたのち，オートラジオグラフィーにより各断片から放出される放射線が検出される．短い配列ほど先端に泳動されるので，先端の DNA 断片から順番に，その断片を得たさいの加えたジデオキシヌクレオチドの種類を並べたものが，合成 DNA の塩基配列に対応する．

現代のバイオサイエンスを支えている生化学と分子生物学の発展は，"放射性同位体"の利用を抜きにしては語れない．放射性同位体 ^{14}C で標識された中間代謝物質を用いたトレーサー技術により，標識物質の生体内での物質変換（代謝）の経路が解明され，生化学の華々しい発展を生み出した．分子生物学発展の象徴であるヒトの全遺伝子配列の決定の裏には，放射性同位体の利用の結果としてもたらされる高い検出感度があった．図 10・1 に DNA の塩基配列の決定法が示してある．ここでは，放射性同位体 ^{32}P による標識が，微量にしか存在しない DNA 断片の検出を可能にし，遺伝子の塩基配列の決定を容易にした．放射線のひとつである X 線は，結晶を構成する分子の回折現象を利用した分子構造解析に応用され，DNA やタンパク質の分子構造の解明に大いに貢献している．また，放射線は，診断や治療などにも応用されている．

光とは，紫外線，可視光線，赤外線などの太陽光をさすことが多いが，γ 線，X 線，マイクロ波，ラジオ波と同じ電磁波の一種である．一方，**放射線**とは放射性物質から放出されるもので，α 線と β 線のような粒子の流れ（粒子線）と γ 線，X 線のような電磁波がある．ここで，**放射能**とは放射線を放出する性質のことをいい，放射能をもつ物質を**放射性物質**とよぶことに注意してほしい．

図 10・2 にいろいろな波長領域の電磁波を示した．原子の電子軌道にエネルギー準位が存在するように，分子にも電子状態，振動状態，回転状態などに関するさまざまなエネルギー準位が

電磁波の名称	γ線	X線	紫外線	可視光線	赤外線	マイクロ波	ラジオ波
波長	1 pm (120 GJ/mol)		1 nm		1 μm (120 kJ/mol)	1 mm	1 m (120 mJ/mol)
エネルギー準位（各状態を示す）	原子核	内殻電子	外殻電子		振動	回転	核磁気

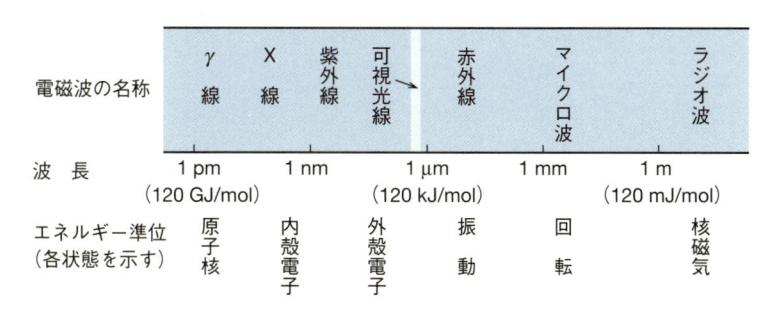

図 10・2　電磁波のエネルギー領域．

存在する．これらのエネルギー準位間の遷移により生じるものが，**電磁波**である．つまり，光は X 線や電波と同じ，電磁波の 1 種である．電磁波のもつエネルギー E と波長 λ の間には，解説 3・1 に示したように，

$$E = \frac{hc}{\lambda} \quad (h：プランク定数，c：真空中の光速度) \quad (10・1)$$

の関係がある．すなわち，エネルギー準位間の遷移により生じる電磁波は，両準位のエネルギーの差に相当する波長をもっている．1 μm の波長の赤外線のエネルギーは 120 kJ/mol である．

10・2　さまざまな光の性質がバイオサイエンスに利用されている

バイオサイエンスでは，光の吸収，蛍光，化学発光がよく用いられている．本節では，これらの光の性質を中心に学ぼう．

10・2・1 吸光度と溶液濃度

物質中の分子の電子には，いろいろなエネルギー準位が存在する．最もエネルギーの低い状態を**基底状態**といい，これより高い状態を**励起状態**という．電子が励起状態から基底状態に遷移するさいに，そのエネルギー差に相当する波長をもつ光が放出される．では，光を吸収するということはどういうことだろうか．図 10・3 に，光の吸収と放出を示した．基底状態と励起

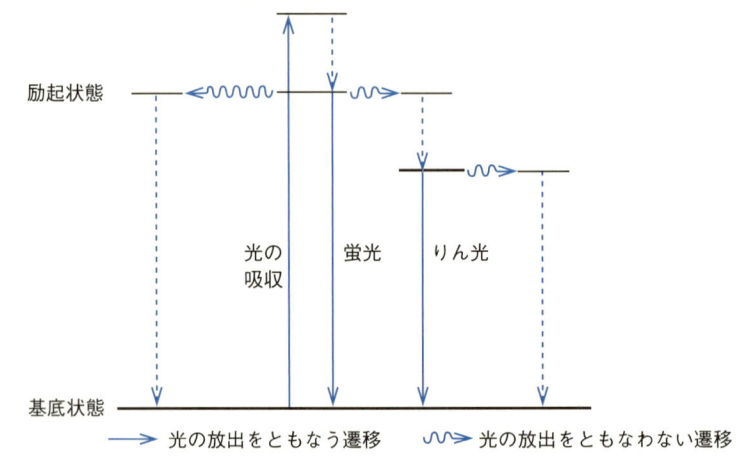

図 10・3 **励起分子がエネルギーを失う過程**．また，破線は熱運動によってエネルギーを失う過程を示す．

状態のエネルギーの差に相当する波長をもつ光がくると，電子の状態が基底状態から励起状態に遷移する．これを**光の吸収**という．すなわち，励起状態にある分子は基底状態にある分子よりも余分なエネルギーをもっている．このエネルギーは熱運動あるいは光の放出（蛍光，りん光）により失われる．光の放出については，10・2・2 節で述べる．

基底状態の分子がある波長の光を吸収すると，基底状態からその波長に相当するエネルギー差のある励起状態に遷移する．光の吸収の程度は，透過率 T あるいは吸光度 A で表すことができる．図 10・4 のような溶液を通過する光を考えよう．透過率 T は，

$$T = \frac{I}{I_0} \quad (I_0: 入射光の強度, \ I: 透過光の強度) \tag{10・2}$$

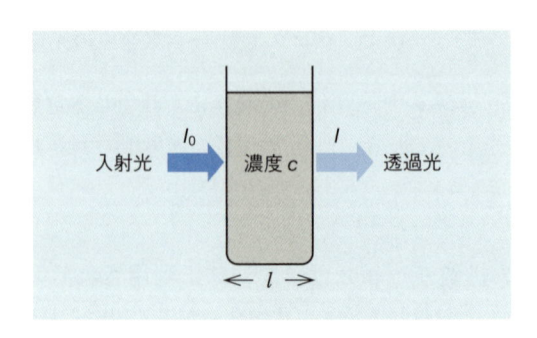

図 10・4 **溶液による光の吸収**．

と表される．$1/T$ の対数である吸光度 A は，溶液のモル濃度 c と透過距離 l とのあいだに，

$$A = \log \frac{1}{T} = \varepsilon l c \tag{10・3}$$

の関係がある．これは**ランベルト-ベールの法則**とよばれ，ε をモル吸光係数という．

　タンパク質や核酸は紫外線を吸収する．図 10・5 は，リゾチームの 240 nm から 320 nm の波長における吸光度を示したもので，**吸収スペクトル**とよばれる．このスペクトルにおける 260～290 nm 付近の吸収は，リゾチームに存在する芳香族アミノ酸残基（チロシン，フェニルアラニン，トリプトファン残基）の吸収の和とほぼ一致することから，芳香族アミノ酸に由来することがわかるだろう．これに対し，240 nm 以下の吸収は，芳香族アミノ酸残基の吸収の和よりもはるかに大きい．これは，215～225 nm 付近に吸収極大をもつペプチド結合によるものである．

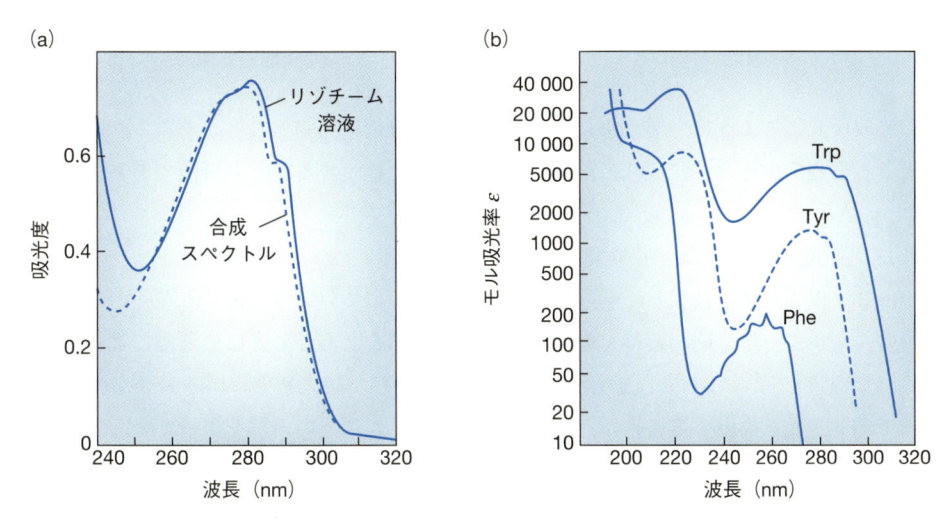

図 10・5　タンパク質溶液の吸収スペクトル．（a）リゾチーム溶液の吸収スペクトル，（b）芳香族アミノ酸の吸収スペクトル．合成スペクトルはリゾチームを構成する芳香族アミノ酸の吸収スペクトルを足しあわせたもの．

　タンパク質の 280 nm の吸光度 A_{280} は，タンパク質濃度の決定に用いられる．いろいろな濃度のアルブミン溶液を調製し，これらの A_{280} を調べたものが表 10・2 である．以下の例題でアルブミンの濃度を求めてみよう．

表 10・2　アルブミン水溶液の吸光度

アルブミン濃度（mg/ml）	A_{280}
0.2	0.128
0.4	0.268
0.6	0.402
0.8	0.520
1.0	0.665

例題 10・1 280 nm の吸光度 A_{280} が 0.494 のアルブミン溶液がある．表 10・2 より，アルブミン濃度決定のための検量線を作成し，このアルブミン溶液の濃度を決定せよ．

解 表 10・2 より検量線を作成すると図のようになる．図より，0.494 を与える濃度を決定すると，0.74 mg/ml になる．

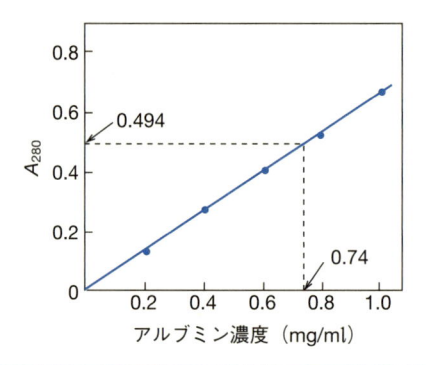

光の吸収は，このように，溶液中の溶質分子の定量分析に用いることができる．また，吸収スペクトルを測定することにより，溶解している溶質を推定することも可能である．

10・2・2 蛍光，化学発光，生物発光

図 10・3 をみて，光を吸収して励起状態になった分子について考えよう．多くの分子は，分子振動のエネルギー準位間の遷移を繰返して，光の放出をともなわずに熱運動により基底状態に戻る（点線）[*1]．これに対し，励起状態から光を放出して基底状態に戻る分子もある．これが**蛍光**である．光を放出するまえに，熱運動によりエネルギーの一部を失っているので，蛍光の波長は吸収の波長よりも長い（図 10・6）．蛍光よりも長い寿命をもつ光を放出する分子もあり，この発光は**りん光**とよばれる．蛍光を放出する励起状態の場合はスピンが互いに反対方

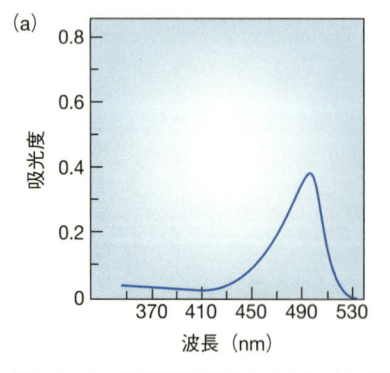

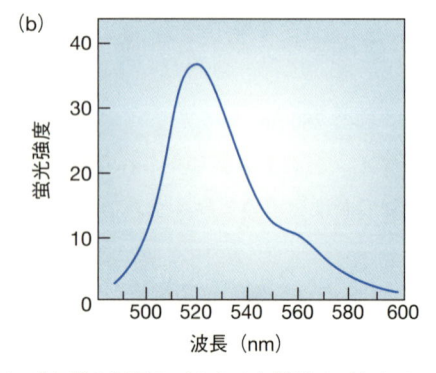

図 10・6 蛍光性色素フルオレセイン標識タンパク質の吸収スペクトルと蛍光スペクトル．(a) フルオレセイン標識タンパク質の可視部の吸収スペクトル，(b) フルオレセイン標識タンパク質の蛍光スペクトル．

[*1] 分子振動のエネルギー準位間の遷移によって放出される電磁波は赤外線である．

向の対をつくっている（**一重項状態**）のに対し，りん光を発する状態は2個の電子が同じ方向のスピンをもっている（**三重項状態**）．蛍光は，吸収による分析よりも一般に高感度であるため，さらに微量の化学物質の検出にもちいられる．しかし，I/I_0 の対数の逆数という定まった値である吸光度とは異なって，相対値である蛍光強度の場合は，バックグラウンドの補正をきちんと行う必要がある．

バイオサイエンスでよく使われる蛍光の性質に，エネルギー移動がある．トルエンに溶解しているPPOとPOPOPという2種類の色素の吸収スペクトルと蛍光スペクトルを図10・7に示した．PPOの蛍光スペクトルとPOPOPの吸収スペクトルの重なり（灰色）は大きいので，

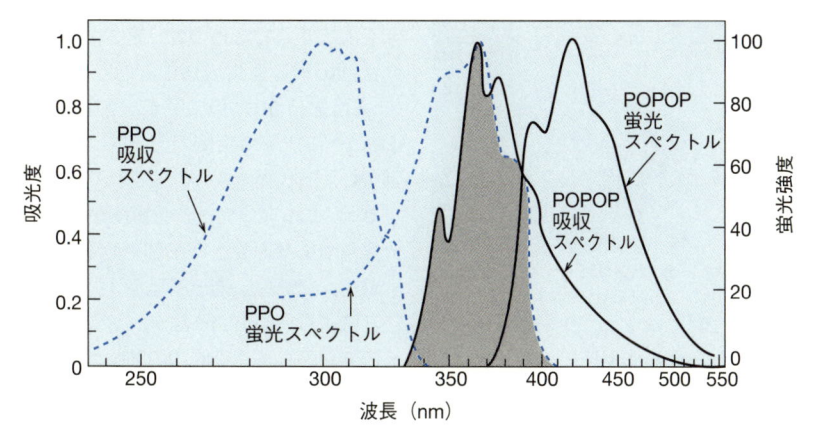

図10・7　**蛍光色素PPOとPOPOP間のエネルギー移動と蛍光スペクトル**．灰色はPPOの蛍光スペクトルとPOPOPの吸収スペクトルの重なった部分である．

PPO分子を励起したとき，PPOの蛍光はPOPOPに吸収され，結果としてPOPOPの蛍光が観察される．これを**エネルギー移動**という．エネルギー移動の効率は分子間の距離の6乗に反比例するので，二つの蛍光分子間の距離の変化の測定に用いられる．このPPOからPOPOPへのエネルギー移動は，次節で述べる液体シンチレーションカウンターによる測定に利用されている．生命の中で自然にみられるエネルギー移動の例として，オワンクラゲのエクオリンからGFPに移る例が有名である（話題12）．

ATPの微量定量は，(10・4)式に示すような，ホタルのルシフェリンとルシフェラーゼの反応が用いられる．

$$\text{ルシフェリン} + \text{ATP} \xrightarrow{\text{ルシフェラーゼ}} \text{オキシルシフェリン} + \text{光} \quad (10・4)$$

つまり，1分子のATPが反応すると，およそ1分子のオキシルシフェリンからの光が観察される．一定時間内に光る回数を測定するので，原理的には蛍光よりもはるかに高感度である．この光る原因は何であろうか．ルシフェリンは，ATPの存在下において酵素ルシフェラーゼの触媒作用により，酸素 O_2 と反応し，一重項励起状態のオキシルシフェリンとなる．すなわち，光の吸収によるのではなく化学反応により一重項励起状態の分子が生成する．そして，基

話題 12

オワンクラゲの生物発光と緑色蛍光タンパク質（GFP）

オワンクラゲは，アメリカワシントン州サンファン島付近に棲息しているクラゲの仲間で，刺激すると傘の縁が緑色に光る（図1）．下村脩は，このクラゲから発光タンパク質エクオリンと緑色蛍光タンパク質（GFP）を単離した．エクオリンは，発光基質セレンテラジンとタンパク質アポエクオリンと酸素の反応によって生じた複合タンパク質で，これに Ca^{2+} が結合すると発光基質は励起状態のセレンテラミドになり，青い光の放出をともなう生物発光をする．すなわち，セレンテラジンとセレンテラミドがそれぞれ，ホタルのルシフェリンとオキシルシフェリンに対応する．ところが，オワンクラゲの発光色は，青色ではなく緑色である．それは，励起状態のセレンテラミドのエネルギーがGFPに移動し，GFPが緑色の蛍光を放出するからである（図2）．このエネルギー移動については，本文中の図 10・7 の説明を参照してほしい．

GFP はアミノ酸だけで構成されている単純タンパク質である．色素を含まない GFP がなぜ，蛍光を放出するのだろうか．図3に，GFP の蛍光発色団の構造と生成過程を示す．アポ GFP の 65 番目から 67 番目のアミノ酸配列 Ser-Tyr-Gly のペプチド結合間で分子内での脱水反応が進行し，環状構造 A が形成されてジヒドロ GFP となる．ついで，Tyr の側鎖部が酸化されて蛍光発色団 B が形成されて GFP となる．

現在，GFP は，遺伝子組換え技術を駆使することにより，いろいろなタンパク質の遺伝子からの発現の様子や細胞内の移動や局在などの研究に応用され，バイオサイエンスの発展に大いに貢献している．また，特定のアミノ酸を別のアミノ酸に置換することにより，青色や黄色などの異なる色の蛍光を放出する変異型 GFP もつくりだされている．

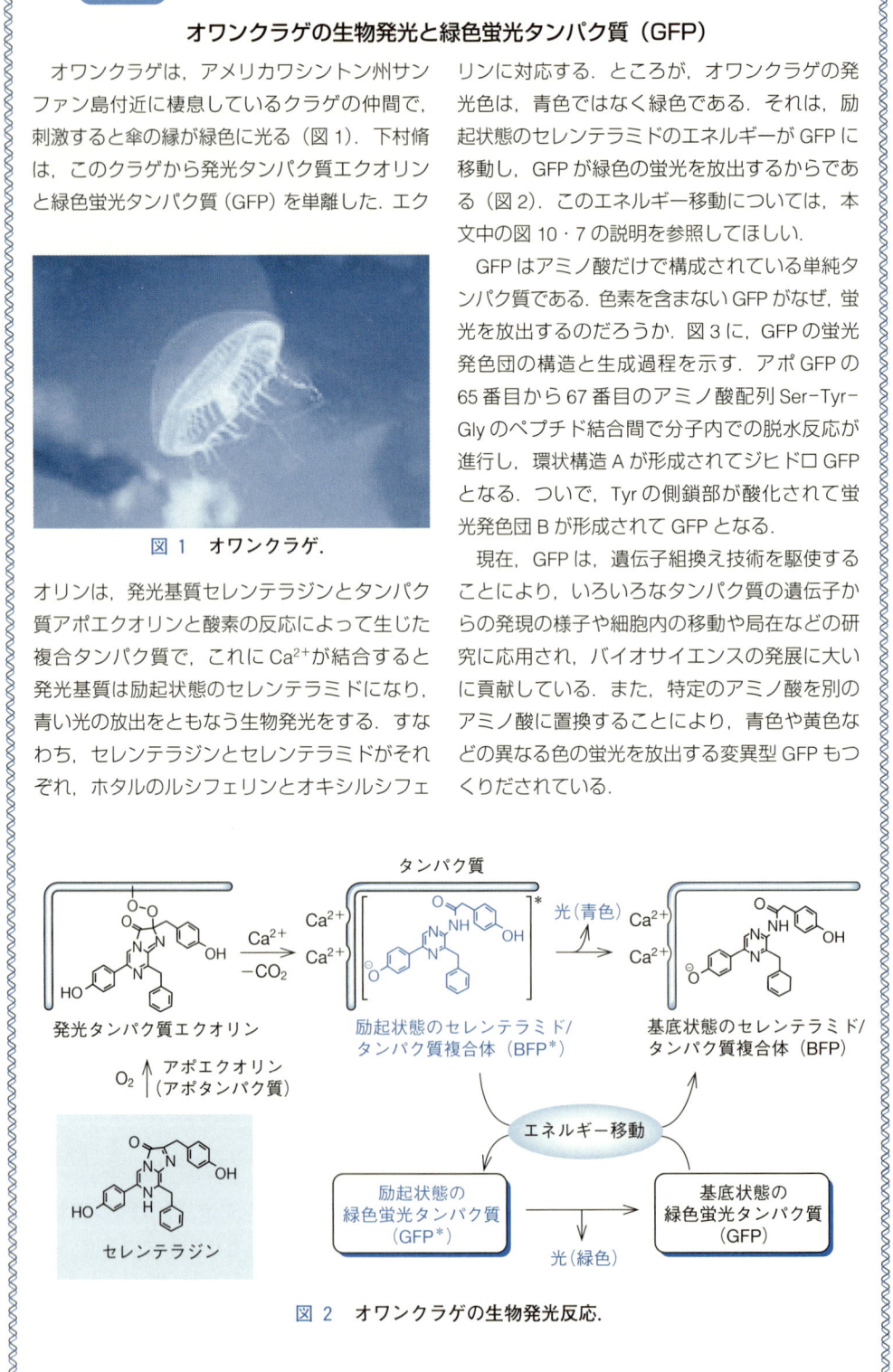

図1 オワンクラゲ．

図2 オワンクラゲの生物発光反応．

図 3　GFP 蛍光発色団の構造と形成過程.

底状態とのあいだのエネルギーに相当する波長の光（562 nm の光）すなわち蛍光を放出するのである（図 10・8）．化学発光は蛍光よりもさらに高感度である．

一般に化学反応（主に酸素 O_2 により酸化）で励起一重項状態の生成物が生じ，光を発する現象を"化学発光"というが，ホタルなどの発光のように生物固有の酵素・タンパク質の作用によりルシフェリンが発光する現象を特に"生物発光"とよぶ．「ホタルの光」は光の吸収で生じた一重項状態の分子からの蛍光ではなく，ルシフェラーゼというタンパク質の環境下での化学発光すなわち"生物発光"なのである．生物発光の基質（ルシフェリン）としては，前述のホタルルシフェリンやオワンクラゲのセレンテラジンのほかに，ウミホタルルシフェリン，発光細菌の直鎖のアルデヒド類が知られている．

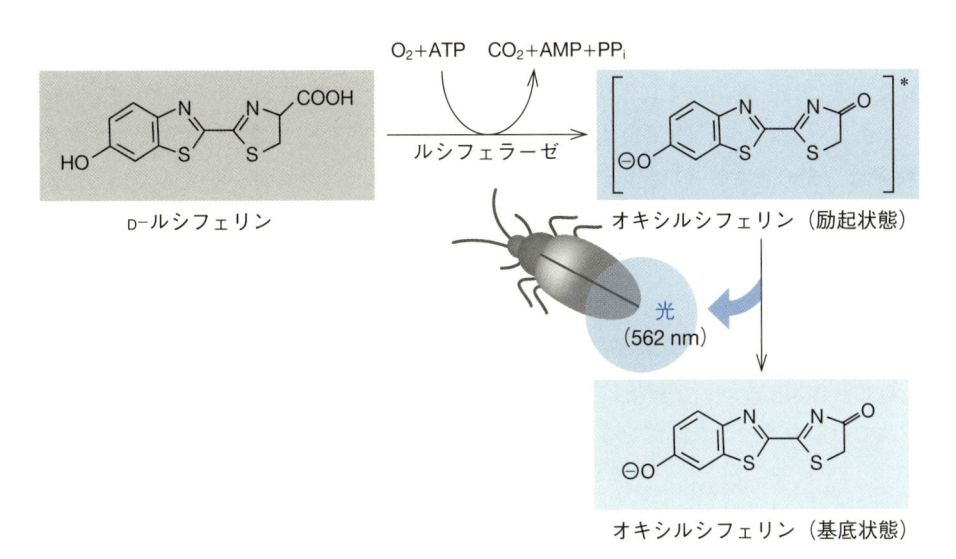

図 10・8　ホタルの生物発光．PP_i はピロリン酸を示す．

10・3　バイオサイエンスの研究に有用な放射線は危険性も高い

放射性物質から放出される放射線は，10・1 節で述べたようにバイオサイエンスにとってき

わめて有用である．その反面，放射線は生命に対して強い障害性をもっている．この節では，放射線の性質と放射線の安全な取扱いについて学ぼう．

10・3・1 放射性物質と放射性壊変

放射能は，いまから 100 年前に発見され，その後わずか 10 年のあいだに基本概念が解明された．このめざましい研究の進展は，科学の急速な進歩にその利用の知恵が追いつかなかった 20 世紀の幕開けを象徴するできごとであった（表 10・3）．レントゲンによる X 線の発見の翌年には，ウラン化合物から発する放射線が発見された．その 2 年後にはキュリー夫妻による放射性物質の研究が行われ，さらにラザフォードのグループによる研究により，放射線には α 線と β 線があること，放射線は原子が別の原子に変わるさいに放出されるものであることが明らかにされた．このように放射性物質が自発的に放出することを**放射性壊変**という．20 世紀に入ってすぐに，シュバイドラーは放射性壊変が統計的性質をもつことを明らかにした．

表 10・3　放射能の研究の歴史

年	発見者	発　見
1895	W. K. レントゲン	X 線の発見
1896	A. H. ベクレル	放射線の発見
1898	キュリー夫妻	放射性物質ラジウムの発見
1899	E. ラザフォード	α 線，β 線の発見
1903	ラザフォード＆サディイ	放射線の本質に対する概念の確立
1905	E. シュバイドラー	放射能の統計的性質

放射性壊変には，表 10・4 に示す現象が知られている．**α 壊変**はヘリウム原子核 $^4_2\text{He}^{2+}$（α 粒子）の放出をともない，質量数 4，原子番号 2 が減少した原子になる．このさいに放出される α 粒子は，光の速度の 10％程度の速度であり，定まったエネルギーをもっている．たとえば，$^{226}_{88}\text{Ra}$ は 1 個あたり 7.65×10^{-13} J のエネルギーをもつ α 粒子を放出して，$^{222}_{86}\text{Rn}$ になる（(10・5)式）．

$$^{226}_{88}\text{Ra} \longrightarrow {}^{222}_{86}\text{Rn} + \alpha\text{ 粒子} \qquad (10・5)$$

放射性元素から放出された α 粒子は，一定の距離にある物質と相互作用し，中間に存在する物質とは相互作用しない．α 粒子に類似した水素原子核（陽子）の流れである陽子線が治療に応用されているのは，この性質である．

表 10・4　放射性壊変

放射性壊変	放出実体	原子番号の変化	質量数の変化
α 壊変	$^4_2\text{He}^{2+}$	-2	-4
β 壊変	e^-	$+1$	0
β^+ 壊変	e^+	-1	0
軌道電子捕獲	X 線	-1	0
γ 壊変	γ 線	0	0

β **壊変**とは，中性子が陽子と電子になった結果，電子を放出する現象である．たとえば，$^{14}_{6}C$ は β 粒子（電子）を放出して，原子番号が 1 増加した $^{14}_{7}N$ になる（(10・6)式）．

$$^{14}_{6}C \longrightarrow {}^{14}_{7}N + \beta 粒子 + \nu \qquad (10・6)$$

ここで ν で示したものは，ニュートリノ（中性微子）とよばれる素粒子である．β 線は，液体シンチレーションカウンターという装置で検出される（図 10・9）．β 線がトルエンと相互作用すると，トルエンは励起され，蛍光が放出される．これを放射線の**蛍光作用**という．この蛍

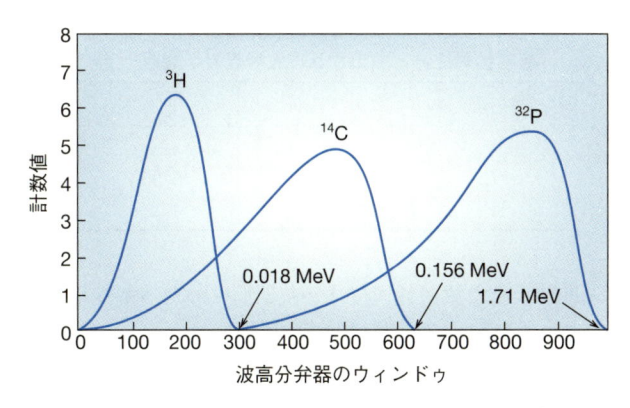

図 10・9 **液体シンチレーションカウンターによる β 線の検出**．

光は，光電子増倍管で検出されるが，紫外線領域の光に対する感度は低い．そこで，トルエンの紫外部の蛍光を，まず PPO に吸収させ，ついで PPO の蛍光を POPOP に吸収させ，光電子増倍管の感度の高い可視部の領域にある POPOP の蛍光を測定するのである（図 10・7 参照）．

トルエンと相互作用する β 線のエネルギーが高いほど，多くのトルエン分子を発光させるので，発光する光の強度が強くなる．バイオサイエンスでよく使われる三つの放射性同位体 ^3H, ^{14}C, ^{32}P から放出される β 線と物質の相互作用から生じる発光の強度を横軸に，その頻度を縦軸にとったのが，図 10・9 である．液体シンチレーションの波高分弁器のウィンドゥは発光の強度すなわち β 線のエネルギーの強さを識別している．β 線のエネルギーが幅広い分布をしているのは，放出される β 粒子の強度が一定ではなく連続的な値をとっていることを示す．すなわち，連続したエネルギー分布をもつニュートリノの放出をともなうので，放出される電子のエネルギーは連続的な値をとっている．なお，放射性同位体の数を反映するのは，一定時間以内の発光数，すなわち壊変回数である．

β$^+$ **壊変**というのは，原子番号が 1 減少した原子になる現象で，陽子が消滅して中性子と陽電子が生じ，連続的なエネルギー分布をもつ陽電子が放出される．**軌道電子捕獲**（K 電子捕獲）とは，核が K 電子を取込む現象で原子番号が 1 減少し，電磁波である X 線を放出する．

γ **壊変**は，α 壊変や β 壊変の結果，励起状態の原子核が生じ，それが低いエネルギー準位に遷移するときに生じる電磁波（γ 線）を放出する現象である（図 10・10）．γ 線の波長は定まっているが，放出される γ 線は 1 種類とは限らず，しかも放出されない場合もある．

放射性元素は，放射される放射線の種類とそれらの半減期から知ることができる．放射性壊

変は一次反応に従うので,半減期を $t_{1/2}$,反応速度定数に相当する壊変定数を λ とすると,

$$t_{1/2} = \frac{0.693}{\lambda} \quad (10 \cdot 7)$$

と表される(第8章参照).すなわち,特定の放射性同位体からは定まった半減期をもつ放射線が放出される.バイオサイエンスでよく用いられる放射性元素と放出される放射線の半減期を表 10・5 に示した.

表 10・5 バイオサイエンス研究によく用いられる放射性同位体と放出される放射線の半減期

放射性同位体	放射線の種類	半減期
^{3}H	β	12.3 y
^{14}C	β	5730 y
^{32}P	β	14.2 d

半減期が長いと,一度購入した放射性同位体が長期間にわたって使用できる反面,廃棄物でも定められた場所に保管しなければならない.一方,半減期の短いものは,購入後短期間に使用しなければならないが,一定期間後には,放射能はほとんど消失する.また,放射性物質の

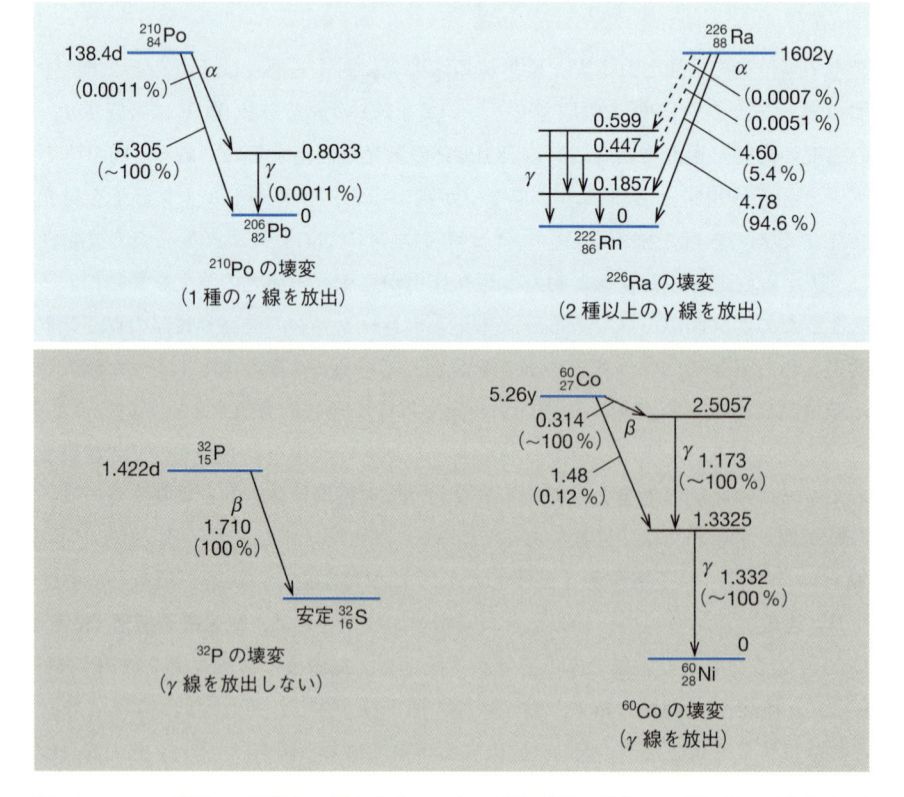

図 10・10 α 壊変,β 壊変と γ 線の放出.d と y は半減期の単位で,それぞれ日と年を示す.d と y のついていない数値は MeV 単位で示したエネルギーを示す.

検出感度は，一定時間内の放射性壊変の数に依存する．半減期は，1秒間の壊変にどのような影響を与えるのだろうか．以下の例題を計算してみよう．

例題 10・2 実験に使用した ^{32}P が，1/1000 になるにはどれだけかかるか．また，1年後には，どれだけになるか．ただし，半減期を14日と近似して計算せよ．

解 1/1000 になるまでの半減期の倍数を x とする．

$$2^x = 1000 \quad \text{すなわち} \quad x = \frac{\log 1000}{\log 2} = 9.97$$

したがって，$14 \times 9.97 = 140$ 日となる．

1年後に N 分の一になったとすると，

$$\left(\frac{365}{14}\right)\log 2 = \log N \quad \text{すなわち} \quad 7.86 = \log N$$

したがって，$N = 9.3 \times 10^7$．つまり約1億分の一になる．

例題 10・3 半減期の異なる三つの放射性同位元素，^{3}H，^{14}C，^{32}P が，等しい個数存在する．それぞれの1秒間の壊変数の比を計算せよ．

解 一次反応であるので，単位時間に壊変する核の個数 N は，

$$-\frac{dN}{dt} = \lambda N$$

(10・7)式より壊変定数は半減期の逆数である．したがって，^{3}H，^{14}C，^{32}P の壊変定数 λ_H，λ_C，λ_P の比を求めると，

$$\lambda_H : \lambda_C : \lambda_P = \frac{1}{12 \times 365} : \frac{1}{5700 \times 365} : \frac{1}{14} = 480 : 1 : 150000$$

半減期の短い ^{32}P は，購入後すぐに使用しなければならないが，1秒あたりの壊変数が多いこともわかる．

10・3・2 放射線の取扱いと安全性の考え方

γ線，X線や陽子線によるがんの治療法は，細胞の殺傷能力の高さを利用したものである．放射線は，このように人体にも大きな効果をもつため，放射性物質の量を表す単位のほかに，放射線の効果を表す単位が用いられる（表10・6）．

表 10・6 放射線源の強さと放射線効果の単位

Bq（ベクレル）	dps	放射線量
Gy（グレイ）	J/kg	吸収線量
Sv（シーベルト）	J/kg	線量当量

放射線源の強さを表す単位は Bq（ベクレル）で，1 Bq は 1 dps（壊変原子数/秒）である．

放射線の効果を表す単位には，Gy（グレイ）とSv（シーベルト）があり，1Gyも1Svも1J/kgである．前者は吸収線量で，物質に吸収されたエネルギー量を表し，後者は線量当量で，生物学的効果（吸収線量×線質係数×修正係数）を示している．生物効果の大きなα線の線質係数は20であるが，X線，β線，γ線の場合は1であり，現在のところ修正係数は1.0とみなすことにしているので，GyはSvに等しいとしてよい．放射性物質を扱う実験は，きちんと管理された区域内で実施することが義務づけられ，しかも扱う放射線源量の制約と被ばく量などに厳しい規定が設けられている．

放射線の人体への影響をみてみよう．吸収する線量がある値（しきい値）以上になると，放射線障害が増加する．分裂の盛んな白血球やリンパ球，生殖器官は放射線に敏感である．胎児の場合も，低いしきい値で影響が表れる（表10・7）．

表 10・7 放射線の影響とそのしきい値

影響	症状および障害	しきい値（Gy）
個体の機能と生存への影響	白血球減少	0.25
	悪心・吐き気・嘔吐	1
	脱毛	3
	皮膚の紅斑	3
	白内障	2
	急性致死（骨髄死）	3
	急性致死（腸死）	10
生殖能力への影響	一時的不妊（男性）	0.1
	一時的不妊（女性）	0.5
	永久不妊（男性）	10
	永久不妊（女性）	6
胎児への影響（胎内被ばく）	胎児奇形	0.25
	発育遅延	0.5〜1
	精神遅滞	0.2〜0.4

放射線業務従事者の安全をはかるために線量限度が決められているが，これには放射線の影響のしきい値のほか放射線の影響の種類も配慮されている．生殖器官への影響および胎児のいる可能性を考慮して，妊娠可能な女性の腹部に対する線量限度が低いことがわかるだろう．放射線の影響を受けやすい胎児を守るために，妊娠中の女性に対してはさらに厳しい基準が定められている（表10・8）．この表では，"等価線量"と"実効線量"という用語が用いられている．等価線量は一度あるいは数度の放射線の吸収による個体の機能に対する障害に関して定められた線量で，実効線量は発がんや遺伝への影響に関して定められた線量である．後者の線量限度は，きわめて低い値となっており，しかも一時的な吸収線量ではなく，一定期間中に吸収された線量の蓄積量で規制されている．

発がんと遺伝の影響を個人の器官の障害と比較してみたのが表10・9である．細胞や組織の死は，しきい値以上の放射線の吸収により，その危険性は著しく増加する．通常の体細胞より

も，分裂の盛んな細胞は障害を受けやすく，生殖器官や胎児はさらに放射線に敏感である．この場合，1度あるいは数度の吸収線量が問題で，数日のオーダーで障害が現れる．このような影響を**確定的影響**という．それに対し，体細胞の DNA に対する障害である発がんや生殖細胞の DNA の障害である遺伝はどうであろうか．このような DNA の障害は，紫外線や喫煙が発がんの危険性を増加させるように，放射線を吸収しなくても起こる．したがって，これらの障

表 10・8 放射線障害防止法の線量限度

項　目	線　量
実効線量限度	実効線量：100 mSv/5 年 （ただし，50 mSv/年を超えないこと）
組織の線量限度 （女子の腹部を除く）	等価線量： 眼の水晶体 150 mSv/年 皮膚 500 mSv/年
女性の線量限度 （妊娠中の女子を除く）	実効線量：5 mSv/3 ヵ月
妊娠中の女子の線量限度	外部被曝：2 mSv/妊娠期間 （腹部表面の等価線量） 内部被曝：1 mSv/妊娠期間
緊急時作業の線量限度	実効線量：100 mSv 眼の水晶体（等価線量）：300 mSv 皮膚（等価線量）：1 Sv
管理区域設定基準	実効線量：1.3 mSv/3 ヵ月 空気中濃度：3 ヵ月間の平均濃度が 空気中濃度限度の 1/10

表 10・9 放射線障害とその時間

障害の種類	損　傷	時　間
細胞，組織障害（確定的影響）	細胞の機能分子	数日～数ヵ月
発がん（確率的影響）	体細胞の DNA	数年～数 10 年
遺伝（確率的影響）	生殖細胞の DNA	数 10 年～数 100 年

害に対するしきい値はなく，安全な線量はないと考えられ，低線量でもある程度の確率で発がんや遺伝的影響が配慮される．このような影響を**確率的影響**といい，少しくらいなら大丈夫と考えないで，この確率を極力低く抑えるように努力することが大切である．表 10・7 の生殖器官へのしきい値は生殖能力への影響であることに注意してほしい．すなわち，生殖能力への影響は確定的影響であるが，遺伝への影響は確率的影響なのである．かなりのときを経てから障害が現れ，長く続く影響が懸念される．遺伝の場合には，数世代後に影響が現れ，それが幾世代も続く可能性がある．このような影響を考慮して，放射線の安全な取扱いの基準は厳しいのである．

10・4 環境問題において放射線の安全性の考え方は重要である

第1章では,生命と地球上の化学物質とのかかわりにふれた.長い進化の歴史のなかで,生命は化学物質を利用してきたが現代文明の生み出したダイオキシンやPCBなどの新規物質には対応ができておらず,内分泌かく乱物質(環境ホルモン)として問題になっていることを述べた.前節では放射線の障害についてふれ,確定的影響だけではなく確率的影響にも対応した厳しい安全な取扱い規則が設けられていることを述べた.本節では,CO_2濃度の増加,酸性雨,オゾン層破壊といった地球規模の環境問題についてとりあげ,放射線の安全な取扱いの考えと関連させて考えてみよう.

地球温暖化という気候変動が危惧されるCO_2濃度の増加と森林破壊につながる酸性雨は,内分泌かく乱物質のダイオキシンと同じように,現代文明における生産活動の増大の産物である.現代文明は,CO_2濃度の増加と工場からの排ガスの増加をもたらした.中生代は現在よりもCO_2濃度は高く,気温は温暖であったといわれている.この時代に栄えた大型恐竜などの生命は,このCO_2濃度と気温の高い地球環境に適応していた.その後,地球大気のCO_2濃度と気温が何100万年,何1000万年という長い歳月をかけて変化し,現在の生命は,現在のCO_2濃度,気温の地球環境に適応してきた.図10・11に示すように,このCO_2濃度の増加は

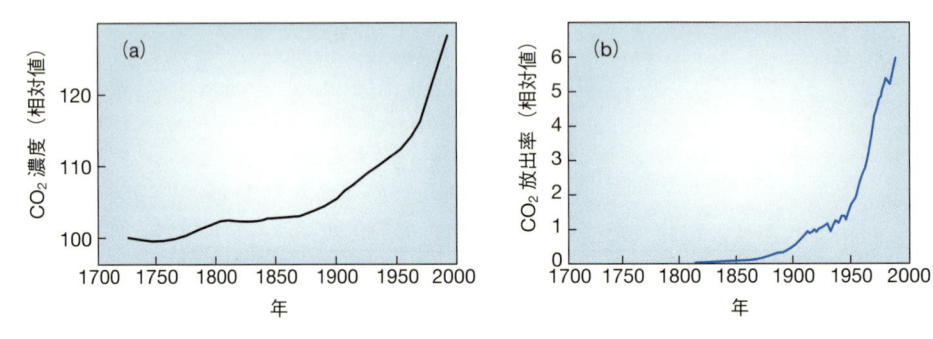

図 10・11　**CO_2濃度の変化と化石燃料消費**.　(a) 18世紀以降のCO_2濃度変動,(b) 18世紀以降の化石燃料消費による大気へのCO_2の年間放出量の変動.

石炭,石油などの化石燃料の使用量が急増したわずか100年足らずの問題である.億年の単位の図1・5と年の単位の図10・11における時間を比較してみよう.SO_2やNO_2を多く含む工場の排ガスの増加は酸性雨の原因である(図10・12).硫酸や硝酸を含むpHの低い酸性雨の影響による森林の破壊も,CO_2濃度の増加に拍車をかけている.酸性雨の原因となるOHの生成に光が関係していることに留意してほしい.図10・3に示したように光を吸収して励起状態

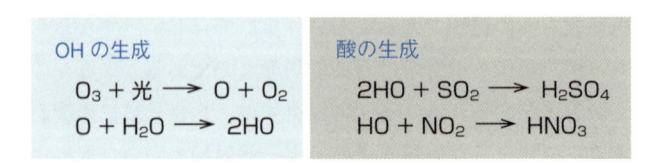

OHの生成	酸の生成
$O_3 + 光 \longrightarrow O + O_2$	$2HO + SO_2 \longrightarrow H_2SO_4$
$O + H_2O \longrightarrow 2HO$	$HO + NO_2 \longrightarrow HNO_3$

図 10・12　酸性雨.

10・4 環境問題において放射線の安全性の考え方は重要である

となった分子やイオンは不安定で反応性にとみ,基底状態のときとは異なる反応性を示す場合が多い.その結果,強酸である硫酸や硝酸ができる.

海で誕生した生命は,大部分の紫外線が吸収される海という環境の中で進化してきた.生命が陸上に進出するためには,紫外線の通過を防ぐものが必要であった.その役割をはたしたのが**オゾン層**で,このオゾン層が**フロンガス(クロロフルオロカーボン)**によって破壊されている.すなわち,すでに図1・6に示した内分泌かく乱物質のPCBと同様に,現代文明の生み出した新規物質が原因となっている.図10・13に代表的なフロンガスの構造(a)とオゾン層の形成と破壊の反応(b, c)を示した.紫外線の助けのもとに(b)の反応で形成したオゾン層は成層圏(高度20〜40 km)に存在する.ここでは気温が高く,幅広い波長の紫外線がオゾンにより吸収される.フロンガスは,きわめて安定な物質なので成層圏に到達し,そこで,紫外線(光)の助けのもとにオゾン層を破壊する(c).つまり,オゾン層の形成も破壊も,紫外線により励起された分子の高い反応性がかかわっている.

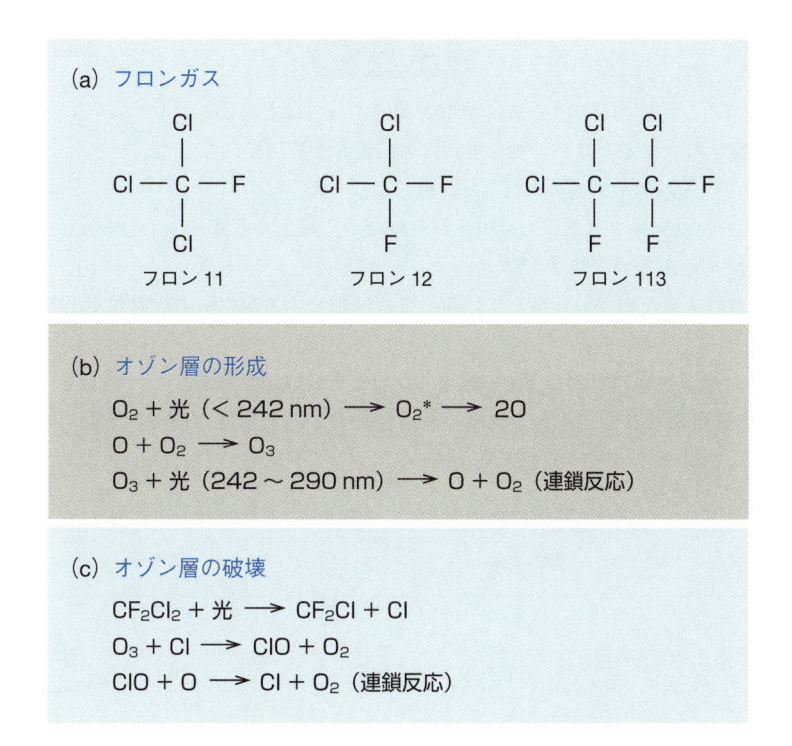

(a) フロンガス

フロン11, フロン12, フロン113 の構造式

(b) オゾン層の形成

$O_2 + 光(< 242\,nm) \longrightarrow O_2^* \longrightarrow 2O$
$O + O_2 \longrightarrow O_3$
$O_3 + 光(242 \sim 290\,nm) \longrightarrow O + O_2$ (連鎖反応)

(c) オゾン層の破壊

$CF_2Cl_2 + 光 \longrightarrow CF_2Cl + Cl$
$O_3 + Cl \longrightarrow ClO + O_2$
$ClO + O \longrightarrow Cl + O_2$ (連鎖反応)

図10・13 代表的なフロンガスと光によるオゾン層の形成と破壊.

高度経済成長の時代においては,環境問題は,「公害」とよばれていた.単なるいい換えにとどまらず,現在では問題の質も変化している.「公害」の時代は,工場の密集地,車の渋滞地域,工場廃液の流れる河川の流域や湾の周辺という地域の問題という色彩が強かった.また,ばい煙や排気ガスによるぜんそく患者の増加や光化学スモッグ中毒,工場廃水による魚の大量死,イタイイタイ病,水俣病といった明確な影響が中心であった.いわば,確定的あるいはそれに近い影響であった.地域から地球規模の問題となり,環境問題とよばれるようになった現

在はどうだろうか．いまでも「公害」はあり，内分泌かく乱作用のような確定的影響も存在する．しかし，一方では，温暖化，紫外線量の増加，酸性雨の降雨と飲料水への影響などの問題については，確率的影響の考え方を適用することが大切である．表1・4で，化学物質の生命に与える影響を「直接」としたものは「確定的影響」と，「間接的」としたものは「確率的影響」に相当すると思ってほしい．

環境問題を考えるにあたり，確率的影響を十分に考慮した「放射線の安全な取扱い」は大いに参考になると思われる．安全性の考えのもとにつくられたマニュアルの無視が原因で起こった臨界事故は，記憶に新しい．是非，「環境問題には，生命に対するどんな確率的影響が考えられるのか？」，「現代文明の生産活動に対して，どんな規制を設けたら生命活動が守れるのか？」を疑問として，バイオサイエンスを学ぶことが重要である．そして，科学技術の進歩が享受できる社会の実現の道を開いてほしい．

基本問題

10・1 つぎのうち，化学物質による光の吸収と関連するのはどれか．
 i) 赤，青，黄色の3枚のセロハン紙を重ねたら，視界が真っ暗になった．
 ii) オレンジ色の入浴剤を風呂に入れたら，緑色になった．
 iii) 牛乳の入ったガラスコップごしに蛍光灯をみたが，ほとんど光はみえなかった．

10・2 つぎのうち，正しい記述はどれか．
 i) ガイガーカウンターが激しくなっている．これは強いエネルギーの放射線が出ていることを示している．
 ii) 放射線は，原子が壊れて別の元素の原子になるときに放出される．
 iii) 放射性物質を鉛の容器に入れるのは，放射性物質から放射線が出るのを防ぐためではなく，放射線が外に漏れるのを防ぐためである．

発展学習

発展学習1　ボーアの理論（前期量子論）

電子は図1のように原子核のまわりを一定の半径 r で円運動すると考える．

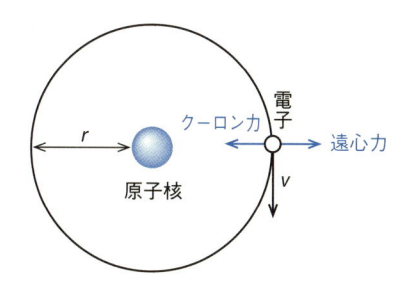

図1　原子核のまわりを運動する電子．

等速円運動を維持するためには，遠心力 mv^2/r（m は電子の質量，v は速度）と，原子核と電子間の静電引力（クーロン力）$e^2/4\pi\varepsilon_0 r^2$（$e$ は電子の電荷，ε_0 は真空の誘電率）とがつりあっている必要があるので，

$$\frac{mv^2}{r} = \frac{e^2}{4\pi\varepsilon_0 r^2} \quad (1)$$

これより円運動の半径は，

$$r = \frac{e^2}{4\pi\varepsilon_0 mv^2} \quad (2)$$

水素原子の電子がもつエネルギー E は電子の運動エネルギーと位置エネルギーの和であるので，次式の第1項に(1)式を代入すれば，

$$E = \frac{1}{2}mv^2 - \frac{e^2}{4\pi\varepsilon_0 r} = -\frac{e^2}{8\pi\varepsilon_0 r} \quad (3)$$

このままでは r, E が任意の値をとり，原子スペクトルの線スペクトルが説明できない．もちろん電磁気学的な特別の安定性も期待できない．そこで，つぎの仮定を設ける．

$$\text{角運動量 } mrv = \left(\frac{h}{2\pi}\right)n \quad (4)$$

ここで n は主量子数といい，$n = 1, 2, 3, \cdots$ であり，h はプランク定数である．すなわち，円運動の保存量である角運動量が $h/2\pi$ の整数倍のときにのみ，原子核のまわりの円軌道運動が例外的に安定である，つまり定常状態であると仮定する．これを**ボーアの量子条件**という．

すると，定常状態における r と E は，(2), (3)式に(4)式を代入して，

$$r_n = \left(\frac{\varepsilon_0 h^2}{\pi me^2}\right)n^2 = an^2 \quad (5)$$

ここで a はボーア半径（52.9×10^{-12} m）であり，(3)式に(5)式を代入すると，

$$E_n = -\frac{(e^2/8\pi\varepsilon_0) \times (\pi me^2 n^2/\varepsilon_0 h^2)}{n^2}$$
$$= -\frac{me^4/(8\varepsilon_0^2 h^2)}{n^2} = \frac{E_1}{n^2} \quad (6)$$

と表される．ここで E_1 は $n = 1$ のときのエネルギーで負の値をとる．よって，r, E はともに主量子数 n に依存した，とびとびの値をとるという結論が得られる．

安定な定常状態間では電子の移動（遷移という）が起こり，このさいに状態間のエネルギー差に対応する波長 λ の光を放出，または吸収する．このとき，

$$E_n - E_{n'} = h\nu = \frac{hc}{\lambda} \quad (7)$$

が成立すると仮定する．ここで ν は振動数，$\lambda = c/\nu$，c は光速である．すると，観測される線スペクトルの波数 $1/\lambda$ は，(6), (7)式より，

$$\frac{1}{\lambda} = \frac{E_n - E_{n'}}{hc} = \frac{(E_1/n^2) - (E_1/n'^2)}{hc}$$
$$= -\left(\frac{E_1}{hc}\right)\left(\frac{1}{n'^2} - \frac{1}{n^2}\right) = R\left(\frac{1}{n'^2} - \frac{1}{n^2}\right) \quad (8)$$

したがって，リュードベリ定数 R は $R = -E_1/hc = me^4/8\varepsilon_0^2 ch^3 = 1.09737 \times 10^7$ /m となる（実験値 $R = 1.09678 \times 10^7$ /m）．さらに(6)式を用いて水素原子のエネルギー準位と遷移を図示すると図2・5の結果が得られる．

発展学習2　ゾンマーフェルドのモデル

ボーアの同心円モデルでは水素原子以外の原子のスペクトルは説明できなかった．しかし，アルカリ金属元素の原子スペクトルが水素原子と似たスペクトルを示していることは，他の原子も同様な考えで理解できることを示唆していた．そこで，ゾンマーフェルドは，ボーアの円軌道の考えを一般的な周期運動である楕円軌道に拡張した．円運動を考えたボーアモデルでは1種類の量子条件（軌道角運動量 $M = (h/2\pi)n$, $n = 1, 2, 3, \cdots$）で充分であったが，楕円運動の場合には運動の自由度は2であるから（電子の位置を極座標（図2）で表したときの r と ϕ），2種類の量子条件が必要となる．ひとつは角度 ϕ にかかわる角運動量に

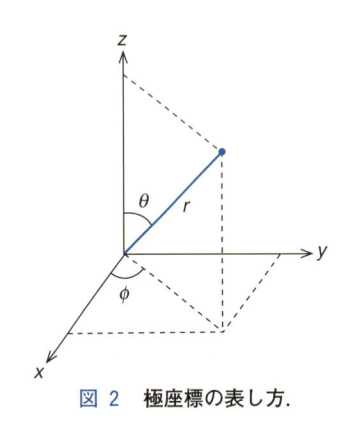

図2　極座標の表し方．

対応する量子条件 $M = kh/2\pi$ ($k = 1, 2, 3, \cdots$) であり，他のひとつは距離 r にかかわる量子条件 $J_r = n'h$ ($n' = 0, 1, 2, 3, \cdots$) である．全エネルギーは $E = E_1/n^2$ ($n = 1, 2, 3, \cdots$, ただし $n' + k = n$) と表され，量子論的に許された原子内の電子の運動は $n (n')$ と k で番号づけできる．n を**主量子数**（エネルギーの大きさを求める量子数），k を**副量子数**（**方位量子数**ともいう：軌道角運動量の大きさを決める量子数）という．特性X線の実験におけるスペクトル系列 K, L, M, N から電子殻の概念と K, L, M, N 殻なる名称が得られたように，原子スペクトルの測定で得られた s, p, d, f 項に対応する副量子数 $k = 1, 2, 3, 4$ の電子エネルギー準位は s, p, d, f 軌道と命名された．したがって，1s という表示は，$n = 1$（最低エネルギー準位，K殻），$k = 1$ の軌道，2p という表示は $n = 2$, $k = 2$ の軌道という意味である．

以上の2次元の扱いを3次元に拡張すると，電子の空間座標 (r, θ, ϕ) に対応して，以下の三つの量子条件が必要となる．

$$J_r = n'h \quad (n' = 0, 1, 2, 3, \cdots) \quad (9)$$
$$J_\theta = k'h \quad (k' = 0, 1, 2, 3, \cdots) \quad (10)$$
$$J_\phi = mh\{-(k'+|m|) < m < k'+|m|\} \quad (11)$$

エネルギーは $E = E_1/n^2$ (ただし $n = n' + k$)，角運動量は $M = kh/2\pi$ (ただし $k = k' + |m|$)，角運動量の z 成分は $M_z = mh/2\pi$ (ただし $-k \leq m \leq k$) と表される．すなわち，3次元では2次元における主量子数 n，副量子数 k のほかに第三の量子数，すなわち**磁気量子数** m が必要となる．m を磁気量子数という理由は，通常は m の値の違いによってエネルギー E は変化せず，磁場の存在ではじめて複数の準位，たとえば $k = 2$ では $m = -2, -1, 0, +1, +2$ の五つの準位に分裂するからである．（ただし，以上は，あくまで前期量子論の考えである．量子力学の扱いでは副量子数（方位量子数）は l で表し，$0 \leq l \leq n-1$ である．また，$|m| \leq l$ である．たとえば2p軌道は $n = 2$, $l = 1$, $m = -1, 0, 1$，したがって2pは3種の軌道よりなる．

発展学習3　波動関数

2章で述べた 1s, 2s, 2p, 3s, 3p, 3d, …なる原子軌道は，それぞれのエネルギー状態にある波としての電子を表した数学関数である，つまり，**波動関数** ϕ とは電子のとりうる状態を表す数学関数（波を表す数式，たとえば $\sin\theta$, $\cos\theta$ といったもの）のことである．

波の代表的性質に**干渉**作用がある．すなわち，二つの波は，したがって二つの波動関数も，重なり具合によって強めあったり弱めあったりする合成波となる（図3）．この干渉が化学結合の本質を理解するうえでのカギである（発展学習4参照）．また，波には一定の場所で安定に振動し続ける**定常波**と，すぐ消えてしまう'非定常波'と

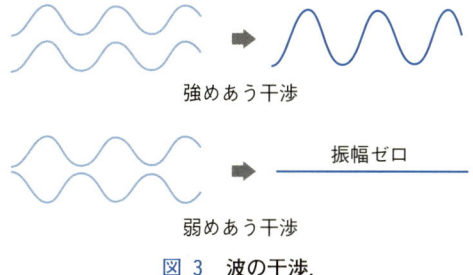

図3 波の干渉.

がある．弦の両端が節になっていないと定常波とはならない（図4）．電子波は消えないので定常波である．波動関数とは定常波を表す数式，つまり数学関数である．

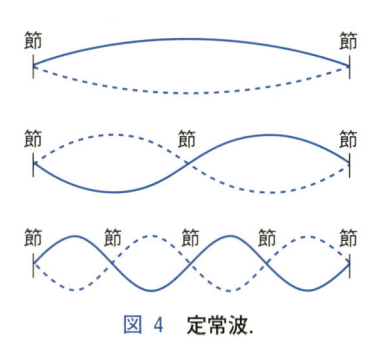

図4 定常波.

量子力学とはどのようなものか，および電子の波としての存在状態を表す波動関数と電子の存在確率（電子密度）との関係を理解するための例として，電子がエネルギー無限大の壁で囲まれた中（1次元の井戸の底）に存在する場合の電子の振舞いについて考えよう（図5）．具体的には，短

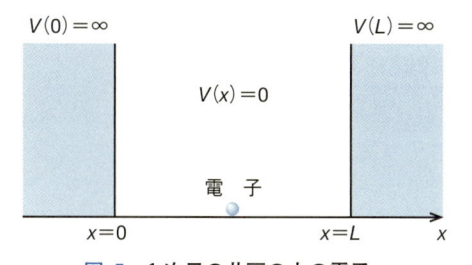

図5 1次元の井戸の中の電子.

い電線中に電子が閉じ込められている場合をイメージするとよい．この場合を量子力学的に取扱うと，波としての電子のエネルギー $E = n^2h^2/8mL^2$ （$n = 1, 2, 3, \cdots$），波動関数（電子がと

りうる波の状態を表す関数式）$\phi_n = A \sin((n\pi/L)x)$，電子の空間的存在確率（電子密度）$\phi^2$ は図6のようになる．

$n = 1, 2, 3, \cdots$，すなわち，波の腹の数が1, 2, 3個の順に低い方からエネルギー準位が得られる．電子が波として存続できる状態は定常波であるから，この結果は直感的に納得できよう．腹の数が多くなるほど波長は短くなり，弦楽器なら高い音を出し，量子力学的には，波の，したがって電子のエネルギーは大きい．

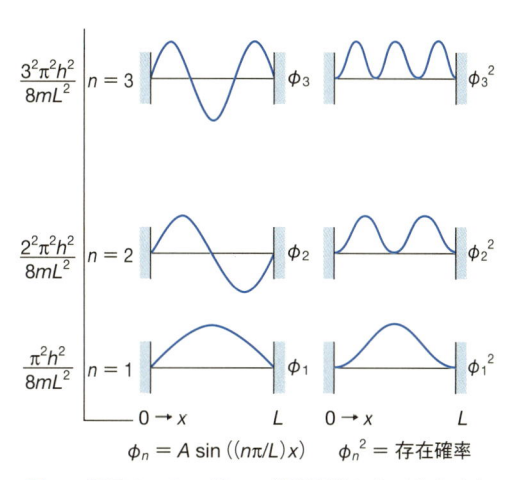

図6 電子のエネルギー，波動関数および存在確率.

これらのエネルギー状態，波動関数に対応する電子の存在確率は波動関数の2乗 ϕ^2 で表されるから，図6の右側のようになる．$n = 1$（エネルギーの一番低い状態）では電子は中央，$x = 1/2 L$ にいる確率が最も大きい（両端の $x = 0, L$ では存在確率0），$n = 2$（2番目に低いエネルギー状態）では中央と両端の $x = 0, 1/2L, L$ には存在せず，$x = 1/4L, 3/4L$ の場所に存在する，といった大変奇妙な振舞いになる．

マクロの世界に住むわれわれは，ミクロ・量子力学の世界を理解する言葉である波動関数を**軌道**（orbital），存在確率を**電子密度**といい換えている．仮に1個の電子を細かい粉に砕くことができたとして，この電子が存在する空間的確率はこの粉を確率の大きさに従って空間にばらまいたものに等しいはずである．そこで，この存在確率のことを電子密度ともよぶ（電子雲と表現するこ

ともある).

原子の波動関数 ϕ を求める手順は大変複雑であるので,ここでは水素原子の結果を関数形の数式のみで示す(表1).

これらの波動関数の具体的な図形が図3・4となることを考えてみよう.s軌道 ϕ_{1s} のイメージを電球から八方に発せられる光の波をもとに考えてみよう.この光の波は,中心から球対称状に無限に広がっており,中心から離れるほど(距離 r が大きくなるほど),光の強度,すなわち,波の振幅は小さくなる.1s軌道にある電子の動径部分は,r の関数 $e^{-r/a}$ にのみ比例するので,r の増大にともない振幅が指数関数的に減少する原子核に球対称な波となる.一方,p軌道は,電子の空間を原子核を原点とする極座標であらわすと(図2参照),次式のように距離 r の関数である動径部分 $R(r)$ と角度 θ,ϕ の関数部分 $\Theta(\theta)\Phi(\phi)$ を掛けあわせたものとなる.

$$\phi_{2p} = R(r) \cdot \Theta(\theta) \cdot \Phi(\phi) \quad (12)$$

ここで r に依存する関数部分 $R(r)$ は $re^{-r/a}$ に比例するので,最初ゼロの値が r の増大にともない,いったん増大してから (r),減衰 ($e^{-r/a}$) する(図7).角度に関する部分は,お互いに直交する三方向となる.

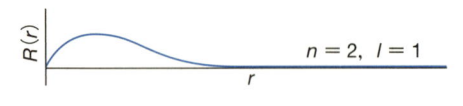

図7 p軌道の動径部分 $R(r)$.

発展学習 4 分子軌道法と結合性軌道・反結合性軌道

分子 A-B の生成は二つの波,すなわち,結合する原子 A,B の原子軌道(atomic orbital)ϕ_A,ϕ_B が近づき,重なりあって(干渉して)一つの合成波,すなわち,**分子軌道**(Molecular Orbital)ϕ_{MO} が生じたことによると考える.この分子軌道は原子 A の近傍では原子軌道 ϕ_A となり,原子 B の近傍では ϕ_B となるはずだから,分子全体の軌道が原子軌道 ϕ_A,ϕ_B の線形結合(Linear Combination of Atomic Orbital),

$$\phi_{MO} = C_A\phi_A + C_B\phi_B \quad (C_A, C_B は係数) \quad (13)$$

で表すことができるとする考え方を **LCAO-MO 法**という.この分子軌道 ϕ_{MO} の具体的な形は,量子力学の原理に基づいて,変分法という数学的方法を用いて,ϕ_{MO} のエネルギー E が最低になるような C_A,C_B の値を求めることによって得られる.この手順は一種の2次方程式を解くことに対応する.したがって,根の公式が $x = \{-b \pm \sqrt{(b^2-4ac)}\}/2a$ で示されるように,ϕ_{MO} のエネルギーは $E = p \pm q$ の形で高低2種類の値が得られる.エネルギーのより低い安定な合成波(新しい定常波・状態)を**結合性分子軌道** ϕ_{MO},エネルギーの高い方を**反結合性分子軌道** ϕ_{MO}^* という(図3・6,エネルギー状態図).結合性軌道に2個の電子がスピンを逆にして収まることにより原子対 A,B のエネルギーが低くなる,すなわち,図3・6中の ΔE の2倍だけ安定化するので原子対は結合を形成する

表1 水素原子の波動関数

n	l	m	記号	動径部分 $R(r)$	角度部分 $\Theta(\theta)\Phi(\phi)$
1	0	0	1s	$2\left(\dfrac{1}{a}\right)^{3/2} e^{-r/a}$	$\left(\dfrac{1}{4\pi}\right)^{1/2}$
2	0	0	2s	$\left(\dfrac{1}{2a}\right)^{3/2}\left(2-\dfrac{r}{a}\right)e^{-r/2a}$	$\left(\dfrac{1}{4\pi}\right)^{1/2}$
2	1	0	2p$_z$	$\dfrac{1}{\sqrt{3}}\left(\dfrac{1}{2a}\right)^{3/2}\left(\dfrac{r}{a}\right)e^{-r/2a}$	$\left(\dfrac{3}{4\pi}\right)^{1/2}\cos\theta$
2	1	±1	2p$_x$	$\dfrac{1}{\sqrt{3}}\left(\dfrac{1}{2a}\right)^{3/2}\left(\dfrac{r}{a}\right)e^{-r/2a}$	$\left(\dfrac{3}{4\pi}\right)^{1/2}\sin\theta\cos\phi$
2	1	±1	2p$_y$	$\dfrac{1}{\sqrt{3}}\left(\dfrac{1}{2a}\right)^{3/2}\left(\dfrac{r}{a}\right)e^{-r/2a}$	$\left(\dfrac{3}{4\pi}\right)^{1/2}\sin\theta\sin\phi$

ことになる．これが**共有結合**である．

以上はエネルギーの観点からの共有結合に対する理解である．一方，結合力としての観点からは共有結合はつぎのように理解される．結合性軌道 ϕ_{MO} は ϕ_A なる波と ϕ_B なる波とが A, B の二つの原子核の間で強めあう重なり方をした場合に対応しており，波の振幅の 2 乗で示される電子密度は原子核間で増大する．この電子により正電荷の二つの原子核が結びつけられているのが共有結合である．

たとえば水素分子 H_2 では，結合性軌道（波動関数）は，

$$\phi_{MO} = (\phi_A(1s) + \phi_B(1s))/\sqrt{2} \quad (14)$$

となる．結合性軌道の生成（図 8）とこの軌道に電子が詰まった場合の電子密度（図 9）を模式図に示した．

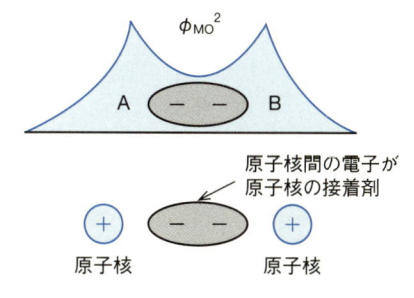

図 9 **結合性軌道の電子密度 ϕ_{MO}^2．**

ϕ_A と ϕ_B は位相が同じ（振幅の符号が同じ）なので強めあう干渉を起こすことにより，合成波（ϕ_{MO}）の原子核間の振幅は増大（図 8），$(\phi_{MO})^2$ で表される電子密度は原子核 A, B の間で高くなり，これが正電荷の原子核 A, B の接着剤となっている（図 9）．すなわち，軌道 ϕ（波動関数・波）の位相が合えば波の重なり（合成・足し算）により波の振幅は大きくなり，その結果として ϕ^2（電子密度）も大きくなる．このように，共有結合を明白で単純な古典的概念でとらえることができる．実は原子価結合法による電子対の交換共有という量子力学的な力についても，電子対の交換共有の結果として結合原子間の電子密度が増大することが示されており，原子価結合法の立場からも，共有結合は電子対が原子核間に集まって二つの原子核の接着剤となったものと考えてよい．

二つの波動 ϕ_A と ϕ_B の位相が逆になり，A–B 間で弱めあう重なり方をした場合には合成波の振幅は小さくなり（図 10），原子核間の電子密度 ϕ^2 は減少する（図 11）．その結果，原子核の正電荷同士の反発が強まり，結合は切れやすくなる．こ

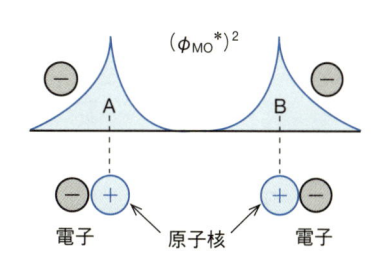

図 11 **反結合性軌道の電子密度 $(\phi_{MO}^*)^2$．**

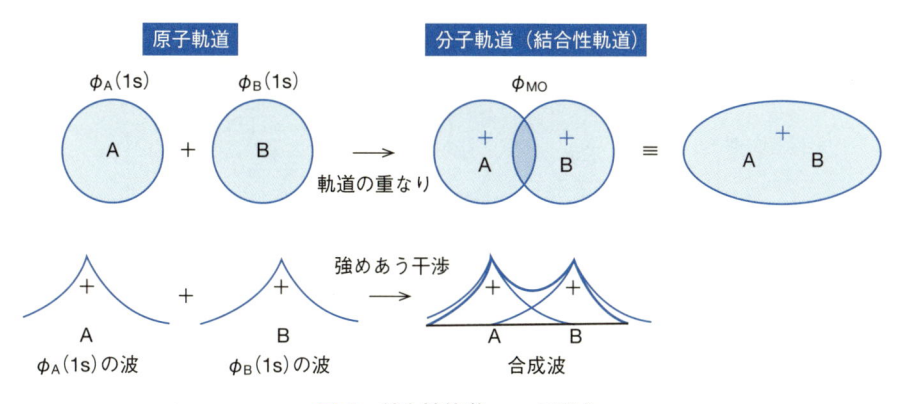

図 8 **結合性軌道 ϕ_{MO} の形成．**

原子軌道　　　　　分子軌道（反結合性軌道）ϕ_{MO}^*

$\phi_A(1s)$　$\phi_B(1s)$

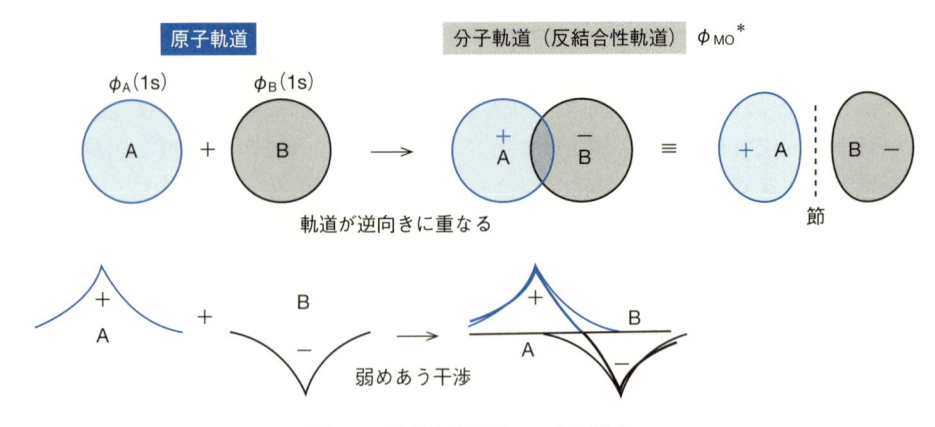

軌道が逆向きに重なる　　　　　　　　　節

弱めあう干渉

図10　反結合性軌道 ϕ_{MO}^* の形成．

のような合成波を反結合性軌道 ϕ_{MO}^* という．

水素分子 H_2 の反結合性軌道は，

$$\phi_{MO}^* = (\phi_A(1s) - \phi_B(1s))/\sqrt{2} \quad (15)$$

となる．この反結合性軌道の生成を図10に，この軌道に電子が詰まった場合の電子密度を図11で示した．

以上のように，共有結合形成，すなわち，二つの軌道（波動関数・波）が重なって増幅するように干渉しあう相互作用をするためには，重なり方，軌道（波動関数）の符号（位相）と形とが鍵である．

発展学習5　動的立体化学

鎖状化合物の立体配座（コンホメーション）

エタンのような C–C 単結合は通常室温では自由に回転している（～10^{11} 回/秒）．単結合が回転すると回転角に応じてさまざまな回転異性体（**配座異性体：コンホーマー**）が生じる．回転異性体の

$C_1 \rightarrow C_2$ 軸方向にみるとこのようにみえる

重なり形　　ねじれ形
ニューマン投影図

12 kJ/mol

0°　60°　120°　180°　240°　300°　360°
C_1–C_2 の回転角とポテンシャルエネルギー変化
（C_1 を固定し，C_2 を回転させる）

図12　エタンのコンホメーション．

発 展 学 習

間では安定性に差があるため存在比率が異なる．図12にエタンのコンホメーションとポテンシャルエネルギーの変化を示す．エタンはC–C結合が60°回転するごとに**重なり形（エクリプス）**と**ねじれ形（スタッガード）**の配座異性体が交互に現れる．両者のエネルギー差は約12 kJ/molである．

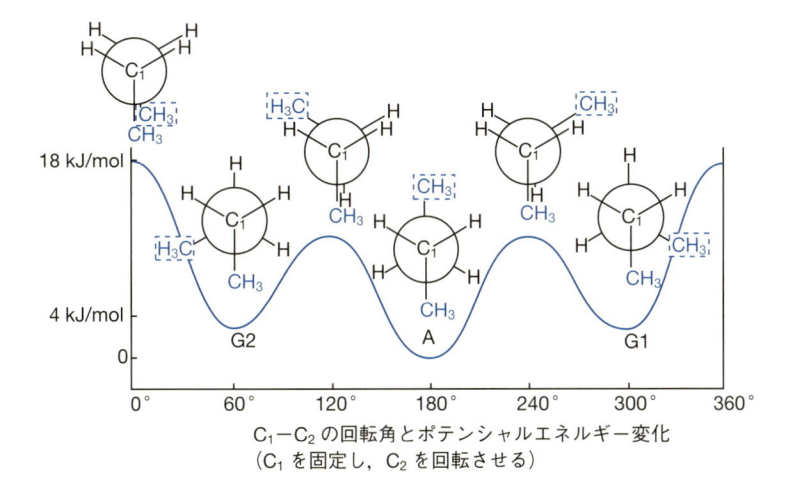

図13はブタンのコンホメーションとポテンシャルエネルギーの変化を示す．ブタンの最も安定な配座異性体はねじれ形の1種**アンチ配座**である．ついで，**ゴーシュ配座**が安定である．ブタンは室温ではアンチ配座が72%，ゴーシュ配座（2種：互いに鏡像関係になっているにことに注意）が28%存在している．直鎖のアルカンはブタンのアンチ配座のようにジグザグ形のコンホメーションが最も安定である．

環状化合物の立体配座（コンホメーション）
シクロヘキサンは安定ないす形で存在しているがシクロヘキサン環は常に反転している（$10^{4\sim5}$回/秒）．環外に出る結合には2種類ある．環平面に対し垂直方向にある位置（結合）を**アキシアル位（結合）**といい，環平面に対しほぼ平行にある位置（結合）を**エクアトリアル位（結合）**とよぶ（図14）．環が反転すれば反転前にエクアトリアル位にあった置換基はアキシアル位に移動し，アキシアル位にあった置換基はエクアトリアル位に移動する．置換基がエクアトリアルにある方が安定である（図14）．図4・18で示したようにグルコースはすべての置換基がエクアトリアル位にある配座が安定である．

図13 ブタンのコンホメーション．

エクアトリアル配置 アキシアル配置　　　　　アキシアル配置 エクアトリアル配置

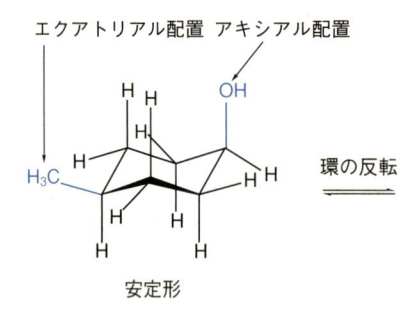

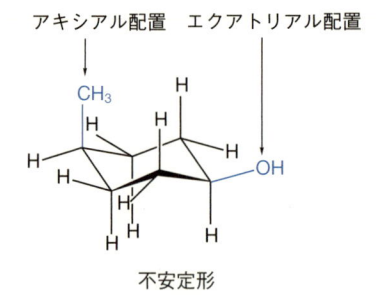

環の反転

安定形　　　　　　　　　　　　　　不安定形

図 14　シクロヘキサン環のいす形コンホメーション．環が反転するとエクアトリアル配置とアキシアル配置が入れ替わる．

発展学習 6　分子運動と理想気体の状態方程式

はじめに，図 15 のような一辺 a の立方体の箱に閉じこめられた気体分子の運動と気体の圧力について考えよう．この気体分子は以下のような性質をもつ理想気体分子とする．

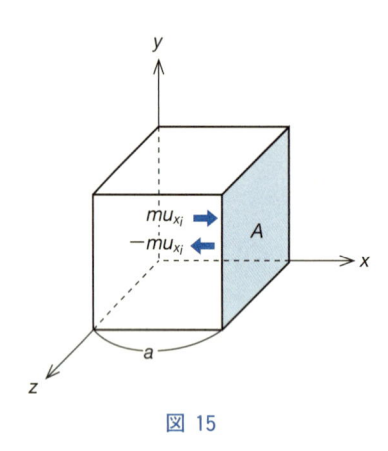

図 15

i) 気体分子は，あらゆる方向にさまざまな速度で並進運動する．

ii) 容器中の分子は，大きさも分子間相互作用もない質点で，分子間の衝突もない．

iii) 分子が運動の方向を変えるのは，容器の壁と衝突したときのみで，衝突は完全弾性衝突である．

iv) 気体が壁に衝突してはね返るさいの分子の運動量変化が壁に力を及ぼす力は，1 秒間の運動量変化で表される．

v) 気体の圧力とは，壁の単位体積あたりに及ぼす力の統計的平均である．

i 番目の分子の x 方向の衝突による壁に与える運動量変化 Δp_{x_i} と 1 秒間に衝突する回数は，

$$\Delta p_{x_i} = mu_{x_i} - (-mu_{x_i}) = 2mu_{x_i}$$

$$\text{衝突の回数} = \frac{u_{x_i}}{2a}$$

であるから，気体分子が 1 秒間に壁に与える運動量変化は，(16)式で与えられる．

$$2mu_{x_i} \times \frac{u_{x_i}}{2a} = \frac{mu_{x_i}^2}{a} \quad (16)$$

気体分子が面 A に及ぼす圧力 P は，すべての分子について力 f_i の和を面 A の面積 $S(l^2)$ で割ったものである．したがって，

$$P = \frac{1}{S}\Sigma f_i = \frac{1}{a^2}\Sigma \frac{mu_{x_i}^2}{a}$$

$$= \frac{m}{a^3}\Sigma u_i^2 = \frac{m}{V}\Sigma u_{xi}^2$$

u_{xi}^2 の平均値を $\overline{u_x^2}$，気体分子の総数を N と表すと，

$$\Sigma u_{xi}^2 = N\overline{u_x^2}$$

となるので，

$$P = \frac{Nm\overline{u_x^2}}{V} \quad (17)$$

となる．x, y, z の 3 方向を考えると，

$$\overline{u_x^2} = \frac{\overline{u^2}}{3} \quad (\overline{u^2} = \overline{u_x^2} + \overline{u_y^2} + \overline{u_z^2} = 3\overline{u_x^2})$$

だから，

$$PV = \frac{Nm\overline{u^2}}{3} \quad (18)$$

つぎに，気体分子の速度分布を考えよう．図

発展学習

16 に 300 K (27 ℃) における H_2 の速度分布を示

図16

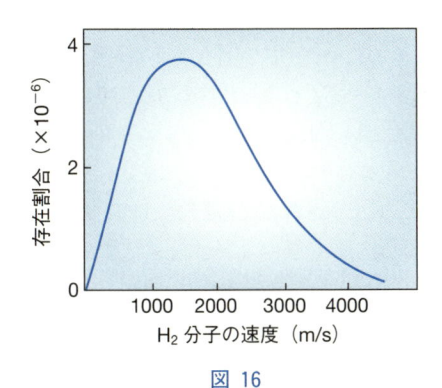

した．この分布は (19)式で表される．

$$\frac{dN(u)}{N} = 4\pi\left(\frac{m}{2\pi kT}\right)^{3/2} \exp\left(-\frac{mu^2}{2kT}\right) u^2 du \quad (19)$$

一般に物理量 X_i をもつ分子数を N_i，全分子数を N としたときの物理量の平均値 $\overline{X}$ は，

$$\overline{X} = \frac{\Sigma X_i N_i}{\Sigma N_i} = \frac{1}{N}\Sigma X_i N_i = \frac{1}{N}\int X\, dN$$

となる．したがって，$\overline{u^2}$ は (19)式より，

$$\begin{aligned}\overline{u^2} &= \frac{1}{N}\int_{u=0}^{u=\infty} u^2\, dN(u) \\ &= 4\pi\left(\frac{m}{2\pi kT}\right)^{3/2}\int_0^\infty u^4 \exp\left(-\frac{mu^2}{2kT}\right) du\end{aligned} \quad (20)$$

(20)式は積分の公式

$$\int_0^\infty x^{2n} \exp(-ax^2)\, dx = \frac{1\cdot 3\cdots(2n-1)}{2^{n+1}}\times\sqrt{\frac{\pi}{a^{2n+1}}}$$

$$\left(x=u,\ n=2\, a=\frac{m}{2kT}\right)$$

より，

$$\begin{aligned}\overline{u^2} &= 4\pi\left(\frac{m}{2\pi kT}\right)^{\frac{3}{2}}\times\frac{3}{8}\times\pi^{\frac{1}{2}}\times\left(\frac{m}{2kT}\right)^{-\frac{5}{2}} \\ &= \frac{3}{2}\times\frac{2kT}{m} = \frac{3kT}{m}\end{aligned} \quad (21)$$

(18)，(21)式より，

$$PV = \frac{Nm\overline{u^2}}{3} = \frac{Nm}{3}\times\frac{3kT}{m} = NkT$$

ここで $R = N_A k$ (N_A はアボガドロ定数) とおくと，$N/N_A = n$ の関係があるので，

$$PV = \frac{N}{N_A}\cdot N_A kT = nRT$$

が導かれる．

発展学習7） 強塩基と弱酸，強酸と弱塩基が中和して生じた塩の水溶液の pH

a) 強塩基と弱酸が中和して生じた塩の水溶液の pH

例として 0.01 mol/l の酢酸ナトリウム水溶液について考える．塩である酢酸ナトリウムは溶液中ではイオンに完全に解離する．しかし，酢酸は弱酸であり H^+ を放出しにくいのだから，共役塩基の酢酸イオンは逆に H^+ を付加して酢酸に戻りやすいはずである．実際，酢酸イオンはそのごく一部が水と反応して水分子 H_2O から H^+ を引き抜く（酢酸イオンは水より強い塩基として水から H^+ を受け取る）．結果として水溶液中には OH^- が生じ，水溶液はわずかにアルカリ性となる．これを**塩の加水分解**という．

以上を定量的に扱うと，溶ける瞬間 0.01 mol/l の酢酸ナトリウムは完全解離して，

$$\mathrm{CH_3COONa} \longrightarrow \mathrm{CH_3COO^-} + \mathrm{Na^+}$$
$$\qquad\qquad\qquad 0.01\ \mathrm{mol/l}\quad 0.01\ \mathrm{mol/l}$$

この酢酸イオンがつぎのように加水分解する．加水分解して生じた酢酸の量を x とすると，

$$\mathrm{CH_3COO^-} + \mathrm{H_2O} \longrightarrow \mathrm{CH_3COOH} + \mathrm{OH^-}$$
$$0.01 - x \qquad\qquad\qquad\quad x \qquad\quad x$$

酢酸の酸解離定数 K_a は，

$$K_a = \frac{[\mathrm{CH_3COO^-}][\mathrm{H^+}]}{[\mathrm{CH_3COOH}]} = 1.6\times 10^{-5}$$
$$= 10^{-4.80}\ (実測値)$$

上式に x，および $[\mathrm{H^+}][\mathrm{OH^-}] = K_w = 10^{-14}$ より導いた $[\mathrm{H^+}] = K_w/[\mathrm{OH^-}] = K_w/x$ を代入すると，

$$K_a = \frac{(0.01-x)(K_w/x)}{x} = \frac{(0.01-x)10^{-14}}{x^2} = 10^{-4.80}$$

$0.01 \gg x$ では $(0.01-x)10^{-14}/x^2 \fallingdotseq (0.01)10^{-14}/x^2 = 10^{-4.80}$ より，$x = [\mathrm{OH^-}] = 10^{-5.60}$．よって $[\mathrm{H^+}] = K_w/[\mathrm{OH^-}] = 10^{-8.40}$，pH $= 8.40$ または，pH $= 14 - $ pOH $= 14 - 5.60 = 8.40$．

塩濃度 C のときの一般式は，$C\times K_w/x^2 = K_a$，

$$x = [\mathrm{OH^-}] = \sqrt{(C\times K_w/K_a)}$$

したがって，

$$\text{pOH} = 7 - \frac{1}{2}pK_a - \frac{1}{2}\log C$$

$$\text{pH} = 14 - \text{pOH} = 7 + \frac{1}{2}pK_a + \frac{1}{2}\log C$$

$$= 7 + \frac{1}{2}pK_a - \frac{1}{2}pC$$

b) 強酸と弱塩基の反応により生じた塩のpHの求め方

塩化アンモニウム NH_4Cl の 0.01 mol/l 水溶液のpHを求める．NH_4Cl の加水分解反応式は，

$$NH_4^+ + H_2O \longrightarrow NH_3 + H_3O^+ \;(= H^+)$$

と書けるので，水溶液は弱酸性となる．

アンモニアの共役酸，アンモニウムイオンの酸解離定数は，

$$K_a = \frac{[NH_3][H^+]}{[NH_4^+]}$$

一方，アンモニアの塩基解離定数は，

$$K_b = \frac{[OH^-][NH_4^+]}{[NH_3]}$$

したがって，

$$K_a \times K_b = [H^+][OH^-] = K_w$$

K_b の実測値（文献値）をもとに K_a を求めて，この値を用いて pH を計算すればよい．

$$\begin{array}{ccc} NH_4^+ & \longrightarrow & NH_3 + H^+ \\ 0.01-x & & x \quad\; x \end{array}$$

$$K_a = \frac{x^2}{(0.01-x)} \fallingdotseq \frac{x^2}{0.01} = 10^{-9.2}$$

よって，$[H^+] = \sqrt{0.01\,K_a}$，pH = 5.6．

塩の濃度が C のときの一般式は，$[H^+] = \sqrt{(C \times K_a)}$ または $[H^+] = \sqrt{(C \times K_w/K_b)}$．よって，

$$\text{pH} = \frac{1}{2}pK_a - \frac{1}{2}\log C$$

または，

$$\text{pH} = 7 - \frac{1}{2}pK_b - \frac{1}{2}\log C$$

$$= 7 - \frac{1}{2}pK_b + \frac{1}{2}pC$$

発展学習 8 アレニウスの式

アレニウスは，遷移状態のうち反応生成物質になるものについて，活性化エネルギー E_a 以上のエネルギーをもつ遷移状態のみが，生成物質になりうるという仮定を設け，アレニウスの式を導いた．

(22)式で示される反応を例にして，考えてみよう．

$$\underset{\text{反応物質}}{A + B} \longrightarrow \underset{\text{遷移状態}}{[A \cdots B]} \longrightarrow \underset{\text{生成物質}}{C + D} \quad (22)$$

この反応速度 v は，

$$v = k[A][B] \quad (23)$$

であり，1秒間にできる遷移状態の物質量 Z は，遷移状態の生成速度定数を k' とすると，

$$Z = k'[A][B] \quad (24)$$

で与えられる．E_a 以上のエネルギーをもつ遷移状態の割合を $W_{E_a}^\infty$，これらの遷移状態のうち生成物質になる割合を α とすると，この反応の速度 v は，

$$v = \alpha W_{E_a}^\infty Z = \alpha k' W_{E_a}^\infty [A][B] \quad (25)$$

で示される．

ここで，$W_{E_a}^\infty$ を求めてみよう．E_a をもつものの割合 W_{E_a} は，マクスウェル-ボルツマンの分布式より，

$$W_{E_a} = c\,e^{-E_a/RT} \quad (26)$$

である．まず，c を決めよう．

$$\int_{E=0}^{\infty} W\,dE = 1$$

$$c = \frac{1}{\int_0^\infty e^{-E/RT}\,dE} \quad (27)$$

(27)式の分母は，積分の公式

$$\int e^{ax}\,dx = \frac{1}{a}\cdot e^{ax}$$

において，$x = E$，$a = -1/RT$ とおくことにより，

$$\int_0^\infty e^{-E/RT}\,dE = -RT|e^{-E/RT}|_0^\infty = RT$$

となる．したがって，

$$c = \frac{1}{RT} \quad (28)$$

E_a 以上のエネルギーをもつ分子の存在確率 $W_{E_a}^\infty$

は，
$$W_{E_a}^{\infty} = \frac{1}{RT}\int_{E=E_a}^{\infty} e^{-E/RT}\,dE$$
$$= \frac{1}{RT}\cdot(-RT)\left|e^{-E/RT}\right|_{E_a}^{\infty} = e^{-E_a/RT} \quad (29)$$

となることから，(25)式は，
$$v = \alpha k' W_{E_a}^{\infty}[A][B] = \alpha k' e^{-E_a/RT}[A][B] \quad (30)$$

(23)式と (30)式を比較すると，
$$k = \alpha k' e^{-E_a/RT}$$
$$= A e^{-E_a/RT} \quad (A = \alpha k') \quad (31)$$

となる．(31)式の両辺の対数をとると，
$$\log k = \log A - \frac{E_a}{2.303\,R}\cdot\frac{1}{T} \quad (32)$$

が求まる．

発展学習 9　酸化還元過程の熱力学

熱力学第 1 法則では，
$$\Delta U = \Delta q + \Delta w \quad (33)$$
ここで Δw は系によってなされた仕事であるから，電池では外界に対してなした仕事 $P\Delta V$ と電子が移動するときの電気的仕事 Δw_{elec} となる．したがって，
$$\Delta U = \Delta q - P\Delta V - \Delta w_{elec}$$
となり，圧力一定のときエンタルピー ΔH は，
$$\Delta H = \Delta U + P\Delta V \quad (34)$$
であるから電池反応のエンタルピー変化は，
$$\Delta H = \Delta q - \Delta w_{elec} \quad (35)$$
となる．電流がほとんど流れない零点付近では電池反応は可逆過程と考えられるから，熱力学第 2 法則により，
$$\Delta q = T\Delta S \quad (36)$$
したがって，
$$\Delta H = T\Delta S - \Delta w_{elec} \quad (37)$$
であり，自由エネルギー変化は，
$$\Delta G = \Delta H - T\Delta S = -\Delta w_{elec} \quad (38)$$
となる．電圧 E で n 個の電子が移動するときの Δw_{elec} は，
$$\Delta w_{elec} = nFE \quad (39)$$
よって，自由エネルギー変化と起電力の関係は
$$\Delta G = -nFE \quad (40)$$
となる．

発展学習 10　ラジカル

O_2 が一電子還元されて，$O_2^-\cdot$（スーパーオキシド）になると，電子配置は図 17 のようになり，π^*2p に電子が一つ追加されて不対電子が一つになり，酸素間の結合数も減少し O_2 より格段に不安定，すなわち反応性が高くなる．これが酸素毒性の一因になっている．不対電子をもつ物質を**ラジカル**（反応性が高いという意味）とよぶ．

ここでは O_2 とともに空気の主成分である N_2 の電子配置を考えよう．N の原子番号は 7 で O より電子が一つ少ない．したがって，N_2 では $2\pi^*$ に電子が入らず不対電子は存在しない．また，結合数は 3 で安定な物質であることが説明できる．一方，異原子が結合した NO 分子の場合の電子配置は図 17 のようになる．NO の場合には

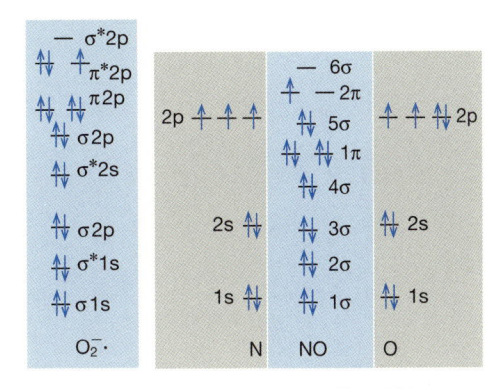

図 17　$O_2^-\cdot$ と NO の電子配置．

原子核が異なるので原子軌道のエネルギー準位は異なる．このような異核 2 原子分子ではエネルギーの近い軌道が重なりやすく，分子軌道をつくりやすい．しかし，軌道の重なり部分が＋と－で打ち消しあう場合には分子軌道はできない．等核 2 原子分子と同様に軌道の重なる方向で σ 軌道と π 軌道ができる．結合性と反結合性の区別は等核の場合ほど明確ではないので ＊ は付けずに，エネルギーの低い順に番号を付けて表す．NO 分子では 1σ から 4σ 間での軌道は原子軌道の

1s, 2s 軌道とエネルギーも形も変わらず, 結合には関与していない. 結合に関与しているのは 1π, 5σ, 2π 分子軌道であり, 2π 軌道が反結合性軌道である. したがって, NO の結合次数は 2.5 ということになる. これからわかるように NO はラジカルであり, 反応性が高い. NO は水にほとんど溶けない気体であるが, 生体中で合成されていて血管拡張因子などの重要な生理作用をつかさどっていることがわかってきた. $O_2^-\cdot$, NO· はともにラジカルで寿命が短い. この二つの気体分子が重要な生理活性をもっていることは大変興味深い.

付録　元素の電子配置

原子番号	元素	電子配置	原子番号	元素	電子配置
1	H	$1s^1$	34	Se	$[Ar]3d^{10}4s^24p^4$
2	He	$1s^2=[He]$	35	Br	$[Ar]3d^{10}4s^24p^5$
3	Li	$[He]2s^1$	36	Kr	$[Ar]3d^{10}4s^24p^6=[Kr]$
4	Be	$[He]2s^2$	37	Rb	$[Kr]5s^1$
5	B	$[He]2s^22p^1$	38	Sr	$[Kr]5s^2$
6	C	$[He]2s^22p^2$	39	Y	$[Kr]4d^15s^2$
7	N	$[He]2s^22p^3$	40	Zr	$[Kr]4d^25s^2$
8	O	$[He]2s^22p^4$	41	Nb	$[Kr]4d^45s^1$
9	F	$[He]2s^22p^5$	42	Mo	$[Kr]4d^55s^1$
10	Ne	$[He]2s^22p^6=[Ne]$	43	Tc	$[Kr]4d^65s^1$
11	Na	$[Ne]3s^1$	44	Ru	$[Kr]4d^75s^1$
12	Mg	$[Ne]3s^2$	45	Rh	$[Kr]4d^85s^1$
13	Al	$[Ne]3s^23p^1$	46	Pd	$[Kr]4d^{10}$
14	Si	$[Ne]3s^23p^2$	47	Ag	$[Kr]4d^{10}5s^1$
15	P	$[Ne]3s^23p^3$	48	Cd	$[Kr]4d^{10}5s^2$
16	S	$[Ne]3s^23p^4$	49	In	$[Kr]4d^{10}5s^25p^1$
17	Cl	$[Ne]3s^23p^5$	50	Sn	$[Kr]4d^{10}5s^25p^2$
18	Ar	$[Ne]3s^23p^6=[Ar]$	51	Sb	$[Kr]4d^{10}5s^25p^3$
19	K	$[Ar]4s^1$	52	Te	$[Kr]4d^{10}5s^25p^4$
20	Ca	$[Ar]4s^2$	53	I	$[Kr]4d^{10}5s^25p^5$
21	Sc	$[Ar]3d^14s^2$	54	Xe	$[Kr]4d^{10}5s^25p^6=[Xe]$
22	Ti	$[Ar]3d^24s^2$	55	Cs	$[Xe]6s^1$
23	V	$[Ar]3d^34s^2$	56	Ba	$[Xe]6s^2$
24	Cr	$[Ar]3d^54s^1$	57	La	$[Xe]5d^16s^2$
25	Mn	$[Ar]3d^54s^2$	58	Ce	$[Xe]4f^15d^16s^2$
26	Fe	$[Ar]3d^64s^2$	59	Pr	$[Xe]4f^36s^2$
27	Co	$[Ar]3d^74s^2$	60	Nd	$[Xe]4f^46s^2$
28	Ni	$[Ar]3d^84s^2$	61	Pm	$[Xe]4f^56s^2$
29	Cu	$[Ar]3d^{10}4s^1$	62	Sm	$[Xe]4f^66s^2$
30	Zn	$[Ar]3d^{10}4s^2$	63	Eu	$[Xe]4f^76s^2$
31	Ga	$[Ar]3d^{10}4s^24p^1$	64	Gd	$[Xe]4f^75d^16s^2$
32	Ge	$[Ar]3d^{10}4s^24p^2$	65	Tb	$[Xe]4f^96s^2$
33	As	$[Ar]3d^{10}4s^24p^3$	66	Dy	$[Xe]4f^{10}6s^2$

原子番号	元素	電子配置	原子番号	元素	電子配置
67	Ho	$[Xe]4f^{11}6s^2$	86	Rn	$[Xe]4f^{14}5d^{10}6s^26p^6=[Rn]$
68	Er	$[Xe]4f^{12}6s^2$	87	Fr	$[Rn]7s^1$
69	Tm	$[Xe]4f^{13}6s^2$	88	Ra	$[Rn]7s^2$
70	Yb	$[Xe]4f^{14}6s^2$	89	Ac	$[Rn]6d^17s^2$
71	Lu	$[Xe]4f^{14}5d^16s^2$	90	Th	$[Rn]6d^27s^2$
72	Hf	$[Xe]4f^{14}5d^26s^2$	91	Pa	$[Rn]5f^26d^17s^2$
73	Ta	$[Xe]4f^{14}5d^36s^2$	92	U	$[Rn]5f^36d^17s^2$
74	W	$[Xe]4f^{14}5d^46s^2$	93	Np	$[Rn]5f^46d^17s^2$
75	Re	$[Xe]4f^{14}5d^56s^2$	94	Pu	$[Rn]5f^67s^2$
76	Os	$[Xe]4f^{14}5d^66s^2$	95	Am	$[Rn]5f^77s^2$
77	Ir	$[Xe]4f^{14}5d^76s^2$	96	Cm	$[Rn]5f^76d^17s^2$
78	Pt	$[Xe]4f^{14}5d^96s^1$	97	Bk	$[Rn]5f^97s^2$
79	Au	$[Xe]4f^{14}5d^{10}6s^1$	98	Cf	$[Rn]5f^{10}7s^2$
80	Hg	$[Xe]4f^{14}5d^{10}6s^2$	99	Es	$[Rn]5f^{11}7s^2$
81	Tl	$[Xe]4f^{14}5d^{10}6s^26p^1$	100	Fm	$[Rn]5f^{12}7s^2$
82	Pb	$[Xe]4f^{14}5d^{10}6s^26p^2$	101	Md	$[Rn]5f^{13}7s^2$
83	Bi	$[Xe]4f^{14}5d^{10}6s^26p^3$	102	No	$[Rn]5f^{14}7s^2$
84	Po	$[Xe]4f^{14}5d^{10}6s^26p^4$	103	Lr	$[Rn]5f^{14}6d^17s^2$
85	At	$[Xe]4f^{14}5d^{10}6s^26p^5$			

基本問題の解答

2・1　H, O, C, N, Na, K, Cl

2・2　物質量（物質に含まれる粒子の数に比例する量）に関する基本単位．質量数 12 の炭素の同位体 12 g 中に含まれる炭素原子と同数の原子，分子，イオンなどの単位粒子を含む系の物質量を 1 モル（mol）という．モルの原義はギリシャ語の mole（ひと山）．

2・3　1 モルの物質中に含まれるその物質の構成粒子の数をアボガドロ定数という．その値は約 6.02×10^{23}/mol．記号 L あるいは N_A で表されることもある．

3・1　イオン結合：陽イオンと陰イオンとの間の静電引力にもとづく化学結合．塩化ナトリウムを例にとると，Na^+ と Cl^- のあいだには＋と－の静電引力がはたらいている．NaCl 結晶中では，まわりのすべての Na^+，Cl^- のあいだにこの力がはたらいている．

共有結合：二つの原子が通常は電子を 1 個ずつ出しあって，この二つの電子を 1 対として共有することによって生じる化学結合．電子対結合ともいう．水素分子を例にとると，H・＋・H → H：H である．

3・2　H:Ö:H　　H:N̈:H　　H:C̈:H
　　　　　　　　　 H　　　　 H

3・3　H:N:H　→非共有電子対（孤立電子対ともいう）
　　　　H　　→共有電子対

4・1　iii)

4・2　
(1) 四面体　　(2) 平面　　(3) 直線

CH4 四面体, C2H4 平面, HC≡CH 直線

4・3

（各種炭素骨格異性体の構造式）など

5・1　液体が気体になることを蒸発といい，液体が固体になることを凝固という．

5・2　溶媒 100 g に溶ける溶質の質量（g）であらわされる．飽和溶液 100 g 中の溶質の質量であらわす場合もある．

5・3　天気予報では，1 気圧は 1013 ヘクトパスカルという．1 ヘクトパスカルは 100 パスカルなので，1 気圧は 1.013×10^5 パスカルである．

6・1　酸とは，水に溶解して水素イオンを生じ，塩基と反応して塩と水とを生じる物質．酸性とは酸の性質をもつこと．水溶液では，水素イオン濃度が水酸化物イオン濃度より大きいとき酸性である．酸性を示す物質に

は塩酸, 硫酸, 酢酸 (食酢), レモンの汁などがある. 塩基とは酸と反応して塩をつくる物質 (塩のもと), 水に溶解すると水酸化物イオンを生じる物質. アルカリとは水に溶ける塩基の総称. アルカリ性とはアルカリが示す性質で, より一般的には塩基性という言葉がもちいられる. アルカリ性を示す物質には水酸化ナトリウム, アンモニア水, セッケン水, 植物の灰汁などがある.

6・2 溶液中の水素イオンの濃度. 通常, 水素イオン指数 (pH) をもって表記. pHとは水素イオン指数のこと. $pH = -\log[H^+]$. または $[H^+] = 10^{-pH}$ で定義される.

6・3 塩酸は強酸だから, H^+ と Cl^- に100%解離する. したがって, $[H^+] = 0.01$ mol/l. よって $pH = -\log[H^+] = -\log 0.01 = 2$

6・4 $pH = -\log[H^+]$ だから, $-\log[H^+] = 3$ より $[H^+] = 10^{-3}$. または, $[H^+] = 10^{-pH}$ だから pH3 では $[H^+] = 10^{-3}$. これを10倍に薄めると $10^{-3}/10 = 10^{-4}$. $pH = -\log 10^{-4} = 4$.

6・5 NaOHは強塩基だから, Na^+ と OH^- に100%解離する. したがって, $[OH^-] = 0.001$ mol/l. $pOH = -\log[OH^-] = -\log 0.001 = 3$. $pH = 14 - pOH = 14 - 3 = 11$ だから $[H^+] = 10^{-11}$. または, $[H^+][OH^-] = [H^+] \times 0.001 = 10^{-14}$ だから $[H^+] = 10^{-11}$.

7・1 i) は発熱反応, ii) は吸熱反応.

7・2 摂氏の温度に273を加えたものが絶対温度. 絶対温度はKで示すので, 298Kである.

7・3 iii). アミノ酸溶液からペプチドはできない.

8・1 Dの生成速度がAの濃度とBの濃度の積で表されるとすると, Bの濃度が増大することにより, Dの生成速度は大きくなる. つまり, 平衡の位置はDの生成する方向にシフトするのでDの生成量は増大する.

8・2 反応温度が上昇することにより, 反応の速度定数が大きくなり, Dの生成速度は増大する. 反応が平衡に達していない場合には, この速度増大によりDの生成量は増大する. 一方, 平衡の達している場合でも, 吸熱反応では温度上昇により平衡定数そのものがより大きな値となるのでDの生成量は増大する.

9・1 ii), iii), iv), vi)

9・2 i) 亜鉛, ii) 銅→亜鉛

10・1 i) が光の吸収と関連する. 入浴剤は光の吸収ではオレンジ色にみえるが, 蛍光のために緑色にみえる. 牛乳が光りを遮るのは, 吸収ではなく, 散乱である.

10・2 正しいのは ii) と iii) である. しかし, ii) の場合, α 線, β 線については正しいが, γ 線の場合はもっと厳密な表現をする必要がある. 本章を学ぶなかで考えてみよう. ガイガーカウンターの鳴る回数は, エネルギーの強さではなく, 原子の壊れる回数を示している.

索　引

あ

アイソトープ　15
アキシアル位　58, 189
アキラル　78
アクアポリン　85, 86
アクチノイド　13
アクチン　95
アシドーシス　110
アセタール　50, 58, 60
アセチレン　77
アデノシン三リン酸　66
アノード　150
アノメリック炭素　58
アミド　50, 76
アミド結合　54
アミノ基　51
アミノ酸　1, 43, 51
　　——の構造式とその特徴　52, 53
　　——の等電点　111
アミノ酸残基　55
アミノ糖　61
アミン　49
RNA　3, 43, 66, 67, 68
RNA ワールド　3
アルカリ金属　12
アルカリ性症　110
アルカリ土類金属　12
アルカロイド　55, 68
アルカローシス　110
アルカン　49
アルケン　49
アルコール　49
アルコール発酵　159
アルデヒド　50, 76
アルドース　58
α-アミノ酸　51
α 壊変　174, 176
α 炭素　51
α ヘリックス　56, 96
α 粒子　174
アルミニウム　8
アレニウスの式　139, 192
アレニウスの定義　98
アンチ配座　189
安定度定数　113
アントシアン　68, 69

アンモニア　2
　　——の生成・分解反応　101

い

イオン　14
イオン化エネルギー　21, 22
イオン結合　29, 31
イオン結晶　31
イオン積
　水の——　102
イオン輸送　130
いす形　58, 59
異性体　78
1 次代謝産物　68
一次反応　133
一重結合　45
一重項状態　171
一酸化窒素
　　——の電子配置　193
EDTA　114, 115
遺伝子　80
イミダゾール環　50
陰極　150
インドール環　50

え

永久双極子　41
液晶　85
液体シンチレーションカウンター　175
エクアトリアル位　58, 189
エクリプス　189
s 軌道　23, 33, 34, 186
エステル　50
エステル結合　47, 63
sp 混成軌道　71, 76, 77
sp^3 混成軌道　70, 71
sp^2 混成軌道　70, 72, 74
エタノール　47
枝分かれ構造　45
エタン
　　——のコンホメーション　188
　　——分子の形成　44, 72
エチレン
　　——分子の形成　73, 74

エチレンジアミン　113
エチレンジアミン四酢酸　114
X 線回折　165, 167
HSAB　114, 115
ATP　4, 66, 67, 158
　　——と生命現象　116
　　——の加水分解　117
　　——の合成　117, 162
　　——のさまざまな利用　128
　　——の微量定量　171
　生命における——の役割　125
エーテル　49
エナンチオマー　51, 58, 78
NAD^+　158, 159
NADH　158, 159
N 殻　23
エネルギー移動　171
エネルギー準位　24
　水素原子の——　18
エネルギー準位図　24
FAD　161
$FADH_2$　161
FMN　160
f 軌道　23
エマルション　83
M 殻　20, 23
L 殻　20, 23
LCAO-MO 法　186
エーロゾル　83
塩
　　——の加水分解　191
塩化水素　39
塩基　8, 98
塩基解離定数　104
塩基性アミノ酸　51, 52
塩基配列
　　——の決定　166
塩橋　149
塩素イオン　6
エンタルピー変化　120
エントロピー　121, 123
エントロピー変化　121, 122
円二色性　165, 166
煙霧質　83

お

オキソニウムイオン　99, 100

索引

お

オクテット則　29, 30, 46, 68, 70
オゾン層　181
オゾンホール　7
オータコイド　43, 68, 69
オートラジオグラフィー　165, 166

か

外界　118
解糖系　158
　　──のモデル　128
開放系　118
解離反応速度　136
化学　1
化学エネルギー　4, 8, 117
化学結合　8, 28, 29
化学式　45
　　エタノールの──　46
化学熱力学　118
化学発光　173
化学反応　4
　　──と熱　118
　　──の進行　124
　　──の進行方向　8
　　──の速度　8
化学物質　7
　　──と生命のかかわり　7
化学平衡　101
可逆電池　157
可逆な過程　120
核酸　1, 43, 66
核酸塩基　66
確定的影響　179
確率的影響　179
重なり形　189
加水分解　105
　　塩の──　191
　　ATP の──　117
カソード　150
カタラーゼ　163
活性化エネルギー　138, 139, 192
活性酸素　162, 164
活動電位　155
活動度　101
活動度係数　101
活量　101
活量係数　101
価電子　20, 46, 48, 68
価電子数　33
カーボンナノチューブ　75
ガラス電極　156
カリウム　11
カルシウム　10, 11
カルボキシル基　51
カルボン酸　49, 76
カロテノイド　66
環境ホルモン　7, 180
還元　147, 148
干渉
　　波の──　184

緩衝液　98, 105, 106
環状構造　45
緩衝作用　106
　　血液と──　110
緩衝指数　109
官能基　45, 49
γ 壊変　175
γ 線　176

き

貴（希）ガス　13
　　──の電子配置　46
貴ガス型電子配置　68, 70
貴ガス構造　47
基質　132
輝線　17
基底状態　168
起電力　149, 150
　　自由エネルギーと──　157
　　自由エネルギー変化と──　193
軌道　33, 185
　　電子の──　24
軌道電子捕獲　175
希土類元素　13
キノン類　66
希薄溶液　91
ギブズ自由エネルギー　124
吸光度　168, 169
吸収スペクトル
　　リゾチームの──　169
吸熱　120
強塩基
　　──の水溶液の pH　103
狭義天然有機化合物　68
凝固点　90
凝固点降下　90, 92
強酸
　　──の水溶液の pH　103
強磁性　163
共焦点レーザー蛍光顕微鏡　5, 165
鏡像異性体　51, 54, 58, 78
共通イオン効果　89
共鳴構造　75
共役塩基　99
共役酸　99
共有結合　30, 31, 44, 46, 70, 187
共有結合数　33, 46
局所ホルモン　43, 68
極性　38, 39, 41, 86, 87
極性アミノ酸　51
極性共有結合　72
極性残基　96
極性 σ 結合　71
極性電荷アミノ酸　53
極性 π 結合　73
キラリティー　78
キラル　78
キラル炭素　51, 78
キラル中心　51, 78

キレート　113
キレート化合物　114
キレート効果　114
金属アルミニウム　7, 8
金属イオン　1
金属キレート　114

く

クーロン力　40
クエン酸サイクル　159
グッドの緩衝液　109
グラファイト　75
グリコシド　59, 60
グリコシド結合　58
グリセリン　62
グリセロ糖脂質　63
グリセロリン脂質　63
グリセロール　4
グルコース　125, 158
グレイ（Gy）　178
クロロフィル　112
クロロフルオロカーボン　181

け

系　118
蛍光　166, 168, 170
蛍光顕微鏡　165
蛍光標識　5
形式電荷　47
ケイ素　6
ゲイ リュサックの法則　91
K 殻　20, 23
ケクレ構造　47
ケクレ構造式　44
血液　82
　　──の pH　110
血液型　64
結合性軌道　36, 187
結合性分子軌道　186
結合反応速度　136
血漿　82
　　ヒトの──　83
ケトース　58
ケトン　50, 76
ゲノム　80
原子　8, 12
原子価　33, 46
電子殻
　　多電子系原子の──モデル　19
原子価結合法　34, 35
原子価電子　20
　　──の構造　14
　　──の電子配置　21
原子番号　15
原子量　12
元素　8, 10

索　引

元素（つづき）
　──の周期性　17
　　地球上における──の分布　6
　　ヒトの──組成　10
懸濁液　83

こ

光学活性　78
抗原　30
抗原抗体結合反応　141
抗生物質　68
酵素　132
構造異性体　78
構造式　44, 46
酵素作用　3
酵素反応　142
抗体　5, 30
光電効果　35
呼吸　159
ゴーシュ配座　189
コハク酸　161
孤立系　118
孤立電子対　31, 46
コレステロール　66
コロイド溶液　83
混成軌道　68, 70
コンホーマー　58, 188
コンホメーション
　エタンの──　188
　ブタンの──　189
　シクロヘキサンの──　189

さ

最外殻　20
サイクリックAMP　66
細胞　2, 84
　──の凍結保存　4
細胞質ゾル　85
細胞内情報伝達物質　43
細胞膜　65, 84, 85
錯イオン　112
錯形成定数　113
錯形成反応　111
酢酸
　──の酸解離反応　99
　──の自己イオン化反応　98
錯体　111, 112
酸　8, 98
酸化　147, 148
酸解離定数　102, 103
酸解離反応
　酢酸の──　99
酸解離平衡
　アミノ酸の──　54
酸化還元酵素　154
酸化還元電位　151
　──と自由エネルギー　157

酸化還元電極　151
酸化還元反応　8, 148
酸化数　148
3次元環構造　45
三重結合　32, 45
三重項状態　171
三重点　90
酸性アミノ酸　51, 53
酸性雨　7, 100, 180
酸性症　110
酸素　6
酸素分子　6
　──の形　37
　──の電子状態　163
産物　132
散乱　166

し

ジアステレオマー　59, 60, 78, 79, 80
C─C共有結合　44
GFP　172
紫外線　181
磁気量子数　184
σ重なり　37
σ結合　36, 37, 71, 72
シクロヘキサン　189
自己イオン化反応
　酢酸の──　98
　水の──　99
仕事　118
脂質　1, 43, 62
脂質二重層　65
シス　79
ジスルフィド結合　56
示性式　45
失活
　タンパク質の──　132, 141
実在気体　92
質量数　15
質量濃度　84
質量分率　84, 89
質量モル濃度　84, 89
シトクロム c　161
シーベルト（Sv）　178
脂肪酸　1, 43, 62
弱塩基水溶液
　──のpH　104
シャルルの法則　91
自由エネルギー
　酸化還元電位と──　157
　標準還元電位と──　161
自由エネルギー変化　124
　──と起電力　193
　化学反応の進行と──　126
周期　12
周期表　12, 13
周期律　12
重金属　7, 11
修正同心円モデル　23
縮重　23

縮退　23
酒石酸　79
受容体　131
主量子数　19, 23, 183, 184
瞬間双極子　41
瞬間分極　41
準定常状態　143
蒸気圧降下　90
常磁性　163
状態方程式
　ファンデルワールス──　92
　理想気体の──　91, 190
情報伝達タンパク質　57
触媒　140
触媒抗体　143, 145
触媒反応　145
神経細胞
　──の膜電位　154
神経伝達物質　43, 54, 68, 69
浸透　91
浸透圧　91
　細胞内液の──　92

す

水蒸気圧　90
水素イオン指数　100
水素結合　28, 29, 40, 41, 56, 57, 87
水素原子
　──のエネルギー準位　18
　──のスペクトル　18
　──の波動関数　186
水素原子模型　18
水素電極　150
水素分子　37
　──の形　37
水溶液　2, 82
水和　87
スーパーオキシド　162
　──の電子配置　193
スタッガード　189
ステロイド骨格　66
スーパーオキシドジスムターゼ　163
スピン　24
スフィンゴ脂質　63
スフィンゴシン　63
スペクトル　17
　水素原子の──　18
スメクチック液晶　86
スルフィド　50

せ

正極　150
静止電位　155
生成定数　113
生体成分　43
　ヒトの──　43

索引

静電的相互作用 40, 56, 57
生物発光 173
　オワンクラゲの―― 172
　ホタルの―― 171
生命 1
生理食塩水 94
セラミド 65
セルロース 61
セレブロシド 65
遷移金属 11
遷移元素 13
遷移状態 138, 192
旋光性 78
線スペクトル 17
全生成定数 113

そ

相 90
双極子 39
相補的塩基対 29
族 12
側鎖 51
速度式 132
速度定数 132
疎水性アミノ酸 51, 52
疎水性相互作用 40, 41, 42, 56, 57, 88, 96
粗大分散系 83
ゾル 83
ゾンマーフェルドのモデル 184
ゾンマーフェルド理論 23

た

ダイオキシン 7, 180
第3周期元素 46
体積仕事 120
第2周期元素 46
ダイヤモンド 72, 75
多座配位子 113
多糖 1, 58, 61
ダニエル電池 148, 149
単結合 32, 45
単純脂質 62
炭素化合物 8
炭素原子
　――の電子配置 68
炭素骨格 45
炭素-炭素共有結合 45
単糖 1, 58, 59
タンパク質 1, 43, 54, 82
　――の失活 132, 141
　――の等電点 110
　――の反応 131
　――の反応速度 141
　溶液中の――の形 94
タンパク質溶液 83

ち

チアゾール環 50
チオール 50
地球温暖化 7, 180
逐次生成定数 113
窒素分子 6
　――の形 37
中性子 14, 15
チューブリン 94, 141, 166
超ウラン元素 13
直鎖構造 45
直線形分子 45

て

DNA 3, 28, 29, 43, 66, 67
DNA塩基配列
　――の決定 166
d軌道 23
定常波 184
低分子イオン 1, 82
デオキシリボ核酸 28, 66
鉄イオン
　電子伝達における――の
　　　　　　　　役割 159, 161
テルペン 66, 68, 69
電気陰性度 39
電極電位 150
典型元素 12
電子 14, 33
　――のエネルギー, 波動関数および
　　　　　　　　　存在確率 185
　――の軌道 24
　――の存在確率 33
　――の波動性 35
　1次元の井戸の中の―― 185
電子殻 20
　原子の―― 17
電子構造
　硫酸の―― 47
　リン酸の―― 47
電子状態
　酸素分子の―― 163
電子親和力 21, 22
電子スピン 24, 25
電子伝達系 159, 160
電子伝達体 68, 69
電磁波 19, 167
電子配置 8, 20, 24
　一酸化窒素と―― 193
　主な元素の―― 26, 195
　貴ガスの―― 46
　原子価電子の―― 21
　原子の―― 21
　スーパーオキシドと―― 193
　炭素原子の―― 68

電子密度 185
電子密度分布 34
電池 147
デンプン 61

と

銅イオン
　電子伝達における――の
　　　　　　　　役割 159, 161
同位体 15
透過率 168
糖質 1, 43, 58
同族元素 11, 12
同素体 75
等電点
　アミノ酸の―― 111
　タンパク質の―― 110
特性X線 19
トランス 79
トリグリセリド 62
トレーサー技術 165, 167
トロポミオシン 95, 96

な行

内殻電子 20
内部エネルギー 118, 119
内分泌かく乱作用 180
内分泌かく乱物質 7
ナトリウム 11
ナトリウムイオン 6
二座配位子 113
二酸化炭素 6
2次代謝産物 68, 69
二次反応 133, 134, 135
二重結合 32, 45
二重らせん 28, 29, 68
二糖類 60
乳濁液 83
ヌクレオシド 66
ヌクレオシド三リン酸
　生命における――の関与 116
ヌクレオチド 1, 66
ねじれ形 189
熱力学 118
熱力学第1法則 118, 193
熱力学第3法則 122, 123
熱力学第2法則 121, 123, 193
ネマチック液晶 86
ネルンストの式 153, 156

濃淡電池 151, 152
能動輸送 128
濃度平衡定数 101

索 引

は

配位 112
配位共有結合 31
配位結合 31, 112
配位子 112
π重なり 37
π結合 36, 37, 73
配座異性体 58, 188
八隅則 30
パッシェン系列 17
発熱 120
波動関数 33, 184
　　水素原子の―― 186
波動性
　　電子の―― 35
バルマー系列 17, 19
ハロゲン 13
反結合性軌道 36, 187, 188
反結合性分子軌道 186
半減期 133
　　放射線の―― 176
半電池 149, 150
半透膜 91
反応次数 132
反応速度 132
　　タンパク質の―― 141
反応熱 120

ひ

pH 100
　　強酸・強塩基の水溶液の―― 103
　　血液の―― 110
　　塩の水溶液の―― 105
　　弱塩基水溶液の―― 104
　　弱酸水溶液の―― 104
　　体液の―― 97
pH緩衝液 106
pH緩衝作用 8
pHメーター 156
pOH 103
p軌道 23, 33, 34, 186
PCB 7, 180
光 5, 8, 165, 167
光吸収 166, 168
光散乱 94, 95, 165
非共有電子対 31, 46
非極性残基 96
微小管 5, 94, 95, 166
ビタミン 43, 68
必須重金属イオン 44
ヒドロキシルラジカル 162
標準エンタルピー 120
標準還元電位 156
　　――と自由エネルギー 161
標準起電力 153

標準状態 120, 150
標準生成エンタルピー 121
標準生成自由エネルギー 124
標準電極電位 151
標準モルエントロピー 122, 123
ピラノース環 58
ピリジン環 50
ピリミジン 66
ピリミジン環 50
微量必須元素 11
微量必須非金属元素 44
ビルビン酸 125, 158, 159
頻度因子 139

ふ

ファン デル ワールス状態方程式 92
ファン デル ワールス相互作用 75
ファン デル ワールス定数 92
ファン デル ワールス力 40, 57
ファント ホッフの法則 91
フェノール 49
不可逆な過程 120
不確定性原理 33
負極 150
副殻構造 23
複合脂質 63
複合体 132
複素環 66
副量子数 23, 184
不斉炭素 51, 78
ブタン
　　――のコンホメーション 189
不対電子 162, 31, 193
物質波 35
沸点 90
沸点上昇 90
ブテン
　　――の異性化反応 145
フマル酸 161
フラーレン 75
ブラケット系列 17
フラノース環 58
フラビン 160
プリン 66
プリン環 50
ブレンステッドとローリーの定義 98
プロスタグランジン 66
プロトン濃度勾配 162
フロンガス 7, 8, 181
分散質 83
分散媒 83
分散力 41
分子 44
分子間相互作用 8, 28, 30, 38, 40
分子軌道 186
分子軌道法 35, 36
分子式 45
　　炭素を主体とした―― 44
分子内水素結合 56

分子不斉 79
フント系列 17
フントの規則 26

へ

閉殻構造 20, 29
平衡移動の法則 106
平衡状態 101, 127
平衡定数 101, 127
　　――と自由エネルギー 157
閉鎖系 118
平面構造 45
平面偏光 78
β-エンドルフィン 55
β壊変 175, 176
βシート 56
β^+壊変 175
β粒子 175
ヘキソース 58
ベクレル（Bq） 177
ペプチド結合 54
ヘミアセタール 50, 58
ヘモグロビン 112
　　――の構造 75
ヘンダーソン-ハッセル
　　　　　　バルヒの式 106, 108
ペントース 58

ほ

ボーアのモデル 17
ボーアの量子条件 183
ボーアの理論 183
ボイルの法則 91
方位量子数 184
芳香族アミノ酸 169
芳香族化合物 49
放射性壊変 174
放射性同位体 167, 176
放射性物質 167
放射線 5, 8, 165, 167
　　――の影響とそのしきい値 178
　　――の蛍光作用 175
　　――の半減期 176
放射能 167
　　――の単位 177
泡沫 83
補酵素Q 160, 161
ホスファチジン酸 63
ホスホジエステル結合 67
ホモ乳酸発酵 159
ポリ塩化ビフェニル 7
ポリペプチド 51
ボルタ電池 148
ポルフィリン錯体 112
ホルムアルデヒド 76

203

ホルモン 43, 68, 69

ま

膜電位 155
　　神経細胞の―― 154
マグネシウム 11
ミカエリス-メンテンの式 142, 143
水 1
　　――のイオン積 102
　　――の自己イオン化反応 99
　　――の性質と特徴 3
水分子 86〜
　　――の形 37
　　――の極性 41, 86
　　――の透過 85
ミトコンドリア 159
ミラーの実験 2

無電荷極性アミノ酸 51

メセルソン-スタールの実験 16
メソ化合物 79
メタノール
　　――分子の形成 72, 73
メタン 2
　　――の燃焼 120
　　――分子の形成 71
Met-エンケファリン 55

モル濃度 84

モルヒネ 55
モル分率 84, 89

ゆ, よ

有機化合物 1, 44
　　原始地球における――の生成 2
誘起双極子 41
ユビキノン 69

溶液 8, 82
　　――の性質 92
溶解 8, 82, 87
溶解度 88
溶解度積 88
陽極 150
陽子 14
溶質 82
溶媒 82
四面体構造 45

ら 行

ライマン系列 17
ラインウィーバー・バークの式 144
ラインウィーバー・バーク
　　　　　　　　プロット 145
ラジカル 162, 193
ラングミュアの吸着等温式 137
ランタノイド 13

ランベルト-ベールの法則 169
理想気体 91
　　――の吸収スペクトル 169
　　――の状態方程式 91, 190
立体異性体 78
立体的表記法 51
　　α-アミノ酸の―― 51
リボ核酸 66
　　――の電子構造 47
リュードベリ定数 183
両性化合物 53
緑色蛍光タンパク質 172
りん光 168, 170
リン酸
　　――の電子構造 47
リン酸エステル 50
リン酸緩衝液 107
リン脂質二重層 85, 87

ルイス塩基 113
ルイス構造式 44
ルイス酸 113
ルイスの定義 113
ルシフェラーゼ 5, 171, 173
ルシフェリン 5, 68, 69, 171, 173
ルシャトリエの原理 106

励起状態 168
零次反応 133
連続スペクトル 17

ろう 63
ロンドン力 41

新井孝夫
1947年 東京に生まれる
1971年 名古屋大学理学部 卒
東京理科大学名誉教授
専攻 生化学,細胞生物学
理学博士

大森大二郎
1946年 栃木県に生まれる
1970年 早稲田大学理工学部 卒
現 順天堂大学客員教授
専攻 生化学,構造生物化学
理学博士

立屋敷 哲
1949年 福岡県に生まれる
1971年 名古屋大学理学部 卒
女子栄養大学名誉教授
専攻 無機錯体化学
理学博士

丹羽治樹
1947年 愛知県に生まれる
1971年 名古屋大学理学部 卒
電気通信大学名誉教授
専攻 生物有機化学,天然物有機化学
理学博士

第1版 第1刷 2003年3月13日 発行
第9刷 2023年3月30日 発行

バイオサイエンス化学
―― 生命から学ぶ化学の基礎 ――

Ⓒ 2003

著 者	新 井 孝 夫
	大 森 大二郎
	立 屋 敷 哲
	丹 羽 治 樹

発 行 者　住 田 六 連

発　　行　株式会社 東京化学同人
東京都文京区千石 3-36-7（☎112-0011）
電話 03-3946-5311・FAX 03-3946-5317
URL: https://www.tkd-pbl.com/

印　刷　中央印刷株式会社
製　本　株式会社松岳社

ISBN978-4-8079-0564-5
Printed in Japan
無断転載および複製物(コピー,電子データなど)の無断配布,配信を禁じます.